科学方法论在石油勘探
开发科技创新实践中的应用

丁树柏　主编

U0341197

石油工业出版社

内 容 提 要

本书汇集了中国石油勘探开发研究院原专家室 23 位老专家在他们几十年科技生涯中运用科学方法论指导科研工作取得的重大科研成果以及切身体会。这些科研创新的思维方法将有助于提升年轻科研人员的研发能力和创新能力。

本书可供从事石油勘探开发的科技人员参考使用。

图书在版编目(CIP)数据

科学方法论在石油勘探开发科技创新实践中的应用 /
丁树柏主编 . —北京：石油工业出版社，2019.4
ISBN 978-7-5183-3287-8

Ⅰ. ① 科… Ⅱ. ① 丁… Ⅲ. ① 科学方法论-应用-油气勘探-技术革新-研究 ② 科学方法论-应用-油气开发-技术革新-研究 Ⅳ. ① P618.130.8 ② TE34

中国版本图书馆 CIP 数据核字(2019)第 060032 号

出版发行：石油工业出版社
（北京安定门外安华里 2 区 1 号楼　100011）
网　　址：www.petropub.com
编辑部：（010）64523535
图书营销中心：（010）64523633
经　　销：全国新华书店
印　　刷：北京中石油彩色印刷有限责任公司

2019 年 4 月第 1 版　2019 年 4 月第 1 次印刷
787×1092 毫米　开本：1/16　印张：13.75
字数：330 千字

定价：98.00 元
（如出现印装质量问题，我社图书营销中心负责调换）

前　　言

　　中国石油勘探开发研究院(以下简称勘探院)伴随着中国石油事业的发展,已经走过了半个多世纪,在探索中前进,在创新中发展,取得了辉煌的成就。

　　55年来的建院历史,是一部发展史、贡献史。勘探院的科技人员奋战在祖国四面八方,参加多次油田大会战,深入油气勘探开发现场。经过艰苦卓绝的科学探索与生产实践,创建了中国石油三大油气地质和开发理论体系:一是中国陆相石油地质理论体系,突破了国外只有海相沉积盆地才能形成油气藏的认识,有效指导了我国陆相沉积盆地的油气勘探,在我国东部松辽盆地、渤海湾盆地找到了大油气田;二是中国天然气地质理论体系,有效指导了我国西部一批大中型天然气田的发现;三是系统建立了中国陆相砂岩油藏水驱开发理论,成功指导了我国玉门、大庆、胜利等油田的注水开发,保持油田较长时期的稳产。

　　55年来,勘探院的科技人员一直坚持理论创新、技术创新,扎根油田、扎根现场,理论与实践相结合,研发形成了中国石油勘探、开发、工程领域的重大配套技术和专项技术,支持石油工业的高速发展。55年来,勘探院涌现出一批油气勘探开发科学家和专家,他们为铸就勘探院的科技辉煌奋斗了半个多世纪,生命不息,奋斗不止。勘探院专家室的老专家,就是其中的一部分,他们是勘探院重大科技成果的参与者和经历者,他们在自己几十年的科技生涯中,利用科学的方法论、认识论去实践科学研究的全过程,积累了丰富的宝贵的科技创新经验和体会。

　　目前,中国石油实行"资源、市场、国际化"三大战略,为国家生产出更多的油气清洁能源,支持国民经济快速发展。当前由于储量的品质下降,导致成本快速上升,上游投资回报快速下降,如何能够扭转这种不利局面,对勘探院的广大技术人员,又是一个巨大的挑战。勘探院的领导班子带领全院的科技人员,认真贯彻落实党的十八大会议精神和中国石油天然气集团公司党组的战略部署,努力创造良好的制度环境、市场环境、文化环境和资源环境,加快培育勘探院科技人员的创新能力。

　　中国石油天然气集团公司党组十分关心勘探院创新能力的建设,不断增加投入。目前,勘探院科学实验的设备精良齐全,科研经费充足,人才济济,高学历的科技人才已是主力军,他们具有扎实的专业理论基础,精通石油勘探开发的方法、技术。许多年轻的科技人员已经从一般的研究工作岗位进入高层研究岗位,担当重大攻关项目的责任,但他们之中的部分人员还缺乏搞科研创新的思维方法,那就是科学方法论、认识论哲学的思维方法,掌握科学方法对提高创新研发质量和工作效率起到事半功倍的作用,科学方法论是人类认识世界、改造世界的思想武器。勘探院原专家室副主任傅诚德教授提议,由专家室领导牵头组织一批如刘文章、裴怿楠、傅诚德、丁树柏等有重大成果的老专家，撰写他们在几十年的科技生涯中如何运用科学方法论、认识论的哲学思维方法攻克油气勘探、开发和工程技术中世界级的难题，取得国家级的重大科研成果，为国家创造巨大的经济效益和社会效益的科研创新案例。

2012年12月，由勘探院专家室向院里打报告申请"科学方法论应用研究"的课题，院领导大力支持，院科研处很快批准了这个研究课题。两年多来专家室的老专家非常认真，非常敬业，撰写了他们在几十年的科技生涯中，用哲学思维，利用科学方法论、认识论指导科研实践，攻克一个个难关，取得了丰硕的科技成果，每个成果都贯穿了许多深奥的哲学思想，通过这些活生生的科研攻关案例的回顾和总结，希望能给科技人员启示和借鉴作用。

丁树柏
2014年6月

目　　录

大庆油田"糖葫芦"封隔器的发明与分层注水"六分四清"采油技术的发展

　历程与经验 ……………………………………………………… 刘文章（ 1 ）

运用辩证唯物主义哲学思想　创新油田开发新技术的若干思考及展望 …… 刘文章（ 28 ）

石油开发地质方法论 ……………………………………………… 裘怿楠（ 46 ）

以本人参加"河流砂体储层研究"为例浅谈一点科研方法的体会 ………… 裘怿楠（ 61 ）

探索未知领域　集成创新发展

　　——油田开发课题研究方法的体会 ……………………… 林志芳（ 64 ）

好的学术氛围是创新思维的助推剂 ……………………………… 傅诚德（ 71 ）

认真学习国际先进经验　促进石油科技体制改革 ………………… 傅诚德（ 73 ）

采用科学的思维方法探索辽河断块油田的高效开发 …………… 甄　鹏（ 76 ）

均匀注采井网是应对油藏非均质特征的最佳布井形式 ………… 王家宏（ 81 ）

研究应用油田堵水调剖技术提高含水油田采收率的思想方法和工作方法 …… 刘翔鹗（ 83 ）

公司科技创新的回顾与思考 ……………………………………… 罗治斌（ 90 ）

国内陆相水驱开发老油田三次采油的实践与思考 ……………… 罗治斌（ 95 ）

实践求真　开拓创新 …………………………………………… 谯汉生（ 104 ）

引进、消化吸收再创新是赶超世界先进水平的捷径 …………… 丁树柏（ 107 ）

工程类科研成果要重视向生产力转化 …………………………… 丁树柏（ 111 ）

创新、学习、坚持、勤奋是造就优秀成果的四大必要条件 ……… 石广仁（ 116 ）

对科研管理的一点建议

　　——发挥同行专家的作用 …………………………………… 石广仁（ 120 ）

科学方法论的地球物理案例 ……………………………………… 刘雯林（ 121 ）

油气沉积学研究的思考 …………………………………………… 顾家裕（ 129 ）

解决差异带来的问题是再创新的重要途径 ……………………… 马家骥（ 138 ）

多学科结合的石油测井解释与评价技术经验总结 ……………… 欧阳健（ 143 ）

Ⅰ

油田开发设计理念与思维 ……………………………………… 方宏长（149）

找油思维与思路 ………………………………… 吴震权　宋建国（158）

油气勘探若干理论与实践问题的再认识

　　——学习科学方法论的思考 ……………………………… 王文彦（171）

我国第一个油气资源评价的诞生 ………………………………… 张金泉（185）

岩性地层油气藏的地震勘探方法 ………………………………… 钱绍新（191）

不同领域科研课题的探索研究及其对生产的支持 ……………… 张　锐（194）

"不压井不放喷井下作业控制器"是如何发明的 ……………… 周振生（208）

大庆油田"糖葫芦"封隔器的发明与分层注水"六分四清"采油技术的发展历程与经验

刘文章

1 概述

回顾 1960 年 6 月，我国在东北荒原上发现了大庆油田，全国欢腾鼓舞，我当时正在玉门石油管理局组织的吐鲁番石油勘探会战中，在火焰山下胜金口小油田奋战，奉调赶赴黑龙江萨尔图参加会战，直到 1975 年调至北京石油工业部石油勘探开发研究院。在这 15 年的会战中，亲自经历了大庆油田第一口注水井试注以及"糖葫芦"封隔器的技术攻关，直到形成以分层注水为核心的"六分四清"分层开采配套技术。

举世闻名的大庆油田会战不仅改变了中国"贫油"落后的局面，是创建与发展现代中国石油工业的里程碑，也是培养锻炼人才的"大熔炉"，既改变客观世界，又改变主观世界，形成的大庆精神和铁人精神，是我国石油人的精神财富，激发和鼓励着人们不断迎接各种挑战，为国争光，为中华民族伟大复兴，去拼搏、奉献！

在大庆会战初期，面对各种艰难险阻，全国各油田几万名石油职工齐聚大草原，没有住处，粮食不足，又缺少各种设备，更缺乏开发大油田的技术经验，在此严重困难条件下，要实现高速度、高水平开发建设油田，靠的是爱国、奉献、艰苦奋斗的革命精神和创业、求实的科学态度。石油工业部领导余秋里、康世恩率领部党组成员，亲临现场，以毛主席《实践论》《矛盾论》(简称"两论")哲学思想为指导，指挥了会战。我以亲身经历的几个历史事件，在本文中阐述了会战领导人是怎样决策制订大庆油田以早期分层注水，实现长期稳定高产为战略目标的一系列开发方针、方案及采油工程技术发展方向的，回顾他们领导科研人员发明了"糖葫芦"封隔器，创造了分层注水"六分四清"采油技术的发展过程。

我是中华人民共和国成立后国家培养的第一批石油钻采工程技术人员。在参加大庆油田会战的锻炼中，学习"两论"哲学思想，深刻感受到这是开启科技人员智慧的"金钥匙"。它可使年轻人从懵懵懂懂工作，抓不准工作要领的状态中，掌握辩证思维方法，提高对事物的分析、判断能力，增强独立思考、技术创新能力，避免工作中的盲目性、随意性，开阔眼界，增强预见性、前瞻性。运用辩证思维的科学方法，是年轻科技人员尽快成才、攻克疑难技术，事半功倍、提高工作效率，完成重大科技创新任务的有效途径。

在本文论述中，以具体事例说明以下几点体会：

(1) 科技要创新，科技人员首先要有为国争光的奉献精神。

大庆油田会战一开始，石油工业部领导余秋里、康世恩等组织几万名职工学习、运用

"两论"的观点，分析面临的各种矛盾和困难，而国家缺少石油，石油工业落后，是主要矛盾和困难，要发愤图强，艰苦奋斗，克服困难，全力以赴，拿下大油田，树立了这种统一的认识和共同的目标。在油田开发科学技术上，要解放思想，勇于实践，反复试验，大胆创造，敢于和国际先进水平较量，攀登世界科学技术高峰。这就是大庆人战胜困难，取得会战胜利的精神动力。

面对当前石油科技人员遇到的各种技术挑战，首先需要有爱国、奉献，勇攀科技高峰，开拓创新的精神。

（2）运用辩证唯物主义思想观点，分析油田开发中的主要矛盾，掌握油田地下变化规律，科学地开发大油田。

从1960年开辟油田生产试验区，吸取玉门老君庙油田的经验教训，油田开发要高产，油层压力必然要下降，成为主要矛盾。为此，采取早期注水，保持油层压力的开发方案。在第一口注水井试注失败后，找出原因，创新了热洗热注工艺。注水半年后，出现了多油层笼统注水，产生了高渗透层"单层突进"的矛盾。开展了"三选"技术试验（选择性注水、选择性堵水、选择性压裂试验）。采用传统技术失败后，自主创新发明了"糖葫芦"式多级封隔器，以此为核心技术，发展形成了全新配套的分层注水"六分四清"采油工艺，成为支撑大庆油田长期高产稳产战略目标的主体技术，创出具有我国特色的世界一流开发水平。

按辩证唯物论的观点，矛盾存在于一切客观事物和主观思维过程中，矛盾贯穿于一切过程的始终，这是矛盾的普遍性和绝对性。在诸多矛盾中，要注意抓主要矛盾，它是起支配作用的。也即"牵住牛鼻子"，明确主攻方向，才能掌握主动权，一步步走向成功的殿堂。在大庆油田注水开发中，抓准了主要矛盾及其发展规律，遵循主要矛盾线，创新出了更新换代的一系列新技术。由早期的分层注水"六分四清"为基础，发展到聚合物驱、三元复合驱，持续高产 $5000 \times 10^4 t/a$ 达27年，至今又稳产 $4000 \times 10^4 t/a$ 已达10年，这是了不起的成就，体现了"两论"辩证思维方法开拓创新技术的作用。

（3）从我国陆相油藏多油层与非均质严重的地质条件实际出发，大搞科学试验，创立了有自己特色的油田开发新理论与创新技术。

正确的思想只能从实践中来。实践、认识、再实践、再认识。这种形式是辩证唯物论的认识论的精华。结合油田开发实际，对各种类型油藏，不管多么复杂，经过室内试验与研究，提出初步方案，开辟现场先导性试验区；再评估、改进方案，再扩大试验，直到基本成功的开发示范区，再次修正补充成为正式开发方案。按这种科学程序，定能找到高效开发油田的最佳途径。大庆油田开发方案及主体采油工程技术的形成，正是这样的典型范例。

大庆油田的开发方案，在全面对比分析当时苏美大油田开发模式后，从油田实际出发，创立了早期注水保持油层压力、分层注水为主的分层开发理论和"六分四清"（分层注水、分层采油、分层测试、分层压裂、分层研究、分层管理，做到分层注水量、采油量、产水量、压力清楚）采油工艺技术，以此为主线，持续创新细分层研究与细分层注水+聚合物+三元复合驱，创造出中国特色的油田开发理论与采油工程技术。而且，在全国推广应用中又有了新发展、新创造。

当前，分层开采的理论及相应的分层开采工程技术，已由早期的分层注水，发展到细分层、甚至按油砂体分层注水开发，对充分动用剩余油富集小层、薄层生产潜力，提高原油采收率效果也很显著。分层开发理念及分层开采技术（分层压裂）已扩展到低渗透致密油气藏。对水平井分层压裂技术，在我国已有突破性发展。

（4）大庆采油工艺研究所的成立，开创了采油工程技术在油田开发上的战略地位与作用。

1962年初，大庆油田早期注水出现高渗透层进水多，"单层突进"严重。为兴水利、避水害、防水窜，开展"三选"技术试验未能成功之际，石油工业部领导决定成立采油工艺研究所，自主创新"糖葫芦"式多级封隔器，余秋里部长说，只要能攻下封隔器分层注水的关键技术，需要天上的月亮我也去摘。又说，叫个采油工艺研究局，要突出采油工艺在油田开发上的战略作用。实践说明，采油工艺技术发挥了实现油田高水平开发的战略作用。

荣获石油工业部"三敢、三严"称号的大庆采油工艺研究所，敢想、敢说、敢干，誓创世界一流水平；严肃、严格、严密，坚持一切经过试验的科学态度，这种优良传统，至今仍是大庆油田采油工程院的传家宝，这是一个英雄的集体，全国采油工程技术的旗帜。"糖葫芦"式封隔器的设计思路，打破了过去传统机械力学框架，采用水力扩张或水力压缩原理设计，在油井中能多级串联、下得去、封得住、耐得久、起得出。施工作业简便、安全、可靠。大庆采油工程院已更新换代的多级分小层的封隔器卡距缩小至0.5~1.0m，适用了细分小层开发需要。

"糖葫芦"多级封隔器的设计思路，已创新发展为多种类型、多种功能，适用于多种类型油藏以及水平井采油。这是具有我国特色的采油工程技术。

以上也说明，面对当前诸多疑难油藏的有效开发，加强采油工程技术的创新发展十分重要。

（5）建立井下技术作业队伍，发挥向千米油层进攻的战略作用。

在1960年冬天大庆油田开展第一批注水会战时，会战指挥部领导焦力人将以前在玉门老君庙油田调来的修井队，改称井下作业队，在西三排命名的登峰村，组建了井下技术作业指挥部，明确这是攀登科学技术高峰向千米油层进攻的战略军。在参加1961年冬天"三选"技术攻关试验结束后，十多个钻井队拼入井下作业指挥部。后来"糖葫芦"封隔器分层注水试验成功，1964年冬天会战指挥部组织，开展"101、444"井下作业会战中以15个井下作业队和11个钻井队为主力，13个指挥部的7000多名职工参加，统一指挥，协同作战，40多天，完成101口注水井分层注水作业任务。之后，将大部分钻井队并入井下作业指挥部，壮大了井下作业队伍，而且这支队伍，都经历了三个-30℃的冬天，在向油田地下进军的战场上，受到天寒地冻的严酷考验。他们冒着注水井喷出来的水，立即结成了冰，但风趣地说："身穿冰淇淋，风雪吹不进，干活出大汗，北风当电扇"。这种豪迈精神，至今令人难忘。

大庆油田采油工艺研究所，隶属井下作业指挥部，并且同步发展壮大。研发成功的采油工艺技术，为井下作业队伍提供向油田地下进攻的武器与技术装备。两者紧密结合，共同为油田开发发挥了进攻性、战略性作用。

回顾1965年我被任职为大庆油田采油副总工程师时，同时还是井下作业指挥部副指挥兼总工程师、采油工艺研究所所长，会战指挥部领导宋振明规定我仍在采油工艺研究所办公，科研工作直接由会战指挥部安排。此后，在全国各油田普遍建立起了采油科研院所，以及油田井下作业指挥部(公司)、采油总工程师、油田采油工程处、石油工业部油田开发生产司设立采油工程处、采油总工程师。形成了油田各级采油工程技术系统，以及油田与采油厂两级井下作业机构，为我国油田开发形成了采油工程管理及技术发展体制，在我国油田开发中发挥了重要作用。这也是大庆油田的一项重要经验。

最后，我要说明一点，回顾"文化大革命"的亲身经历。这是现在年轻人十分陌生而遥远的历史事件。"四人帮"妄图砍倒毛主席亲自树立的大庆这面我国工业战线的红旗，最终没有得逞，有其深刻的历史背景。以铁人王进喜为代表的大庆石油人，在国家缺石油的危机关头，战天斗地，平常人们在茫茫荒原上难以生活、工作的条件下，几万人开展会战，打井、采油、建设，1960 年当年就生产原油 97×10^4 t，1964 年增加到 625×10^4 t，周恩来总理宣布我国石油已自给，全国欢腾，世界震惊。就在这一年，毛主席号召"工业学大庆"。大庆精神王铁人精神，已在全国人民心中扎了根，深入人心。"四人帮"一小撮污蔑大庆是"刘邓修正主义的典型"，是"刘少奇的共产主义试验田"等颠倒是非的谎言，妄图"打倒一切"，砍倒红旗的阴谋，残酷迫害各级领导干部，鼓吹"科研无用论""三年不搞科研，油田照常出油"等，1970 年初，铁人王进喜在危急时刻到北京向周总理汇报了大庆真实情况，周总理批示要大庆恢复"两论"起家基本功，解放干部，增产原油，经历严峻考验的大庆广大职工，在很短 5 年时间内，排除极左思潮干扰，1976 年原油产量上升至 5000×10^4 t，比"文化大革命"前翻一番多。从大庆油田经历的"文化大革命"深刻说明，邓小平理论吸取历史的经验教训，提出建设有中国特色的社会主义伟大国策方针，是多么正确、英明。确立科学技术是第一生产力的论断，彻底批判了"科研无用论"。大庆油田分层注水"六分四清"采油技术，1976 年开始又迈向了更高水平的创新发展，支撑了第一个十年稳产 5000×10^4 t 的科技保障，并为后续实现长期高产稳产打下了坚实基础。1977 年在大庆召开了全国工业学大庆会议，大庆红旗更加鲜艳。

大庆精神铁人精神，是我国石油人的精神财富。大庆油田创立的陆相石油地质理论，以及早期注水保持油层压力、分层注水"六分四清"采油技术、注聚合物三次采油技术等有中国特色的油田开发理论与科学技术，打开了石油科技人员的视野，凝聚了聪明智慧，促进了我国石油勘探开发持续高水平高效益发展。

回顾这段从"糖葫芦"封隔器的发明与"六分四清"采油工艺技术历史发展进程，石油工业部领导正确决策油田科技发展方向、确定科技创新课题、坚持正确的技术发展路线、创造实施条件等，起了决定性作用。大庆采油工艺研究所起了科研核心作用，地质研究院、井下技术作业指挥部、第一采油指挥部等协同会战，共同创造了辉煌历史。

2 大庆油田早期注水保持油层压力开发方案的历史背景

1960 年 6 月，发现大庆油田的喜讯传遍石油战线。当时我正在玉门石油管理局吐鲁番矿务局担任采油总工程师，在火焰山下新发现的胜金口油田开展试油试采工作。吐鲁番是全国有名的"火盆"，夏天温度高达 40℃ 以上。经过两年艰苦勘探，对火焰山构造钻探 20 多口井，发现胜 4 井周围有 $2km^2$ 含油面积，是个小油田，日产油仅 20 多吨。但对石油人来说，也是流尽汗水，吃尽千辛万苦取得的成就，正继续奋战，盼望有更大发现。

此时，我接到紧急通知，立即赶回玉门石油管理局，要去大庆油田参加会战。见了玉门石油管理局党委书记刘长亮，说明玉门石油管理局已派第一批人员及装备赶赴大庆，叫我带上他写给已在大庆油田会战的焦力人的亲笔信，尽速报到。

到大庆油田后，会战指挥部领导安排我在会战总指挥部担任工程技术室主任，负责采油、钻井工程技术管理工作。当时会战主力军是副总指挥焦力人负责的第二战区——即萨尔图油田中区，采油指挥部，几十部钻机日夜不停开辟生产试验区。正当七八月雨季，茫茫平原上，成千上万会战人员，修路、钻井、新井投产，铺设油、气、水管道，建输油站库等，汗流浃背，人拉肩扛，油里、水里，各路人马多工种同步日夜奋战。为的是抢时间，早日建成油田 22km² 的开发试验区。通过开发试验性生产，确定油田整体开发方案，并且尽快生产出原油支援国家经济建设。因为当时，我国唯一依靠从苏联进口原油的火车必经之路萨尔图车站已不见"油龙"等着大庆油田原油装车进关。

作为大庆油田会战指挥部的机关人员，白天我和大家跑现场，晚上参加二号院会战领导召开的碰头会、务虚会，直接听到了许多重大决策过程。康世恩等领导讨论研究最多、最主要的是开发试验区的开发方案，地面、水、电、路、油、气、居民点等八大工程系统规划方案及采油工程建设等近期及长远目标等重大决策问题。给我印象最深的领导决策的重大指导思想及战略部署有：

（1）吸取 1958 年"大跃进"年代玉门老君庙油田开发失败的惨痛教训，以《实践论》《矛盾论》为指导，彻底转变旧观念，制订大庆油田科学的开发方案。

1958—1959 年，老君庙油田放大油嘴自喷采油，年产量曾达到百万吨水平。但很快油层压力下降，产量剧降。鸭儿峡新油田放喷生产，单井日产 100 多吨，一个月后停喷，井底液面很低，转抽油也不出油。所谓"人有多大胆，井就有高产"的浮夸风破灭。更有四川省南充市发现高产油气井，向全国报喜后停喷关井，没有形成产能。

由此，会战指挥部领导余秋里、康世恩坚定地提出：大庆油田要实现油田早期注水保持油层压力开采，以注水为纲，把注水工程放在首位。由焦人力抓注水工程，张文彬（原新疆石油公司总经理）抓钻井及供水工程。为此，一系列实现采油的开始，就是注水的开始，各项工作抢时间先行。

（2）会战领导亲自调查研究，分析苏联罗马什金大油田及美国得克萨斯大油田的开发经验，研究大庆油田的开发方针及战略部署。前者采用边外注水与内部分区行列注水相结合，总体上属早期注水，但注水线中间有 5 排以上生产井，注采井距大（本人在 1956 年学习考察过），后者属油层压力衰竭后晚期注水。

对此，不知经过多少次大小会议，对地质人员提出的多种注水方案包括行列注水、点状注水、先排液后注水、早注水与晚注水等，反复研究论证。

逐步形成了在萨尔图油田中区开展以两排注水井中间有三排生产井为主的多种试验方案。实施中七排及中三排注水井加速注水工程建设，中间三排生产井同时投产观测取资料。

（3）尊重科学，开发试验区严格控制油井自喷产量，限定小油嘴自喷产量，严格测定油层压力变化。当时油层原始压力 12MPa，油层深度 1200m，油层总厚度在 40m 以上，如放大油嘴单井自喷产量可达 80t 以上，但仅用 φ3mm～φ4mm 油嘴，产量限定在 30t 左右。虽然国家急需石油，当第一列火车原油启运，会战职工隆重庆祝，全国欢腾鼓舞，盼望生产大量原油，早日甩掉石油落后帽子。但会战领导将开发试验区生产的原油叫作"科学试验油"不定计划指标，严格实施科学试验方案。

（4）强调"石油工作者岗位在地下，斗争对象是油层""地面服从地下"，这是时任石油工业部部长余秋里提出的口号，这是吸取了过去许多教训的总结。有些油田地下原油储量还未搞清楚，能采出多少原油心中无数，就展开成批钻井及大规模地面工程建设，结果扑了空，造成巨大浪费。为此，强调探井要取全取准20项资料72个数据，生产井对地下油层测全测准各项静态及动态资料，搞清油层分布规律，计算有多少储量、能采出多少原油。要求地质人员给油田算命，钻研地下，群众性"畅游地宫"。

3 从第一口注水井试注失败到热洗热注成功

为了实现早期注水，1960年八九月间，在中区西七排附近抢建第一座注水泵站，沈阳军区派解放军在西水源建成"八一"供水管线及供电系统。雨季中焊接、挖、埋供水管线，全靠人工作业，日夜施工，艰难困苦可想而知。为的是赶在十月结冻之前将中七排注水井投入注水。

九月，成立注水领导小组，由采油指挥部副指挥张会智、朱兆明及笔者负责，组织注水大队、作业大队等开展注水会战。

中区中7排11号井是第一口注水井，在井场附近老乡土坯房中设立注水前线指挥所，调集水泥车泵洗井试注，因为当时一号注水泵站注水泵还在安装调试中，露天运行，厂房还未建成，一切为了抢时间注水。

按当时在玉门老君庙油田注水试注的经验以及我于1956年在苏联罗马什金大油田学到的注水技术，制订了采用冷水洗井注冷水技术方案，但将洗井水量增加。按开发方案要求，油层原始压力120atm❶下，设计单井日注水量150t，井口压力为110atm左右。九月下旬，首次试注。先排液后用油管注水反复清洗射孔井段，返出清水无油迹后，洗井用水量超过300t，开始用水泥车注水。结果，井口压力达到150atm，注水量仅五六十吨，未达到设计要求。当时，天气已变冷，开始结冰。

会战领导开会，由我汇报注水试验情况。时任石油工业部副部长康世恩听了我的汇报后，很严肃地问我，注水为什么失败？你早上起床是怎样洗脸的？用小酒杯水洗脸能洗净吗？为什么不用大量的水，上千吨水彻底洗井？为什么不用热水洗井而用冷水？看来是你们玉门带来的老毛病"一粗、二松、三不狠"（即粗枝大叶、松松垮垮、不严格要求）在作怪。我心想，已天寒地冻，要将成百上千吨冷水加热到七八十摄氏度，很难办到。正在站着不能回答，在场几十位领导也肃然无声，为注水失败担忧。因为，当时对于应该采取早注水还是采油一段时间降压后再注水存在不同意见。后者认为在原始压力下，近井地带产出油量少，原油含蜡量高（28%），有堵塞物、注水困难。首次试验性注水失败，正验证了这点。

在此关键时刻，康世恩副部长似乎早有考虑，因为实现早期注水开发的战略思想及决心，已坚定不移。他接着提出，现场有天然气（伴生气），用油管制成几个"大茶炉"烧开水

---

❶ 1atm = 1.01325×10⁵ Pa。

洗井解堵，用成千上万吨热水彻底洗井后注热水，要千方百计注水成功。

散会后，已是晚上八九点钟，和张会智一起回到注水前线指挥所，大家都饿着肚子未吃饭。他说，今天汇报会开得好，挨了批评，开了心窍，康世恩副部长指出了方向，心中亮堂了。我们不攻下注水关，就跳中 7-11 井旁边的"水泡子"来个"背水一战"。于是决定调集所有水泥车、锅炉车、锅炉、安装设备等以及地质队、注水大队、作业大队，甚至食堂人员，全到中 7-11 井现场会战。

由我和朱兆明、杨育之等技术人员设计试注工程方案，除开动机车式锅炉及锅炉车外，又用油管制成盘管式加热炉，用天然气、原油、柴油作燃料，将冷水加热至八九十摄氏度热水，采用上千吨热水注入、吐出、冲洗至水质达到"三点一致"（即井口注入水、井底取样水、返至井口水的含铁量达到 0.5mg/L，机械杂质 2.0mg/L）才算洗井质量合格（这是我国第一个注水质量标准），然后正式投入注热水。这场战役打得十分艰苦，上百人吃住在现场，住帐篷，日夜奋战，许多工人身上全被熏成黑色，大家都说成了非洲人，为了注热水，各种加热设备冒出的浓烟笼罩在整个井场。

这场战斗，终于获得了"热洗热注"技术的成功，这口井日注水量达到了 150t 以上的设计要求，而且改为注水站正式注冷水后，仍保持注水量、注水压力、注水水质"三个稳定"。会战领导康世恩副部长和焦力人、张文彬局长都到现场，祝贺成功。而且决定在 1960 年冬至 1961 年春，要将中七排、中三排注水井全部投入注水，这样，将中区（西半部）实现早期注水开发试验。

顺便指出，在 1960 年冬至 1961 年春，正值严寒季节，将几十口注水井采用"热洗热注"工艺投入注水，经历了令人难以承受的艰难困苦。会战职工冒着零下三四十摄氏度的低温，顶着寒风，在井场住帐篷，烧"大茶炉"，起下井下注水管柱，头顶井口喷水水柱，浑身结冰，日夜奋战，表现出当年王铁人井喷时奋不顾身跳泥浆池的群体英雄气概。当时曾有人做出赞歌"身穿冰淇淋，北风吹不进，干活出大汗，寒风当电扇"。正是这种不怕困难，勇克难关，忘私奉献的英雄精神，为实现大庆油田早期注水保持在原始压力下长期高产稳产攻克了第一个注水关。

在以后第二批北一区注水会战中，由于注水井排液时间较长，油井自喷过程中的"自洁作用"将井底污染堵塞物泥浆、结蜡等排出，试验降低热水温度，最后改为冷洗冷注，优化作业程序，简化完善了注水工艺。

4 开展"三选技术"攻关

在 1961 年 4 月和 5 月间，距中 7-11 注水井 250m 的生产油井首次发现含水，引起了会战领导的警觉，康世恩副部长要求采油指挥部加强油井监测，指定孙燕文副指挥，当发现新的见水井，不准坐车，立即跑步向二号院会战指挥部报告。

经过地质人员分析中区西部油层分布，单井最多有 28 个小层，而且各层渗透率、厚度差别很大，注入水沿高渗透层形成"单层突进"首先突入生产井。有的低渗透层进水少或根本不进水，这种注入水吸水剖面不均的问题，必然导致开发效果难以控制。当时对早注水还是晚注水两种意见的争论又成为议论焦点。

康世恩副部长多次研究，组织技术座谈会，指出"注水半年，出现水淹，必须既注水又治水，不能又想水，又怕水""不能学叶公好龙的故事，画龙点睛被龙吓死"。要求采油工程技术人员提出既注水又治水的技术方案，点名叫我当地下交通警察，指挥地下注入水，学习大禹治水，兴水利避水害。

当时我还在工程技术室主持采油工程工作，压力很大，和朱兆明等石油工业部机关参加会战的同志，集思广益，经焦力人、宋振明、李虞庚等领导反复研究，决定开展选择性注水、选择性堵水、选择性压裂试验，简称"三选技术"。会战指挥部抽调 11 个钻井队及井下作业队以及一批钻井、采油、地质技术人员成立"三选技术"指挥部，由焦力人亲自抓，钻井指挥部总工程师王炳诚任指挥，孙玉亭任副指挥，负责日常工作，本人兼副指挥抓总体技术试验方案，抽调钻井工程师万仁溥、采油工程师张兴儒、黄嘉瑗，地质师张金泉抓相关技术。在中区三排注水井排设立前线指挥所。1961 年 9 月，声势浩大的"三选技术"试验开始了。

为了抢时间，赶制了一批卡瓦式、支柱式、皮碗式等多种封隔器下入注水井试验。又研制了小橡皮球丢入注水井堵强吸水层。对出水生产井采用注水泥、注氰凝等化学剂堵水层。总之，能想到的技术都进行试验，花样繁多，不遗余力，甚至有人提出用遇水膨胀的海带材料作封隔器。

经过半年多在中三排 10 多口井的现场试验，参战人员千辛万苦，尤其紧紧张张又到冬天，作业人员又经历了"不怕寒风吹，定把冬天当春天"的严峻考验。试验结果令人失望，不仅一次次试验失败，而且发生了多起井下事故，有一口井卡瓦式封隔器起不出，另一口井被注水泥固死油管报废了，还有一口生产井注氰凝堵剂，不出水，油也不出了。

在 1962 年春节前"三选技术"试验宣告结束，停下来总结休整。此时，会战领导准备在北京召开石油工业部领导干部会议。我们也要去汇报"三选"试验。我的思想压力很大，"三选"试验失败，如何向部领导汇报？在此期间，主管采油一路的宋振明副指挥给我起了个雅号"刘三选"，并且创造了各种条件鼓励支持我们，但失败了，如何交代？许多领导在撤销"三选"指挥部后，都担心油田早期注水引起过早水淹怎么办？

经过反复分析每口井、每项试验为什么失败，我得出几点认识：

第一，"三选"试验技术花样太多，什么都想试，没有重点，技术主攻方向不明，盲目性大。例如，油井见水，就用堵水剂封堵见水层，其实油层中没有原生地层水，是注入水，即使封堵了这口井见水层，注入水照样流向其他油井，要控制水必须从注水井入手，"釜底抽薪"治本。选择性压裂低渗透层，没有双级封隔器卡层，笼统压裂只会压开高渗透层，没有选择性，适得其反。

由此，得出不能盲目搞"三选"，应抓主要矛盾：以注水井分层注水为主攻方向。

第二，注水井试验了当时苏联、美国最常用的卡瓦式及支柱式封隔器，不适合油田井身结构条件，必须自己创新。

我在 1956 年苏联杜马兹及罗马什金大油田学习考察过，前者是苏联人引为自豪的首个用水动力学理论注水开发成功的典范，采用过卡瓦式封隔器，但不能多级分层，基本上是笼统注水，油井见水含水上升快，停喷后采用大排量电潜泵强抽，高产年限较短。后者是新油田，吸取前者经验，采用边外注水与内部大排距注水线切割注水方案，目的就是推迟见水时间，防止水窜。

在困难时期，中区试验区，钻井完井采用的是进口意大利、日本等国的杂牌油井套管，钢材质量、壁厚等差别大。将壁厚 9.5～10mm 强度大的套管下到上部井段，负荷大；将 7.5～8.0mm 壁厚套管下到下部井段。由于套管外径是全井一致，这样，就形成了套管内径上小、下大"酒瓶状"结构，造成所用封隔器外径大了下不去，小了在油层井段胀不大，封不住，更不用说下入几个封隔器。老式封隔器是主体与现实套管结构客体不适应，只能改变主体结构，研究设计新型封隔器，将主客观矛盾统一起来。但究竟采用什么结构的新式封隔器，还未找到答案。

第三，没有实验室进行大量设计研究及模拟实验，直接将封隔器下井，得不出试验数据，说不清，找不出规律，缺乏科学性，指导不了生产。当时，"三选"试验指挥部有一批技术人员，但无实验室及模拟试验台架，只能将现成卡瓦式、支持式封隔器由机厂送到现场下井。为了抢时间，宝鸡石油机械厂接到命令，一次加工出 100 套卡瓦式封隔器送到现场，想修修改改都难了，最后变成废铁。

当时，大庆油田正开展中区各种开发试验区，有地质试验室，进行科学试验。采油工程方面，却没有专门的试验室，把生产井作为试验井，既干扰正常生产，又获取不全试验数据。反而走弯路，欲速而不达。

1962 年 2 月，焦力人带我来北京参加会议。我带上大包试验资料，到北京当天晚上，接到通知到康世恩副部长办公室去汇报。他详细听取了汇报，询问为什么失败。这次既严肃，又和蔼，没有批评，我心中想，应该有喜报喜，无喜报忧，如实讲了试验过程及失败原因。他问我，试验半年多，花了学费，得到哪些经验和认识。

我讲了想好的上述三点："三选技术"试验项目太多，贪多求快，没有重点，应该以注水井分层注水技术为主攻方向，其他暂停不要再搞了；现有卡瓦式封隔器结构不适应井筒套管结构，封隔器直径大了下不去，小了在井下胀不大，封不住，而且不能下入多级，和支柱式封隔器配合，最多能下入两个，分两个层段注水，达不到多层分注要求，需要重新设计；现在没有采油工程技术实验室进行实验研究，直接下井试验，施工作业费时费力，又取不全资料，摸不清规律。

他听了后说，试验失败了，但取得这些认识也是成绩，所谓失败是成功之母。经过半年的工作，油田开发的关键在注水，必须以注水井分层注水为主，主要问题是没有一套得心应手的封隔工具，要进行技术攻关，但究竟用什么样的封隔器是关键问题。

他要求我多想想，需要设计出什么样的封隔器才能实现同一口井分多个层段注水。他说，你刘文章要当好地下交通警察，进水多的要限制进水量，进水少的要多注水，不进水的要想办法进水，这个要求一定要实现。在开会期间，要想出答案。

这样，通过"三选技术"试验，揭露出了既注水又治水的主要矛盾，明确了分层注水的技术主攻方向。

5 "糖葫芦"封隔器攻关获得成功

接着在 1962 年 2 月，石油工业部党组召开领导干部会议，主要总结大庆油田会战经验并研究部署当年工作。参加会战的各油田领导齐集北京。会议期间，康世恩副部长抽会议间歇时间找我去研究，他问我对新封隔器方案想好了没有，我如实回答，还没有想出来。

康世恩副部长随即在纸上画了示意草图。他说：你看见过大街上卖的"糖葫芦"吗？在油管上装上几个橡胶做的皮球，注水加压胀大，形状像一串糖葫芦，将油层分成几个层段注水；下井或起出时，收缩不胀大，不就顺利起下？我听了后，很受启发，认为这个思路对头，正好解决套管内径上小下大及多级的难题。我坦率地说，这个思路好，但要做到高压下注水，皮球耐不了高压。他说，这就要想办法去解决，开展试验，许多重大技术发明都是经过无数次失败才成功的，允许你成百上千次去试验。接着第二天，他又找我去小会议室，余秋里、焦力人也在场。康世恩副部长问我，对糖葫芦封隔器想好了没有？我回答"就按您提的方案试验，像大卡车轮胎也只耐十几个大气压，要做到上百个大气压，不容易，需要创造试验条件及给时间"。他问我要什么条件，我提出，要成立专门的科研队伍，建立试验室，我本人不再在二号院工程技术室工作，直接去抓试验。焦力人说，要成立个采油工艺研究所，就让他去负责。余秋里部长插话：就叫采油工艺研究局，突出在油田开发上的战略作用。又说"只要你刘文章把糖葫芦封隔器攻下来，需要天上的月亮，我也给你摘"。

很快，部领导的重大决策，雷厉风行，信息传至大庆油田，采油工艺研究所的前身——采油指挥部井下作业处采油技术攻关大队成立。在我开完会回到大庆油田时，"三选"指挥部撤销后的部分技术人员和从采油指挥部又抽调一批技术人员，60多人在西三排井下作业处登峰村(焦力人起的名，攀登科学技术高峰之意)搭起木板房，开展了"糖葫芦"式封隔器的攻关试验。

将注水泥用胶管固定在油管上，装入套管，用手压泵加压进行扩张、耐压、弹性及密封性等性能试验，即两把管钳起家的故事。参加总体设计及胶筒试验的有万仁溥、赵元刚、于大运、游亨怀、赵长发等10多人。不出所料，主要问题是橡胶筒不耐高压，几个大气压就胀大，再增压就破裂。与油管联结也是难题，不断改进，都失败了。此时，另有几位机械专业的人员，对卡瓦式封隔器失败还不甘心，坚持要继续搞下去。更有人提出搞两个靠油管柱加压扩张的支柱式封隔器，分两层注水就行了，不追求多级。对此，反复思考，我认为糖葫芦封隔器，它利用水力扩张的多级封隔器有根本性优越性，能适应套管结构，能多级串连，有可能分成7层、10层注水，没有钢卡瓦硬件卡死拔不出的危险，主要矛盾是如何解决胶皮筒耐压问题。前两次注水试注及"三选"试验的经验得出，科学试验要抓主要矛盾，看准主攻方向，即看准、抓狠、坚持到底的信念，狠抓糖葫芦式封隔器决不动摇。和大家日日夜夜坚持作了大量改进方案，对于少数人坚持的卡瓦式方案，保留他们继续作对比。

在1962年5月初的一天，我们正在作试验，见到康世恩副部长在萨尔图车站下车后沿铁路向西走去，原来他正在查看开荒种地刚出苗的农田。我见到他，问我封隔器试验怎么样，请他看了试验过程，向他汇报胶皮筒是关键，达不到要求。他指出，要下定决心攻下这一关，并要我去找时任石油工业部地质勘探司司长唐克想办法。临走时，又叮嘱我，有什么解决不了的难题，要及时直接向他汇报，不要怕他忙，要随时找他，不要耽误。有了这把可"通天"的"尚方宝剑"，给我们创造了决胜的条件。

第二天，我去二号院找唐克司长，原来康世恩副部长已给他交代了，他立即交给我一封写给哈尔滨吕其恩市长的亲笔信，他们是抗日战争时期太行山打游击的老战友，请他在哈市橡胶厂协助研制胶皮筒。那天中午到哈尔滨后，立即给吕市长打电话，他约定在下午两点钟到北方橡胶厂开会。当时，我们为研制胶皮筒，曾找过哈尔滨几个大橡胶厂，都不愿接受，唯有北方橡胶厂这个制作橡胶鞋底的小工厂和我们合作，但多批试验都达不到要求，原希望吕市长安排其他大厂加强技术力量攻关。在北方橡胶厂，见到吕市长和市化工局几位领导，十分热情，他说"大庆油田石油大会战是全国的大事，哈尔滨市要大力支援，急需的胶皮筒要全力支持"。由我讲了具体要求后，研究了技术攻关事项，北方橡胶厂党委王书记表态，虽然他们厂小、技术力量少，但已有了一些经验，决定抽调人员组成专门车间日夜奋战，市化工局全力支持原材料供应，我们也派人驻厂共同操作研究。从橡胶配方、原材料质量、胶皮筒帘线结构、炼胶、压胶、模压成型等各个环节入手，将胶筒的扩张弹性、耐压强度、疲劳抗油性等全面提高，设计注水井口压力达到150~200atm，使用寿命2年以上。

从此，青年技术员陈历华、张国杰等吃住在北方橡胶厂，和车间人员共同操作、研制。于大运工程师也常去。每做出一批，立即上火车运回试验室进行模拟试验，分析研究后，即刻返回北方橡胶厂再压制新产品。就这样，试验中改进，再试验再改进，一步步提高了胶筒的技术性能。这期间涌现出了许多动人的故事：不论白天黑夜，新胶皮筒到后，立即试验，解剖，分析。提出改进方案，又快速返回北方橡胶厂。许多人扒火车，背麻袋，历经辛苦，忍饥受累。钟明友下雨时在砖头上刻字记下数据，火车上列车员主动帮忙扛装胶皮筒的麻袋挤上快开动的列车……

与此同时，封隔器的总体管柱设计及分层配水器的研制也加紧进行。

为了模拟真实注水条件下，多级封隔器下井、扩张、密封、解封、分层控制水量等的数据，在研究所场地，用人工推磨方式，钻成了深度不同的7口全尺寸模拟试验井。一口主井深100多米，5½in套管中可下入8个封隔器分7个油层段安装出水管及水表，也即下入一串糖葫芦封隔器，分成7个层注水，用配水器能控制每个层的注水量。为钻试验井，万仁溥、王启宏等付出了辛苦，流了汗水。这套模拟试验井平台的设计及建造，创造了多级封隔器及配水器分层调控、分层注水的最真实可靠的科学实验平台。还为以后的分层测试、分层采油、投捞式配水器、偏心配水器等技术研究创造了模拟试验条件。

使我铭记不忘的是，在"糖葫芦"封隔器分层注水技术攻关的关键时期，各级领导为抢时间，高速度高水平开发大庆油田，创出早期分层注水新技术，给予了科研人员最大的支持。

余秋里部长不止一次说只要攻下封隔器，需要天上的月亮也要摘。康世恩副部长对我们说：要一心一意搞试验，外面失了火，也不用你们去救。当时会战职工及家属齐集大草原会战，粮菜不够吃，自力更生开荒种地。我们这支队伍也不例外，要每人业余种地一亩。焦力人知道后，要井下作业处张会智处长保证我们的粮菜供应，种地减半。宋振明副指挥在二号院生产会议上讲，要为封隔器试验研究工作"开红票，放绿灯"。财务处长崔月娥对我讲，别人要花钱，一个铜板分成两半给，你要多少我全给。物资供应处长张振海讲，你需要什么提出来，让各地的采购员为你们找……

在试验分层配水器中高强度弹簧不过关，闻讯后，采购员找到哈尔滨车辆厂，采用火车车轮弹簧材质制品解决了难题。

在此大家都来"抬桥子""修桥铺路"，为科学试验创造条件，可我们坐桥子的科研人员，感到千斤重担压在肩，只能千方百计，不能眨眼打盹有丝毫松懈。为此，我动员将试验损坏的胶筒悬挂在试验室房梁上"卧薪尝胆"，转败为胜。那时，100多人的科研人员，都很年轻，平均年龄25岁左右，我本人刚好32岁。大家都说1950年抗美援朝爱国保家没赶上，今天大庆油田会战正是献身的好机会，多吃点苦，掉几斤肉算不了什么。许多可歌可泣的故事涌现了。每晚十点，灯光闪耀，我去查看，动员停工睡觉，来保证睡够8小时，不然体力消耗大，粮食定量不足，很多人有浮肿、带病现象。我走后，有些灯光又亮了。

到1962年10月，多级封隔器及配水器经过1018次地面及试验井模拟试验，终于获得成功。所指成功：(1)封隔器达到了预期要求，能在注水压差150~200atm下胶筒能够耐压不破裂，封得住，不变形，起得出；(2)最多可下入8级分成7个层段，固定式配水器可调控7个层注水量，能满足开发方案要求；(3)起下作业安全可靠，在套管内径不一致条件下，下得去能密封、解封、不卡，起得出，能耐久。

试验成功的喜讯向二号院领导报告后，康世恩副部长等非常高兴，除表示祝贺外，还鼓励我们再接再厉，指示我们再进行现场生产考验，在应用中提高，检验应用效果。

6 以分层注水为核心的分层开采配套技术研究

1963年，采油工艺研究所科研队伍不断扩大，成立了四个研究室(封隔器、堵水、机采、测试)，科研人员增至200多人，还有一个专门担负现场施工作业的试验队。除了由我任所长兼党总支书记外，研究所领导还有万仁溥、孙希敬、刘兴俭、马兴武等。为了有利于工作，还任命我为井下作业处(后改为大庆油田井下技术作业指挥部)副指挥兼总工程师，实际科研任务由会战指挥部副指挥焦力人直接抓。他几乎每周来·次研究所检查指导工作。有一年多还派他的秘书陈炳泉担任所党总支书记，加强领导力量。为适应大庆油田采油工程技术的迅猛发展，会战指挥部十分重视科研队伍的建设及人才培养。令人深切怀念的还有，当年井下技术作业指挥部领导张会智、裴虎全、安启元、刘继文、刘斌、郑怀礼等老战友，对采油工艺技术的发展在工作及生活服务上的支持，使科研人员们解除了后顾之忧，能够集中精力搞科研。

虽然经过大量模拟试验，在接近油田实际注水工程条件下封隔器及配水器试验成功，考核了各项技术性能合乎要求，但我记得1958年"大跃进"年代，在玉门油田出现过许多科研成果报喜后销声灭迹，成为献礼牌的教训。

成功是相对的，即使99%成功了，潜在未发现的不利因素，也会否定已肯定的事物。因此，我们按康世恩副部长的提示，对封隔器的耐久性与可能尚未暴露的使用寿命，进行了加速破坏的现场试验。

我们利用研究所附近西3排1号注水井作试验井，开展了正常注水条件及假设反复停注、变化注水压力等非正常状态下多种试验。又在中3排几口注水井最多下入8个封隔器分7层段分层配注试验。经过133次井下试验，验证了多级封隔器的密封性、耐压性良好，可以投入应用。

先后研制的第一代固定式745-4及第二代投捞式745-5型配水器，可以通过配水器水嘴尺寸与配水量关系曲线设计分层配注水量，在正式注水井也验证准确可靠。

正在扩大试验范围,将中区西部全面正式试验分层注水阶段,却又暴露出了新矛盾。采油指挥部有位地质师发现,有口注水井套管阀门打开返出注入水,说明最上部封隔器破坏不密封,否则不会出水。立即上作业队起出封隔器检查,却完好无损。又下入双封隔器,分射孔段注水检验,发现封隔器密封状态下,存在两种可能:套管外水泥环窜槽或套管壁射孔破裂。为此,向会战指挥部领导汇报后,1963年3月,唐克司长在二号院三栋会议室召开了技术讨论会。有会战指挥部、采油指挥部及井下作业处有关地质、工程技术负责人参加。讨论的焦点集中在如何在正常注水情况下,即不动管柱取得验证数据证明每个封隔器都是密封的。

有位总地质师提出,没有验证数据,仅凭判断分析就下结论是管外窜槽或射孔有问题不行。他怀疑还是封隔器不可靠,几个封隔器中有一个坏了,全井都不合格,不可能有多少井固井射孔有问题。

他主张暂停现场试验,不让采油指挥部再提供注水井。我当时坚持再提供一批注水井扩大试验,同时设计研究分层检验封隔器的新方法,用数据说话,也要调查固井质量及射孔质量,不能有了问题全怪罪于封隔器。唐克司长支持我的意见,要采油指挥部提供一批井继续试验。他指出:在现阶段封隔器进入较大规模试验中,快要见到分层注水效果的关键时刻,一定要对暴露出的新问题认真解决,全面发展分层注水相关配套技术。他顺便指出,对封隔器的正式名称要统一。因为当时有人叫糖葫芦封隔器,更多的叫派克(英文Packer译名),还有叫分隔器的。他推敲一番,定为封隔器,表明是我国自己的创造。以后按科学机理正式命名为"水力压差式封隔器",编号475-8。

以此为契机,从1963年初至1964年上半年,以水力压差式封隔器分层注水为核心的配套技术,跨入发展新阶段。采油工艺研究所又抓了以下几项技术:

第一,为验证每个封隔器的密封性,研制出了分层测试压力技术。刘兴俭是从玉门老君庙采油厂调来的测压专家,提出在投捞式配水器下端联接压力计测分层压力的方案,不仅可测出压力变化曲线,检验上下级封隔器的密封性,还可测出分层注水压差,校正分层配水量。这项技术不断完善,形成了注水井及油井的分层测试技术。

第二,采用双级封隔器逐段检验油井固井质量,创造出对套管水泥窜槽井二次固井技术。对于油井固井质量,通常都用声波测井曲线判断。在笼统注水条件下,射孔井段即使有小段水泥环窜槽,即套管外油层之间是连通的,也属正常注水。但在分几个层段实现分层注水、分层配水条件下,即使声波测井检查不窜槽,但水泥环固结强度承受不了上下压力差将遭破坏,造成窜槽。也即分层注水技术对固井质量提出了更严格的质量要求。

在分析了大量固井资料及检验水泥质量,我们提出钻井完井固井新要求向领导汇报后,会战指挥部领导十分重视。康世恩副部长提出钻井要服从采油的要求。对于射孔质量,提出射孔枪要"长眼睛",不准误射油层。

万仁溥有丰富的钻井经验,提出了采用双级封隔器逐段检验固井质量,对套管水泥窜槽井进行二次固井技术。对水泥配方、挤入、封口、清洗等工序严格设计,使一批有问题的井投入了分层注水。

第三,改进套管射孔技术,研制磁性定位器,使射孔枪长了"眼睛"。

为查清套管射孔出了问题也怪罪于封隔器的谜团,我带领井下地球物理站人员到钻井电测射孔大队，考察了模拟射孔试验。发现无枪身58-65型射孔枪，一次射孔井段长，效率高，但射裂套管的概率高，而被搁置不用的有枪身57-103型，射裂套管的概率极少。由此，和有关人员讨论，在改进58-65型以前，仍用后者，并且按大庆油田油层物性，采用射孔密度为12孔/m，过多会射裂，对套管钢材质量也提出了质量要求。后来这项对射孔密度的经验，在全国某些稠油疏松砂岩及低渗透油层也采用，但并不适用，而且套管钢材已改善，应加密射孔，我多次提出，希望引起关注。

此后，由井下地球物理站通过研究，研制出了套管下部安装磁性定位器，通过完井后射孔时重新核定射孔深度，以防误射。

对油层射孔段之间卡封隔器的距离定为3m，以后逐渐缩短至1~2m，为分层注水单井设计设定了标准。

第四，研制出不压井、不放喷作业井口控制设备。

从早期注水试注作业起，到用封隔器分层注水试验期间，一直存在一个难题，就是注水井打开井口起下作业时，油层压力高，溢流或返洗出大量清水，作业工人在油水中作业，十分艰苦。如果采用钻井液压井，必然引起油层伤害。

为解决这一紧迫难题，周振生、周荣成、仇射阳等经过大量研究与试验，不断改进，终于研制出了不压井、不放喷作业控制装置。采用井下作业机绞车动力及双绳索加压油管系统，井口安装三级封井器(全封、半封、自封)，油管中下入堵塞器，可以在井口密封条件下，将油管柱顺利起出或下入。而且在井口套管压力最高40atm下可以将多级水力压差式封隔器下入。这项技术首先应用于注水井，以后也应用于油井及分层压裂作业。

第五，研制出油井封隔器，用于分层测试、分层找水、分层堵水、分层采油。

这种类型封隔器不仅要求级数多，密封件橡胶筒的坐封、解封可靠，而且对橡胶抗油、抗压、抗疲劳性都有更苛刻的要求，因此技术难度很大。研究所一室杨长琪、赵长发等10多人，建立了橡胶筒耐油抗压实验装置，和沈阳橡胶厂联合攻关。又通过油井现场试验，不断改进，历时一年多，研制出了第一代水力自封式551型及水力密封式651型油井封隔器。同时又研制出了625型分层配产器，通过联接压力计或开关油嘴，可以分4个层段分层测试油层压力、分层找水、分层堵水、分层配产。

这项油井分层采油技术在单井试验成功后，首先在中区东半部区块与分层注水技术配套试验，展现出了分层定量配注、分层配产的整体开发效果。

第六，开拓低渗透层分层压裂增产技术。

对于注水井中高渗透油层可以通过调整注水管柱配水器控制注水量，对低渗透层可以提高井口注水压力增加注入压差，从而增加注水量。但是，在生产油井，要依靠人工压裂来增加低渗透层产油量，这又是一项技术难题。因为我在苏联罗马什金大油田考察，油井中在射孔顶部只下入一个封隔器，实施全油层笼统压裂，往往压开高渗透层，没有选择性，在玉门老君庙油田也是如此。

经康世恩副部长介绍，我专门去沈阳向当时中共中央东北局经济委员会汇报，在沈阳橡胶研究所的大力支持下，经过大量试验，将水力压差式封隔器改用抗油性强、更耐高压的胶皮筒以及整体结构改进，研制成了油井分层压裂封隔器，型号为475-9封隔器，这为分层压裂技术迈出了重要的第一步。

当时缺乏大型压裂施工设备，国外已有 800 型、1000 型压裂车，而我们只有 300 型（即最高泵压 300atm）钻井注水泥固井车。在会战指挥部领导支持下，从钻井指挥部调给井下指挥部 4 台水泥车用于压裂作业。

研究所组建了采油机械研究室，设计了加砂车及高压管汇等。压裂用支撑剂石英砂，派人调研，选用山东荣城海滩高纯度石英砂。在中 7 排铁路道口建成了压裂砂筛选场及酸化站，便于用火车运送石英砂及盐酸等。

我们选定了采油指挥部北一区西部，靠近登峰村的几口生产油井首次进行压裂试验。对于这种在油井中进行高压高风险施工作业，年轻的科研人员没有经历过，还是新鲜事物。我在玉门老君庙油田按苏联的技术经验进行过大批油井压裂、酸化增产作业，还写过总结报告。

在首批施工作业井场，有几十名人员，十多台车。压裂车（水泥车）、加砂车、供油井、作业机、消防车等挤在一起，开动起来轰鸣震耳。第一次在油井中下入双级封隔器，针对低渗透、低产油层，高压下注入压裂液（原油），能否准确判断已压开裂缝，并及时加砂挤入油层是关键难题。如果尚未压开裂缝，开始加砂，将导致井下砂堵，泵压猛然升高爆破地面管汇，将发生伤害人员，砂卡封隔器等事故。如已压开裂缝，延误加砂机会，进入油层的砂量不足，则施工效果失败或减效。

我站在压裂车上，各岗位采用打手势、举写字牌等方式来报压力、注入速度等，我用计算尺计算瞬时吸水指数变化，做出判断，指挥紧张有序的作业。甘冒风险，但胸中有个标尺，要盯着油层中裂缝形成过程，当吸水指数 K（＝排量÷压力）超过 1.8，达到 2.0 倍时开始加砂，否则不能加砂，这个是我多年证实的经验。我目睹过玉门老君庙油田早年发生过井喷、火灾、卡油管等事故，给我心中打下一个烙印：采油工程师必须保住人的命、油井的命和设备的命这三条命。

通过一批油井施工试验，每口井都取得增产效果，没有发生过一起事故。后来，又发展了下入多级封隔器，实现不动管柱一次裂开 2~3 个油层技术。

在 1964 年，会战指挥部向中央有关部门上报，"糖葫芦"封隔器正式命名为水力压差式封隔器并获得了国家科学技术发明一等奖，并发奖金一万元。对此，我们研究所领导班子研究，大家说"我们要热爱石油事业，不爱钱，不图名，一心一意为国家多献石油"。决定将这一万元奖金全部用于购买图书及科研用品，只给每人发给一支钢笔，这项奖励极大地鼓励了全所职工。

7 "六分四清"采油工艺成形发展

1960 年在大庆油田开发建设初期，石油工业部领导十分重视油田开发的方针政策，强调要尊重科学，立足抓地质，开展油田开发科学试验。余秋里部长提出"石油工作者的岗位在地下，斗争对象是油层"，研究和掌握油田地质情况，是油田生产建设的中心工作。开展了群众性办"地宫"、游"地宫"活动，将每口井地下油层剖面与周围油井的连通状况制成直观图表，采油工人、干部钻研学习，把油井生产管理向地下油层动态延伸。

为测准油层压力变化，将玉门石油管理局采油厂的试井技师刘兴俭带上几支井下压力计坐飞机赶到油田，严格校准测压资料。在开发试验区，涌现出了许多动人的故事，大家钻研地下，一心为开发好大庆油田尽心尽力。

会战初期组建的地质指挥所，有几十名专家教授和数百名地质技术人员，开展了油田开发的研究。1961年4月，石油工业部党组在大庆油田召开五级三结合技术座谈会，讨论了萨尔图油田中部146km²的开发问题。确定开发方案编制负责人为秦同洛、童宪章、李德生、谭文彬。李德生从1959年就参加了松辽盆地和大庆油田的勘探开发工作，在大庆油田预探阶段，在1960年9月在石油工业部和地质部技术会议上做了"大庆油田长垣石油地质特征"报告，受到两部领导和与会专家的高度评价，是发现大庆油田的知名地质专家，荣获国家自然科学一等奖获奖人之一。他将勘探与开发两阶段紧密结合，将油藏地质宏观与微观、静态与动态、理论与实践相结合有独到之处。秦同洛熟知国内外油田开发经验。童宪章以油层物理学独创水驱油田采收率预测方法，人们称他为能算油田寿命的"童半仙"。在专家、教授的组织、指导下，北京、萨尔图两地的科研、地质、技术人员做了大量工作。1961年又专门钻了28口开发资料井，每口井取全取准24项72个油层数据，进行了160万次地层对比，应用了6.8万多数据，绘制了萨尔图油田146km²面积内45个油层小层平面图，完成了储量计算工作。

1962年5月，在萨尔图召开了油田技术座谈会，对"萨尔图油田146km²面积的开发方案研究报告（草案）"，进行了详尽充分的讨论。对地质储量、可采储量、油层分布规律、油层压力系统等做了深入分析，确定了开发层系的划分与井网井距的安排原则，对30km²开发试验区两年来10项试验成果做出了评价，肯定了边内横切割注水方法是成功的，早期注水原则是正确的。根据开发试验区的实践经验，确定了开发区的注水方案。随后在同年8月，石油工业部党组审查、批准了这个开发方案。按照方案，146km²内年产原油能力定为500×10⁴t，10年内保持稳定，北一区、南一区的注水井排两侧生产井，投产初期5年内基本不见水，采油速度保持在3%左右。同时，部党组决定在1963年投入开发。

1964年8月，大庆油田召开一年一度的油田开发技术座谈会，总结分析了油田投入全面开发以来的地下形势。康世恩副部长针对中区生产试验区的情况，尖锐地指出："中区开采才三年，采收率5%，水淹油井已过半，问题十分严重"。他的话引起了震动。当时"糖葫芦"式多级封隔器已试验成功，全面推广以分层注水为主的一整套分层开采新工艺、新技术已经成为可能。会战工委经过研究，提出了"以采油和油田地下为中心，带动其他各项工作继续前进"的会战方针，把会战的工作重点，从钻井、基建及时转到采油和油田地质工作方面来。决定在全油田进行分层注水，开展"四定三稳迟见水"活动。即对每口油井实行四定：定产量、定无水采收率、定见水时间、定油层压力；要求所有油井在四定指标下稳定生产，做到产量稳、地层压力稳、流动压力稳（"三稳"）；油井见水要迟，力争较长的无水采油期和较高的无水采收率。

为了贯彻会战工委的决定，由会战副指挥宋振明组织，李敬任前线指挥，开展了声势浩大的第一批"101、444"井下作业冬季会战，即101口注水井，分444个层段，实现分层注水，掌握分层动态和分层控制注水量。由15个井下作业队和11个钻井队为主力，集中了钻井、井下、采油等13个指挥部的7000多名职工参加，统一指挥，协同作战。大庆油田总机械制造厂在短时间内加工制造了"糖葫芦"封隔器、测试仪表、不压井不放喷井口控制器65项、1.1万套件。作业队伍在三天内井场就位。从11月中旬到12月底，作业工人冒着-30℃的严寒，日夜奋战在井场上。天寒地冻，井口喷出来的水淋在棉工作服上，立即结成了冰，仍然坚持抢时间完成作业。经过40多天连续奋战，完成了101口井分层注水作业任务。到次年上半年，接着又开展了"115、426"分层配水会战，在146km²开发区内，全面实现了分层注水，平均每口井分为4个层段按设计配注。

在1964年，扩大应用封隔器的过程中，采油工艺研究所担负着监制大批封隔器及配套井下工具的繁重任务，而且对每一个送到井场的封隔器都要严格组装、打压监测，打钢印编号签发质量合格让，装入专门制作的工具箱拉运至井场，下井前做到"三不"（即不见天，不落地，不沾泥砂尘土），防止污染堵塞。对起出的封隔器，要派人在井口观察使用状态，都要做记录。科研人员经常怀揣窝窝头，徒步上井场。后来在会战各路运输任务十分繁重情况下，会战领导抽调两台解放牌卡车给研究所，解决上井困难。在开展"101、444"会战初，井下作业指挥部成立了井下新技术服务站，为几十个作业队上井服务，保证了全部下井封隔器与工具质量合格，口口井施工成功，也为科研人员摆脱负担，集中精力继续创新创造了条件。

油田实现分层注水，控制了高渗透层的注水量，油井含水上升速度减慢，"三稳"井大片出现，提高了注入水的波及体积，提高了采收率。同时，油田管理也提高到分小层管理的新水平，做到分层掌握油田动态，分层研究，进一步掌握油田地下变化的客观规律。

1965年，随着继续完善分层开采配套技术，并已定型，成为大庆油田注水开发的主体技术，显示出我国自力更生创造出的这套技术的特色与油田开发显著效果，对前来大庆油田视察、参观考察的中央领导和各油田、各地代表的汇报介绍中，以及油田开发技术总结报告中，康世恩、焦力人、唐克等会战领导经过研究，将分层注水、分层采油这套注水开发技术，概括为"六分四清"，"六分"即分层注水、分层采油、分层测试、分层改造、分层研究、分层管理；"四清"即分层注水量清、分层采油量清、分层产水量清、分层压力清。这样，清晰明了地概括为大庆油田分层注水"六分四清"采油工艺技术，在正式报告、文件中沿用下来。在推广应用中，以分层注水定量配注为基础，以分层配产、分层改造相配合，充分发挥各类油层作用，取得了油田开发主动权。正如余秋里老部长在他的回忆录中说："六分四清"集中代表当年大庆油田采油工艺技术和油田管理的高水平，它是我国油田开发史上的一个里程碑[5]。

8 大庆油田开发早期采油10项工艺技术的创立与经验

大庆油田采油工艺研究所人员继续壮大，为满足新技术现场试验，专门有3个井下技术试验作业队及机械加工车间。至1966年，职工总人数曾达到超过600人（包括工读学校培训人员），其中技术人员约300人，有5个研究室。主要研究各种封隔器、不压井作业井控装置（一室）、化学驱油调剖技术、聚合物稠化水等（二室）、电潜泵设计试制试验（三室）、井下分层测试与偏心配水器（四室）、油井压裂加砂设备及新型作业机设计等（五室）。从这些新技术硬件设备及工艺技术的研发，创立了大庆油田开发早期采油工程以分层开采为主的10项工艺技术。即：

（1）注水井多级封隔器分层注水（配注）技术；

（2）油井多级封隔器分层采油（配产）技术；

（3）油井多级封隔器分层压裂技术；

（4）注水井多级封隔器酸化增注技术；

（5）注水井多级封隔器分层测试（吸水量）技术；

（6）油井多级封隔器分层测试（产油量、产水量、压力）技术；

（7）油水井在井口有压力下（40atm）不压井不放喷起下多级封隔器作业技术；

（8）注水井用稠化水（聚合物）调剖技术；

（9）油井电潜泵举升技术，最初设计 40m³/d，后来研发成日举升 200m³ 大泵，为自喷井转机械泵提液做准备；

（10）采油井玻璃衬里油管防蜡与注水井油管涂料防腐技术。

1965—1966 年，大庆油田采油工艺研究所完成上述 10 项采油新技术创新，满足了大庆油田开发早期上产阶段总体开发战略需要，采油工程技术处在全国领先地位并迈向世界先进行列。在大庆油田萨尔图油田 146km² 开发区推广应用，产量上升，为实现高水平开发方案，提供了全面技术支持。

1966 年初，会战指挥部正式将"六分四清"分层开采确定为大庆油田开发的主体技术。这是继早期内部注水、保持压力开采之后，我国在陆相油田开发中的又一重大技术创新，它标志着大庆油田开发开始进入新的阶段。这是《大庆油田采油工艺研究所志》（1962—2000）的论述。这本研究所志中也载："鉴于采油工艺研究所在发展分层开采技术中所做出的突出贡献，大庆石油会战工委（1961 年 11 月，黑龙江省委和石油工业部党组决定成立中共石油工业部大庆石油会战工作委员会，简称会战工委，同时成立会战指挥部，余秋里任会战工委书记，康世恩任副书记兼会战指挥部指挥）于 1965 年 9 月 12 日做出了关于开展向采油工艺研究所和刘文章同志学习的决定，指出采油工艺研究所发扬敢想、敢说、敢干的革命精神，坚持严肃、严格、严密的科学态度，在短短三年里，独创出一套以水力压差式多级封隔器为核心的油田分层开采技术，为合理开发油田、提高采收率做出了巨大贡献。同年 10 月，采油工艺研究所被命名为"三敢、三严"的研究所；刘文章被授予石油工业部标兵称号；采研工艺研究一室被评为大庆油田"标杆单位"。

在 1964 年毛主席提出全国"工业学大庆油田"的热潮中，全国各油田以及国有大企业代表，特别是许多国家领导人到大庆油田参观、考察、视察，采油工艺研究所是必到的一个景点。在采油工艺研究所门前试验井中吊起一串 8 个"糖葫芦"封隔器，模拟分 7 层注水，按设计各层喷出的水量有多有少，直观地观察到分层注水技术的功效受到的赞扬，既鼓舞也促进了采油工艺研究所科技人员的爱国奉献精神，推进为保持油田长期高产稳产，持续创新采油工程技术。采油工艺研究所大部分科研人员来自石油学院及其他院校的大、中专毕业生，平均年龄二十三四岁。经过四五年的锻炼，已成长为能独立思考，科研能力较强的富有创新精神的科技人才，担负着 10 多项重大科学技术项目。涌现出了许多动人的先进事迹和故事。我在向来大庆油田参观考察的领导汇报及书面材料中都讲，采油工艺研究所这个英雄群体是怎样热爱石油事业，为国解忧奉献，勇于创新求实，学习毛主席《实践论》《矛盾论》，在辩证哲学思想指导下创造出了"糖葫芦"封隔器的过程。这是大庆油田人运用

"两论"思想方法在创新油田开发科学技术上的一个典型实例。

9　分层注水"六分四清"采油技术的历史作用

（1）大庆油田的开发建设是原石油工业部及会战工委领导在党中央正确决策下，集中全国石油战线优势兵力，以"两论"为指导，取得了石油大会战的伟大胜利，创造了许多油田开发上的新理论、新技术、新奇迹。在油田开发初期，制定了早期注水保持油层压力的开发战略，抓住了又注水又治水这对主要矛盾，尊重科学，开辟油田开发试验区，创新以早期注水、分层注水，形成"六分四清"采油工艺技术，为实现"长期、高产、稳产"的战略目标打下了坚实的基础。大庆油田早期分层注水的理论与工艺技术，是我国油田开发上的重大理论与技术创新，也为高速度、高水平开发全国其他同类油田创造了新经验。

（2）从"糖葫芦"封隔器到"六分四清"配套采油工艺的创新过程中，学习运用马克思唯物辩证主义哲学思想，以科学方法指导科技创新，积累了丰富经验。

针对油田开发中的主要矛盾及矛盾转化规律，抓准了技术主攻方向，开拓了创新思路，坚持实践、认识，再实践、再认识，反复实践、反复认识，从而从失败走向成功，由单项到配套，由局部见效到全面开发。哲学思想是"聪明学"，是科学智慧的源泉。封隔器是分层开发的核心技术，就是例证。"糖葫芦"式封隔器的创造打破了当时机械卡瓦式的老框框，运用水力学机理，创造出了水力压差式、水力压缩式、水力密封式等一系列新型封隔器，适应了同一口油井，可以下入多级封隔器的多种采油技术，为实现大庆油田开发方案提供了工程技术支持。

多级封隔器的诞生，开创了具有我国特色的油田开发理论及主体配套技术。在全国各类油藏开发中，提供了经验，打开了思路，研发出相适用的各种封隔器，实施同井多层段分层注水、分层采油新技术，普遍推广应用取得了显著成效，推动了我国油田开发采油工程技术的飞跃发展。

采油工程技术的核心手段是通过井筒分层控制工具、设备、仪表以及工艺技术，破解油层注水采油"三大矛盾"（纵向、平面、层内非均质性导致驱油差异的矛盾），以提高油田开发效果为目标，这是采油工程技术的发展方向。

（3）提升采油工程技术研究的战略重要性，在全国建立起了采油工程技术系统及采油工艺研究所。

前述1962年初，石油工业部领导决定组建大庆油田采油工艺研究所时，余秋里提出取名为采油工艺研究局，以表示采油工艺技术研究在油田开发中的战略地位，将"糖葫芦"式封隔器技术攻关作为一项头等紧迫的战略性科研任务，创造一切必需的条件，在三年时间创出了分层注水为核心的"六分四清"采油工艺技术，支撑了大庆油田实现高速度、高水平开发的战略目标。

在1965年9月，石油工业部在大庆油田召开的全国厂局领导干部会议期间，新疆石油局长马骥祥、胜利油田指挥余群立及大港油田等领导在采油工艺研究所蹲点，同吃同住考察7天，并在会上听取经验介绍后，决定成立本油田的采油工艺研究院（所）。从此，我国各油田建立了采油工程技术科研院所，以及局厂两级采油总工程师建制，提升了采油工艺技术的战略地位。

(4) 建立与发展井下技术作业技术队伍，发挥油田开发中的进攻性战略性作用。

在大庆油田开发中，将20世纪50年代玉门油田兴建的采油生产中必不可少的修井队伍，改名为井下作业队，改变名称有重大意义。在1962年初，"三选"技术试验结束后，将参加试验的钻井队、修井队划归采油指挥部下属的井下作业处。后来又改建制为直属大庆油田会战指挥部的井下技术作业指挥部，面对后续成立的多个采油指挥部(采油厂)，担负起推广"六分四清"采油技术规模化应用。在成立大庆油田井下技术作业指挥部时，焦力人和时任井下指挥的张会智，在中区西3排建成作业队伍基地时，特意起名为"登峰村"，并强调井下作业技术指挥部名称中"技术"两字涵意不能丢，将采油工艺研究所研发的新技术，由几十个井下作业队分大庆油田南、北两个作业服务区，践行攀登科学技术高峰作业。而且，焦力人还提出建立了井下新技术服务站。他说，在罗马尼亚考察时看到各种各样井下作业工具，有专门的车间像医院外科大夫的手术器材，分类管理，井井有条。成立服务站后由肖玉昆、关海川任站长，坚持高标准、严要求，对每个封隔器等井下工具测试合格，装工具箱，专人送至作业进场，起出的封隔器保持原样拉回检查、维修，并提供资料给采油工艺研究所进行分析。

在1963—1966年期间，担任井下技术作业部领导的裴虎全、安启元、刘继文、郑怀礼、刘斌等(此时我任副指挥、总工程师兼采油工艺研究所长)，率领这支强大的井下作业队伍，发挥了大庆油田开发中的战略性使命。我常比喻他们是向千米油层展开进攻性、复杂作业的油田野战军，可称为是"油井外科大夫"，是采油工程技术的强力实施者。

大庆油田井下作业队伍，不仅吃苦耐劳，掌握各种外科手术式的新技术，使油井低产变高产，死井复活，指挥地下油水按开发设计方案生产，而且具有作风严细，一丝不苟的科学态度。有一次作业队在一口井作业时，不慎将一把钢制搬手掉落井底，在油层下面10多米的套管"口袋"中，不影响什么。党委书记安启元知道后，立即召开了大会，检讨自己要求不严，作风不过硬，要求所有作业队，挑毛病，找问题，整顿作风，树立高标准，规范作业规程。而且，千方百计将此井下落物打捞出来，挂在办公室，提醒自己，警示人们。这个震撼人们的故事，传遍油田。大庆油田人严格、严细、严密的科学作风无处不在，要求井下无落物，保持油井"健康长寿"就是一例。

大庆油田创建与发展井下技术作业队伍的经验，在全国各油田推广后，采油厂作业队肩负着油田生产中的"六分四清"常规作业，油田公司的井下作业公司担负着开拓发展高、新技术，解决采油中更复杂的疑难技术，迈向更高水平新技术。

(5) 大庆油田为新油区输送人才。

在大庆油田会战在取得全面胜利，原油产量稳步上升阶段，石油工业部领导余秋里、康世恩对全国石油勘探开发进行战略部署，从1964年开始，到1978年，先后组织了胜利油田、大港油田、江汉油田、华北油田以及辽河油田等新油田的勘探开发会战，以及在1978年改扩建(北京)石油勘探开发科学研究院，从大庆油田分批抽调科技干部支援新油田，其中也包括从大庆油田采油工艺研究所抽调了一批又一批科研人员。大庆油田既出油、出技术、出经验，也出人才，为我国石油工业的全面快速发展做出了历史性巨大贡献。

当年在采油工艺研究所参加分层注水"六分四清"等10大技术的科研人员，不断新老接替，后来扩大加强为大庆油田采油工程研究院，几十年来继承发扬了大庆油田精神铁人精神及"三敢三严"的优良传统，将大庆油田采油技术继续创新发展，更新换代，攀登世界科技高峰，迈向世界前沿创新技术，有力支持了大庆油田高产 $5000 \times 10^4 t/a$ 稳产 27 年的目标，持续稳产 $4000 \times 10^4 t/a$ 新目标，成长出大批科技精英及科技领导人才，这是一个英雄群体，光荣的集体。回忆调离采油工艺研究所的老战友大约近 100 人，分赴胜利油田、江汉油田、大港油田、华北油田、河南南阳油田、北京石油工业部石油勘探开发研究院以及原石油工业部机关，传播大庆精神，开拓发展我国油田开发新领域，创新采油新技术，都做出了重要贡献。

附 图 说 明

1962 年至 1966 年大庆油田采油工艺研究所先后主要有两届领导成员（图 1 和图 2）。

图 3 为 1964 年大庆油田采油工艺研究所各研究室、试验队领导合影。

"糖葫芦"式封隔器研制试验图片如图 4 和图 5 所示。

1962—1966 年，大庆油田采油工艺研究所研制的第一代分层注水、分层采油、分层测试、分层压裂酸化的封隔器及配套工具，主要图片如图 6 至图 14 所示。

图 15 为贺龙元帅到大庆油田视察观看"糖葫芦"式封隔器。

图 16 为大庆油田历史陈列馆 1965 年大事记。

图 17 为石油工业部颁布给大庆油田采油工艺研究所奖旗图片。

图 18 为 1986 年国务委员康世恩在大庆油田井下作业公司视察题词。

图 19 为 2007 年大庆油田采油工程研究院建院 45 周年庆典，老同志参观实验室。

图 1　大庆油田采油工艺研究所初成立领导成员
（前排右起孙希敬、刘文章、陈炳泉、金静芝、万仁溥
后排右起黄嘉瑗、刘兴俭、马兴武、张殿臣）

图2　1964年至1966年大庆油田采油工艺研究所领导班子
（左起孙希敬、刘文章、万仁溥、刘兴俭、马兴武）

图3　1964年，刘文章（左起3）和各研究室、试验队领导合影

图4 刘文章(中)与科技人员现场分析胶筒破坏状况

图5 1963年,"糖葫芦"封隔器下井133次现场试验成功

图 6　水力压差式封隔器 475-8 型　　图 7　745-4 固定式配水器　　图 8　655 投捞式活动配水器

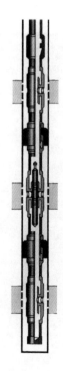

图 9　分层注水管柱　　　　图 10　油井水力自封式封隔器　图 11　油井分层采油测试管柱

图 12　301-2 注水井分层测试器　　图 13　水力密闭式封隔器　　图 14　475-9 分层压裂封隔器

（下入油管测分层注水量、压力、　　（用于分层压裂，分层试油）

验证封隔器密封性）

图 15　1963 年 7 月，康世恩陪同贺龙元帅观看糖葫芦式多级封隔器操作表演

（前排左 1 贺龙元帅，左 2 万仁溥，前排右 1 康世恩）

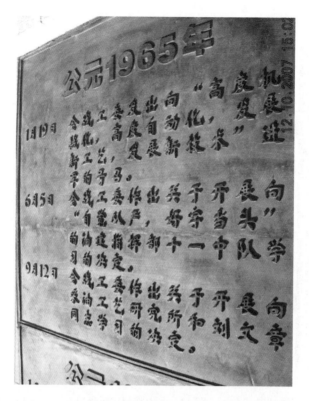

图16　在大庆油田陈列馆院内青铜甬道上记载历年大事记

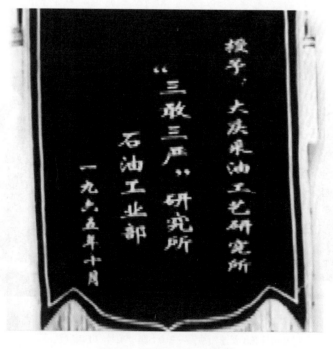

图17　石油工业部的奖旗

图18　1986年8月8日，国务委员康世恩来大庆油田井下作业公司视察，为井下作业公司题词

图19　2007年9月，大庆油田采油工程院建院45周年庆典，
刘文章(中)和王凤山副院长(左3)，老领导张轰(左2)在实验室参观

参　考　文　献

[1] 田润普，等．大庆文史资料第二辑：大庆石油会战[M]．北京：中国文史出版
　　社，1990．

[2] 中国石油报社．回忆康世恩[M]．北京：石油工业出版社，1995．

[3] 康世恩传纪编写组．康世恩传[M]．北京：当代中国出版社，1998．

[4] 李德生．萨尔图油田146平方千米面积的开发方案报告(1962年)[M]//李德生．李德
　　生文集：上卷．北京：科学出版社，2007．

[5] 余秋里．余秋里回忆录：下册[M]．北京：人民出版社，2011．

[6] 井下作业公司史志编审委员会．大庆油田井下作业公司志(1960—1990)[M]．北京：中
　　国文史出版社，1991．

运用辩证唯物主义哲学思想
创新油田开发新技术的若干思考及展望

刘文章

1960 年 6 月，大庆油田会战初期，我由玉门油田调去参加会战 15 年，受到了大庆油田会战的锻炼、培育，深刻地体会到大庆油田"爱国、创业、求实、奉献"精神力量是推动我国石油工业突飞发展的思想动力，是石油人为祖国献石油的精神财富，实践"两论"的优良传统是革命精神与科学态度的结晶。

当年，大庆油田会战总指挥余秋里、康世恩老部长，提倡学习毛泽东《实践论》《矛盾论》（简称"两论"），运用"两论"的唯物辩证主义哲学思想，高水平、高速度开发大庆油田，实现"长期高产稳产"战略目标，创造出了大庆油田一系列勘探开发新理论、新技术，走在世界前列。至今大庆油田持续 $5000 \times 10^4 t/a$ 高产稳产 27 年后，现在持续稳产 $4000 \times 10^4 t/a$ 已 10 年，仍然传承着"两论"哲学思想原则，因为这是人类认识世界，从而改造世界，发挥聪明才智的锐利思想武器，是打开智慧之门的金钥匙，使人变聪明的聪明学。

回顾大庆油田开创分层注水为核心的"六分四清"采油工艺及我国稠油热采技术发展历程，两项重大科技创新的实例，就是在"两论"指导下的实践实例，而且也是在原石油工业部康世恩等老领导亲自决策、部署、组织下实现的。

老一代石油人熟知"两论"哲学思想指引石油科学技术的创新实践，科学认识论与方法论的哲学思考，石油界资深高级专家傅诚德所著《石油科学技术发展对策与思考》及其他学者，如长江大学严小成发表的《科学方法论的哲学思考》，都精辟论述了从人类远古时代科学方法论的萌芽，到 16 世纪欧洲文艺复兴运动同时兴起近代科学革命时代形成真正意义科学方法论，直到现代，无论方法论具有经典性还是具有现代性，无论科学研究处于哪个阶段，科学方法论的哲学思想都是人类理性的光辉。这种唯物主义的方法论对当前的科学研究有着重要的指导意义。

现在，让我们重温"两论"的主要哲学观点，从践行"两论"中思考如何运用于当前及今后的科技创新发展问题。

《矛盾论》的结论中讲，事物矛盾的法则，即对立统一的法则，是自然和社会的根本法则，因而也是思维的根本法则。它是和形而上学的宇宙观相反的。它对于人类的认识史是一个大革命。按照辩证唯物论的观点看来，矛盾存在于一切客观事物和主观思维的过程中，矛盾贯穿于一切过程的始终，这是矛盾的普遍性和绝对性。矛盾着的事物及其每一个侧面各有其特点，这是矛盾的特殊性和相对性。矛盾着的事物依一定的条件有同一性，因而能够共居于一个统一体中，又能够互相转化到相反的方面去，这又是矛盾的特殊性和相对性。然而矛盾的斗争则是不断的，不管在它们共居的时候，或者在它们互相转化的时候，都有斗争的存在，尤其是在它们互相转化的时候，斗争的表现更为显著，这又是矛盾的普遍性和绝对性。当我们研究矛盾的特殊性和相对性的时候，要注意矛盾和矛盾方面的主要的和非主要的区别；当我们研究矛盾的普遍性和斗争性的时候，要注意矛盾的各种不同的斗争形式的区别，否则就要犯错误。如果我们经过研究真正懂得了上述这些要点，就能够击破反马克思列宁主义基本原则的不利于我们的革命事业的那些教条主义的思想；也能够使有经验的同志们整理自己的经验，使之带上原则性，而避免重复经验主义的错误。这些，就是我们研究矛盾法则的一些简单的结论。

《实践论》的结论中讲：马克思主义认为人类的生产活动是最基本的实践活动，是决定其他一切活动的东西。人的认识，主要地依赖于物质的生产活动，逐渐地了解自然的现象、自然的性质、自然的规律性、人和自然的关系。

通过实践而发现真理，又通过实践而证实真理和发展真理。从感性认识而能动地发展到理性认识，又从理性认识而能动地指导革命实践，改造主观世界和客观世界。实践、认识、再实践、再认识，这种形式，循环往复以至无穷，而实践和认识之每一循环的内容，都比较地进到了高一级的程度。这就是辩证唯物主义的全部认识论，这就是辩证唯物论的知行统一观。

1　明确油田开发总体战略目标

大庆油田从采油开始，就早期注水，抓准保持油层压力稳定，才能产量稳定这个核心，也就是会战领导讲的油层压力是油田的灵魂。针对早期注水又出现注入水单层突进的矛盾，提出既兴水利，又治水害，创造了分层注水"六分四清"采油新技术；进入高含水期，提出了"稳油控水"，创造了聚合物驱油三次采油新技术。目前，在特高含水期，又发展了精细油藏研究及新一代综合性提高采收率技术。

大庆油田不仅生产了 20 多亿吨原油财富，也创造了用"两论"哲学思想指导科学技术的创新与发展。

试想，如果没有早期注水，注水保持油层人工驱油能力，又不发展分层注水"六分四清"采油技术，而采取晚注水、笼统注水老开发模式，将损失多少个亿吨的原油产量？因此，对任何类型油藏，都要保持一定程度的压力水平，不能只依靠天然能量，要采用最佳开发方式或模式，包括有效的系列配套的采油工程技术。而且随着开发进程，还要不断更新换代主体开发工程技术，解决新矛盾，发展新技术。

大庆油田能够实现"长期高产稳产"的开发战略目标，高产 $5000 \times 10^4 t/a$ 达 27 年，至今（2012）在高含水开发期又稳产 10 年，创出世界同类油田开发最高水平，原因何在？从图 1 可以清晰地看出：50 年来在不同开发过程中，以注水驱油保持压力分层开采技术为主要矛盾线，不断更新主体技术。遵循科学技术不断发展的规律，在生产实践中，抓准出现的主要矛盾，研究新思路新技术，在实践中超前进行技术创新试验与前瞻性技术储备。发挥了科学技术的主导威力，夺取生产经营的主动权。

具体而言，在 1960 年开发初期，首先在 $30 km^2$ 开发试验区，采油的初期就开始注水试验，采用常规冷洗冷注工艺注水失败，创新热洗热注工艺获得早期注水成功，实现保持油层压力在原始水平下采油。在 1961 年注水半年后第一口油井发现注入水"单层突进"，立即

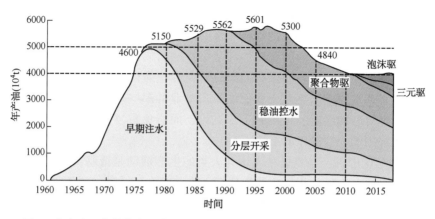

图1　大庆油田主体技术进步图(自傅诚德《石油科学技术发展对策与思考》)

开展了"三选技术"攻关,这种当时在国内外认为最有效的"兴水利、避水害"的技术失败后,会战领导于1962年初从失败中找出原因,提出自主创新,开展"糖葫芦"式的多级水力式封隔器分层注水技术攻关。1962年底取得突破后,我国独创的水力式封隔器的发展思路,打破了传统机械式封隔器的局限性,技术设计认识上的飞跃,很快在1965年创造出了适用于分层注水、分层采油、分层测试、分层压裂的一系列型号的封隔器、配水器、配产器、井下测试工具等。有了同井可以分多个层段的技术手段,又增加了分层研究、分层管理的新内容,从而可以较准确地认识并弄清楚同井分层注水量、分层产油量、分层产水量及分层压力。于1965年形成了分层注水为核心的"六分四清"采油工艺技术。在大规模推广"六分四清"分层采油过程中,遇到了历时三年的"文化大革命"严重干扰。在排除干扰后,原油年产量达到了$5000×10^4t/a$。早期开发区已20年,进入高含水期,油井产水上升,原有的可分4层的分层注水"六分四清"技术的效果下降,在大庆油田地质研究院油藏细分层研究的同时,大庆油田采油工程研究院研制了可分5~6个层段(最多可分8层)的细分层注水、分层测试等配套技术,新一代稳油控水技术支持了稳产,控制了含水上升。在此阶段,已开始实验研究聚合物驱并投入现场先导试验,取得了细分层注水+聚合物双重稳油控水的效果,因而突显了聚合物驱阶段稳产期长的综合效果。

大庆油田始终坚持注水开发总体战略的模式,主导采油技术不断创新。发展程式:早期注水保持油层压力→分层注水"六分四清"→细分层注水配套技术→细分层注水与聚合物驱→细分层注水与多元复合化学驱。

在应用一代有效技术的同时,研发新一代技术,并提前予研究前瞻性技术,这样始终驾驭着油田开发的主动权,创造了我国油田开发技术持续发展的丰富经验,是我国油田开发科学技术的光辉典范。

曾担任石油工业部勘探开发研究院及中国石油天然气总公司科技管理部领导的傅诚德同志,从事石油科技管理40年,对科技管理与研究有全面深入的论述。他指出,石油科学技术的发展有客观的规律性。每一项技术的发展大体上都要经历四个阶段:第一是开发阶段,即室内研究和新思路的构成阶段;第二是成长阶段,即室内实验、放大模拟试验、现场先导试验和工业性试验;第三是成熟阶段,即广泛应用,获得效益阶段;第四是衰退阶段，即技术老化，已不能解决新问题，逐渐被下一代技术所替代。大庆油田 50 多年来原油生产始终处于主动地位，就是因为他们自觉地遵循了这个规律，超前 5~10 年，做好技术储备。

此外，中国稠油热采技术的发展历程，也充分说明了这种规律。

由此可以得出许多启示。其一，对于不同油藏类型的油田开发，首先要看准影响油田开发全局的主要矛盾是什么。通过室内模拟研究与现场先导试验这两个最主要阶段，找出相适用的主攻技术方向，发展成主导或关键技术，并不断更新换代。其二，油田开发科技创新力量的核心及主力是油田地质研究、采油工程(含开发钻井)、地面工程三支技术队伍，围绕高水平高效益开发战略目标，集中、协作、持续、有效推进技术发展。要防止研究课题分散、重复、低效。其三，科学研究的核心是创新。科学研究单位如果长期没有重大突破性创新，就失去了生存的意义。因此可以说，科技创新是任何科研单位或科研人员的生命线。如何在科研中抓住核心的创新点，抓准根本，而不是枝叶或重复低水平研究项目，选准科研课题，至关重要。

2　不同类型油藏采取不同的开发方式及有效的主导技术

按照辩证唯物论的观点，矛盾存在于一切客观事物和主观思维的过程中，矛盾贯穿于一切过程的始终，这是矛盾的普遍性和绝对性。但矛盾着的事物各有其特点，这是矛盾的特殊性和相对性。

在油田开发中，地下油、气、水这种混合流体，在投入开发之初起，打破了静止平衡状态，开始流动。在依靠天然能量，即地层原有的弹性与重力驱油方式，形成的注采井之间的压力差为驱油方式，称为一次采油方法，其采收率一般很低，全采油期资源利用率低，经济效益差。因此，油田开发的具体战略目标是采油速度(年产量占地质储量之比)、最终采收率及总体经济效益最大化的统一。

对各种类型油藏的开发方式及主体采油技术，都面临三种技术挑战：选择最适宜的注入驱油流体，即水驱、气驱、热力驱等；驱油扫油体积系数及驱油效率要高；对我国陆相沉积的大多数油藏，在油层多而非均质性差异大的客观条件下，如何控制油层丛向剖面、平面及层内驱替不均的问题，即称为三大矛盾，而且贯穿于全开发期，尤以中后期最为突出。

这三种技术挑战，既普遍存在，又极其复杂，而又具有不同类型油藏的特殊性。

上述大庆油田的地质特点是砂岩储层，原油特性属轻质类型，其地下黏度在 20mPa·s 左右。采用注水开发方式与分层注水为主导采油技术，开发效果显著，因而广为人们熟悉，并且广泛推广应用，形成了典型的油田开发方式。

回顾我国稠油热力采油技术发展的历程，稠油开发中主要矛盾是原油黏度高，高达几百、几千甚至几十万毫帕秒，油层中流动困难，很难采出。但它对温度很敏感，温度上升 10℃，黏度降低一半。如加热至 200℃ 以上时，几万毫帕秒黏度就降至几毫帕秒，黏度高难采的矛盾，采用油层加热技术就迎刃而解。国内外大量实践，说明这种油藏的特殊性，采用注水冷采方式已不适用。由传统冷采转为热采方式，也经历了科学认识上的艰难转变过程，并非一帆风顺。

1978—1998 年，在 20 年热采技术发展历程中，经历了几次科学认识上的破旧立新，才推动了跨越式的发展。

（1）对于开发稠油资源的战略决策问题，在 1978 年石油工业部领导派团考察国外稠油开发采用注蒸汽热采技术已有近 20 年的成功经验，当机立断决策，将辽河高升油田作为热采技术攻关目标。虽然技术难度大，油层深度为国外热采最深油层两倍以上，下决心必须全力攻下技术难关，以带动辽河及胜利油区一批已发现的几亿吨稠油快速增产。此时，辽河油田的某位领导却持消极态度，要将重点放在容易开采的轻油油藏。经康世恩老部长再三强调稠油、轻油一起抓，攻下稠油才能全面上产。虽然听从了不可抗拒的决定，但对部领导安排的诸多具体措施及科技人员的工作不完全支持。对稠油热采开发中的一系列新技术，仍停留在轻油开发技术上。

（2）在 1982 年 9 月以前三年，是新旧观念转变的关键期。

这三年最不平凡，按照石油工业部领导的决策部署，开展技术攻关、准备现场试验条件、策划室内实验，到确定技术主攻方案阶段，从面临思想认识及工作重点有六个问题的挑战，对此我完成了 10 多项研究报告，提出必须转变稠油难采、习惯于注水冷采的思维模式，以科学论据，论述了要采用新技术，树立新观念，打开稠油开发新局面。

在 1982 年 9 月以后，有三件大事：高升油田第一口井蒸汽吞吐试验获得高产；稠油蒸汽吞吐技术列入国家级科技攻关计划；康世恩副部长对"建立新概念，采用新技术，打开稠油开发新局面"报告的重要指示，突破了稠油冷采的旧传统观念与旧技术方法，树立了信心，认识上的飞跃，加快了技术攻关步伐。不到三年，于 1985 年获得技术攻关全面成功。

（3）由油田冷采传统开发方案设计向热采方案设计的转变。

为打破油田开发方案设计按冷采方式的传统方法，引进国外先进室内热采物模与数模技术，同时自主创新研发了中深井井筒注蒸汽隔热核心技术（包括设计与研制隔热油管与隔热封隔器）。1984—1985 年，中国石油勘探开发研究院与油田合作完成了年产两个百万吨油田的热采开发设计方案，实现了我国稠油注蒸汽开发技术上的重大突破，科学方法上的又一次飞跃，使我们能够自主创新稠油油田开发的主导地位。

（4）蒸汽吞吐技术工业化阶段，出现追求当前忽略长远发展的倾向。

1985 年蒸汽吞吐试验成功后，各油田推广应用速度之快超出预期，增产效果显著，原来计划 1990 年稠油产量达到 500×10^4 t，实际却达到 800×10^4 t 以上，1992 年超过 1000×10^4 t 以上，成为全国原油增产的亮点。在此形势下，出现了不利于持续发展，尤其对下一阶段转入蒸汽驱开发的严重技术挑战。

例如：注汽速度过快，注汽压力超过油层破裂压力，导致蒸汽窜流或不均匀推进严重；回采水率低，近井地带存水量增大；井筒隔热技术出现失效、低效条件下，不及时更换……这种生产技术管理上的不合理，不仅导致蒸汽吞吐周期采油量、油汽比等效果降低，更恶化了下一阶段转入蒸汽驱的条件。

这种追求当年生产任务，忽略持续发展的倾向，科研人员的建议难以为生产经营决策层采纳。

（5）中深层油藏转入蒸汽驱先导试验有进展，但未工业化推广，为什么难？

在 1986 年至 2000 年期间，稠油蒸汽驱先导试验列为国家级重大科技攻关项目，原计划用 10 年时间先导试验获得成功后,将蒸汽吞吐进入中后期的油藏逐步转换开发方式——转为蒸汽驱工业化开采。对辽河、胜利、新疆、河南四个油区 11 个蒸汽驱先导试验区持续试验、改进,浅层油藏(克拉玛依九区、河南井楼)获得成功,辽河油区 1000m 左右的曙光 175 块、杜 66 块等也获得成功,但辽河高升油田未成功。而且辽河油田长期持续采用蒸汽吞吐方式,未工业化采用蒸汽驱开采技术,稠油采收率停留在 20% 多,未达到预期的 50% 目标。

是何原因,值得思考。其中有技术难度(如油层深、蒸汽干度低),经济效益差(油汽比低、耗能高)等,但笔者认为油田决策层缺少资金投入是最大制约因素,根源在于缺失战略性决心。在 20 世纪 80 年代末及 90 年代后期,国际油价暴跌,国内以经济效益为中心,曾关闭一批低效生产井,而且为蒸汽驱先导试验后期以及需增加或扩大试验项目投资不足,错失了转换开发方式的最佳时机。延续吞吐开采阶段过长,油层中不利蒸汽驱的因素增多。这样导致的后果,使后来重新加大科技投资,开展蒸汽驱技术攻关的收效大打折扣,付出的大量投资,难于回收失去的应有可采石油储量。

需指出,就在 20 世纪两次油价暴跌时期,美国、加拿大对稠油开发的创新技术研究、试验项目并没有减少,反而增加了降低生产成本、提高产量的新技术研发。例如,加拿大的 SAGD 技术,由室内模拟实验、进入现场 UTF 工程试验,发展为 SAGD 成熟技术。说明,技术创新是根本性战略上策,简单的舍不得科技投资是下策。

3　不同类型油藏,不同开发阶段要有多样化的开发模式

油田开发中的各种矛盾层出不穷,不仅油藏类型繁多,储层多种多样而且伴随开发进程,有解决不完的矛盾,也有持续发展的潜力。如何提高油井产量及原油采收率始终是永恒的中心科研课题,而且还要以经济效益为评价标准发展新技术。

对于具体油藏,要善于分析从开始投入开发,到中、后期,存在哪些制约开发的矛盾。诸多矛盾中,找准主要矛盾,抓准主攻方向,确定主体开发技术,并有全面配套的工程技术。对于当前已开发老油田,要更加科学地制订几年的科学技术发展纲要或规划。对于重大科技创新项目,制订分年月的运行图,这样可以提高工作效率,加快发展。

回顾 1973 年 5 月,大庆油田遭受"四人帮"破坏后,国家急需增长石油产量。大庆油田职工遵照周恩来总理恢复"两论"起家基本功,将原油产量不仅扭转"两降一升"(产量下降、压力下降、含水上升)局面,还要突破 $4000×10^4$t,迈向 $5000×10^4$t。此时,邀请了华罗庚教授的推广"两法"(统筹法、优选法)小分队,我有幸担任了"学习推广两法"办公室的主任。在半年时间里陪同华教授在大庆油田勘探开发研究院、采油工艺研究所、设计院、油建公司及大庆油田石化公司等,对重大科研项目,油田工程设计建设项目及炼油化工新建项目等,运用"两法"进行统筹规划。统筹法将重大研究项目或工程建设项目中全部内容分解成各系统子单元,将影响全局费时最长的主要工序或难点列为主要矛盾线,将互相关联的工序随时间同步推进。从各个环节分析主要矛盾线,缩短工期。对预计出现的问题有各种预案,以求高效率、节约投资。优选法简称为"瞎子爬山法"或零点 618 法。将室内实验研究的多参变数课题或化学剂配方,用最少的分析点,就可优选出最佳配方或方案。这种辩证思维的"两法"科学规划方法,使运用《矛盾论》《实践论》更具体化。华老的"两法"著作中,

有深入浅出、通俗易懂的理论，也有许多大小工程应用实例。大庆油田学习推广"两法"在加快油田建设、科技发展中，发挥了积极作用，不仅对许多项目的完成提高了效率，节约了投资，而且对人们运用辩证唯物主义的方法论与认识论，有了更具体的实践。

在稠油热采攻关中，我们也运用了"两法"统筹规划方法，加快了科技发展。

图2是大庆油田领导宋振明、陈烈民、张永清、李虞庚和十几位总工程师、总地质师及黑龙江省科委领导在让胡路住地听华老讲座后的合影。

例如，对具体科研新项目，从概念或课题设计、预研究方案、经立项后，到开展室内物模实验、化学实验、数模研究，完成先导试验方案：进入现场先导试验，完成评价报告；现场扩大试验与应用，最终形成生产力等各个阶段，运用"两法"原理，确定总体技术路线，依主要矛盾、主导技术、制订路线图，将相关联的各项技术同步交错安排，形成随时间推进的计划。

图2　1973年5月华罗庚教授在大庆油田讲学推广"两法"与大庆油田领导合影
（前排中华罗庚教授、靠右宋振明、右1张永清、左1李虞庚、左2陈烈民，其他两位是黑龙江省领导，
后排左3起刘文章、崔海天、闵豫、周占鳌、金毓荪、李道品、杨育之）

对研究项目中的多种课题，需要分解，细化为更具体的研究内容，从机理研究到工艺参数优化选择、工程技术配套、现场实施条件建设、预定效果指标，直到最终应用效果的技术经济评价，都以较清晰的方式显现出来。其中，要回答：这项科研项目，从立项后到完成各阶段研究所需时长；投入先导试验方案的全套技术工作量及资金是多少；完成先导试验的时间是多少；由先导试验到扩大规模应用的时间与效果预测结果；各阶段科研人员安排、资金投入等。还有完成这项技术，需要的协作条件及主要的保障措施等，要有明确、实事求是的答案，求实效、重生产效益，将技术创新点实实在在显示在应用效果上。

以上，强调既要有明确的创新发展思路，从破解油田生产急需难题立项，又要遵循科学程序，一步一步扎实推进，要追求高水平、高效益、大目标，开拓创新能改变油田开发中某些困局的新技术。

4 把握最佳时机转变油田开发方式或采油方式

按照辩证唯物论的观点，在复杂事物的发展过程中，有许多矛盾存在，其中必有一种是主要的矛盾，对事物的发展起支配作用。然而矛盾的主要和非主要的方面不是固定的，是可以互相转化的。客观条件的变化，导致矛盾的转化，支配着技术适应性、有效性。

在油田开发过程中，随着时间的推移，有利于采油与不利的因素，总是不断发展变化。有利因素逐渐减少，不利因素逐渐增多，互相转化，将导致先前有效的技术，受到制约或失效，不利因素增长，对设计的预期开发目标增加了新的困难。这里存在一个时间上的平衡点。

大庆油田由于选择了早期注水、分层注水的最佳时机，为油田开发长期稳产高产的战略目标创造了极为有利的基础。

回顾在"文化大革命"期间，大庆油田的生产受到了极为严重的破坏，出现了"两降一升"，即油层压力降、产量降，含水量上升局面，于1971年后领导干部被"解放"出来，恢复"两论"起家基本功，大搞分层注水的同时，由于油井含水急剧上升，大批油井停喷，及时采取了自喷转为机械采油方式，既注水又控水，加上放大流动压差，用三年左右时间，由年产2千多万吨，加上喇嘛甸新区建设1000多万吨的贡献，于1976年原油产量迅速上升至 5000×10^4 t。

近几年，辽河稠油油田热采技术取得了很大成就，齐40块蒸汽驱，杜84块SAGD等获得了国家级科技进步奖，成绩来之不易，成绩值得庆贺。但是，迄今动用地质储量 8.4×10^8 t，年产量保持在 600×10^4 t。值得关注的问题是：

（1）2010年稠油 620×10^4 t年产量构成中，蒸汽吞吐油井数超过10000口，产量约 400×10^4 t，占总产量的65%，吞吐储量 6×10^8 t，占总储量的73%。表明吞吐方式仍然是主体开发技术。但平均单井吞吐已达11.4轮次，单井周期产量已降至800t，年油汽比降至0.38，油层压力已降至 1.5~4MPa，按标定采收率23.4%，已采出可采储量的85%以上，整体进入衰竭期。

（2）蒸汽吞吐产量中，有约 100×10^4 t，来自500多口水平井加快吞吐，初期增效，但更加剧油层衰竭，目前产量已大幅递减。

（3）蒸汽驱齐40块，2008年3月全面转驱，2009年产量升至 68×10^4 t。截至2010年4月，注汽井组149个，油井728口，日产油1822t，含水率85%，油汽比0.13，低于经济极限。按设计方案汽驱15年，产油 750×10^4 t，汽驱阶段油汽比0.18，提高采收率21%。突出的矛盾是油汽比低，热能消耗大，原油商品率低，即使由目前瞬时油汽比为0.13的48%提高到0.18的63%，经济效益并不理想。据报道，另一个汽驱区块锦45块，目前日产量升至176t，年油汽比由0.14升至0.17，汽驱效果堪忧。

（4）杜84块SAGD开发区，2010年6月止，已投产26个井组，日注汽5419t，日产油1514t，含水82%，年产油 27.7×10^4 t，年油汽比0.22，进展较好，商品率69.5%，但仍未达到加拿大SAGD的先进水平及设计方案的要求，面临诸多问题。

（5）目前采用冷采方式的产量约 $8×10^4t$，常规注水产量 $100×10^4t$。这些区块的采油速度低，采出程度也低，有发展潜力，但油藏条件复杂，有薄互层、边底水层等，今后如何转换开发方式，能否采用热采，急需研究试验。

（6）总体上看，虽有种种难题，但发展潜力很大。动用了 $8.4×10^8t$ 地质储量，至今才采出约 25%，剩余储量巨大，还有持续发展的雄厚资源基础。大多数区块的油层物性、储量丰度都优越于其他地区新发现的复杂岩性、低丰度、低产油藏。

（7）值得反思的是：大多数稠油区块储量 $6×10^8t$，10000 多口井，失去了由吞吐阶段转入连续注汽进行汽驱开发方式的最佳时机，目前大部分井组，已到了转汽驱极限时段。

本人曾在 1990 年前后，在辽河油田 6 个稠油采油厂调研，提出吞吐周期 5~6 次，油层压降至原始值之半，地下单井累积存水量几千吨，就是转汽驱最佳时机。超过 10 次转汽驱时，已到经济极限。写成多个专题报告，呈送给有关领导。目前，齐 40 块是辽河稠油地质条件最好的油藏，至今转驱效果并不理想。而其他区块，已造成过度吞吐降压，汽窜通道扩大，每口注采井存水量超过 $1×10^4t$，给转汽驱造成了极不利条件，悔之晚矣！

本人在 2006 年 12 月在"开创新一代稠油热采技术，采用多元热流体泡沫驱热采配套技术提高采收率技术研究"报告中建议：

① 面临挑战，从长远战略目标着眼，加强技术攻关，开拓创新新一代稠油热采技术，尽早转换多元化开发方式，以加强热能系统管理、提高油汽比及采收率为核心，发展新的系列配套工程技术，实施稠油二次开发。

② 突出主要开发区的二次热采，即现在仍然延续蒸汽吞吐及水平井吞吐的区块，尽快转入新一代蒸汽/热水驱方式，不再延续蒸汽吞吐，这会延误有利转汽驱时机，造成后续汽驱二次热采的极不利的条件，加剧继承性汽窜、存水率继续升高，必然导致增加热耗，降低油汽比，难以大幅度提高采收率的后果。

新一代蒸汽驱，即蒸汽/热水氮气泡沫驱，还可加入沥青溶剂、高温聚合物，或多元热流体泡沫驱加颗粒封堵大孔道段塞，控制汽窜，扩大汽驱体积系数，开拓多种综合驱油开发方式。

这类开发区，储量大，采出程度低，是增产稳产，提高采收率的主攻方向，对辽河稠油和全局原油产量起决定性支持。

不要局限于推广齐 40 汽驱模式，要有新思路，创造新模式。

③ 对齐 40 块蒸汽驱开发区，为提高油汽比及采收率，在蒸汽中加氮气泡沫剂以及颗粒封堵段塞等，取代已不适用的常规汽驱模式。

在多元热流体驱中，随注采动态，可采用变速度、多介质段塞注入方式。对生产油井要更换、修复老化的防砂管，疏通套管液流孔道，减低井底流动阻力，提高采注比。

对吞吐阶段井底存水量大的油井，用注氮气吞吐方式强化排水，或其他解堵、排水措施。

④ 对杜 84 块 SAGD，采用蒸汽加氮气扩大汽腔，变干度、变气液比等调控技术。应用连续油管于水平采油井段冲砂、测试、分段作业。发展注汽水平井多级封隔器分层注汽技术。

⑤ 对目前冷采及常规注水区块，针对薄层、边底水层不同黏度、油层物性差等特点的

油藏，尽快试验研究多元二次热采方式。

⑥ 加强注热系统从地面到井底、到油层的热能传热传质分析和热能管理。现已制成 23t/h 燃煤蒸汽锅炉，已成批生产和应用，用煤代油，以及用气代油，可以节约燃料费一半以上，值得推广。对隔热油管的使用要有监测隔热效果及报废制度，推广环空注氮气隔热技术，保护套管热采使用寿命 50 年以上。

对注汽锅炉烟道气中 15% 的热能及 CO_2 和 N_2 气体，收集起来回注油层，既环保，又是现实、高效的多元热流体驱油剂，要利用起来。还可节约燃料费，燃料费占总操作成本的 40%~50%。烟道气回收回注技术前几年在辽河锦州采油厂试验成功。要进一步完善设备和防腐隔热油管配套，在大型注汽站规模应用。

⑦ 建议安排试制连续隔热油管，用于水平井段均匀注汽，提高油层加热效率。

最后，中国石油勘探开发研究院热采所是全国稠油热采技术研究中心，具有世界先进水平的热采实验室和精干、高素质科研人员。过去 30 年，完成了全国几个主力稠油油田的热采开发设计方案，几十项重大科研项目，获得数项国家级及集团公司级科研大奖。最近几年又增加了一批富有创新精神的新一代科研生力军，有能力和辽河油田科研人员密切合作，优势互补，两个主角，当担重任，开拓创新，共创世界奇迹。

5　重视现场新技术先导试验及开发模式选择

正确的思想只能从实践中来。实践、认识、再实践、再认识，这种形式，是辩证唯物论的认识论的精华。结合油田开发实际，对各种类型油藏，不管多么复杂，经过室内实验与研究，提出初步方案，开辟现场先导性试验区、再评估、改进方案，再扩大试验，直到基本成功的开发示范区，再次修正补充成为正式开发方案，按这样的科学程序，定能找到高效开发油田最佳途径。

跟踪美国、加拿大、委内瑞拉、俄罗斯等石油资源强国，他们每隔两年在《Oil & GAS》杂志发表的 EOR 先导试验项目相当多，超过 200 项。因为石油开采业具有高投入、高风险、高收益的特点，油公司十分重视先导性开发试验，舍得投资，才能减小风险，提高收益。而且在试验项目中，持续时间都较长，每年评估技术经济都成功的仅约 50%，另有一半是技术上成功，经济上失败，还有不确定效果，也有宣告失败的。

国内油田，大庆油田在开发初期，会战领导已从玉门老油田晚注水教训中，下决心，要早期注水，分层注水的方略，但仍然在最早开发的 $30km^2$ 内，开展了 10 项先导性试验。这 10 项试验是以油田注水为中心，包括：合注分采；分注分采；分注合采；大井距面积注水；强化注水、油层压力提高到原始压力以上采油；行列布井强化排液、强化注水，使注入水在地下拉成水线；不同渗透层分别注水，观察其不同推进速度试验；不注水，依靠天然能量采油；不同射孔密度，配产配注试验；注二氧化碳及其他活性剂提高采收率试验等。与此同时，围绕提高采收率，控制水窜，进行了选择性注水、选择性堵水、选择性压裂等采油工艺试验，直至"糖葫芦"式多级水力封隔器攻关试验等。

通过两三年的艰苦努力，开发试验和采油工程技术攻关取得成果，为大庆油田的合理开发提供了依据和手段。在 1962 年底，编制出了萨尔图油田第一阶段 $146km^2$ 的开发方案。通过大量实践，1963 年 4 月，石油工业部经各方面专家认真讨论和反复论证，审查和批准了这个开发方案，1963 年底，全面实施，建成了 $600 \times 10^4 t/a$ 生产能力。

所以，大庆油田按"两论"哲学思想，在油田开发上从开始就迈向了高速度、高水平、高效率的先进水平，成为我国石油工业的先驱、典范。至今，仍持续开展了在高含水、特高含水开发区，对不同层系、不同油砂体，进行多种先导试验、扩大试验、示范区规模开发试验，还包括前瞻性超前研究与试验。

通过实践而发现真理，又通过实践而证实真理和发展真理。从感性认识而能动地发展到理性认识，又从理性认识而能动地指导革命实践，改造主观世界和客观世界。实践、认识、再实践、再认识，这种形式，循环以至无穷，而实践和认识之每一循环的内容，都比较性地进到了高一级的程度。这就是辩证唯物论的全部认识论，这就是辩证唯物论的知行统一观。这是《实践论》最后的结论语。

在大庆油田石油会战初期，这段哲学名言，在我们创造"糖葫芦"封隔器分层注水技术攻关中最终取得成功的岁月里，刻印在脑海里的"实践、认识、再实践、再认识"十个字，指引我们经过 1018 次地面模拟试验，又经过 133 次实际注水井反反复复试验，一步步达到预期技术指标，获得成功。接着又发展形成"六分四清"配套开发技术与理论的亲身经历，也成为我们在稠油热采技术攻关中的一把思想武器，打开了思路，凝集了智慧，找到了窍门，明确了主攻方向。

回顾过去 20 多年稠油注蒸汽热采经历了三个阶段：

第一阶段，1978—1985 年，蒸汽吞吐技术攻关由室内研究走向现场试验，获得成功；第二阶段，1986 年开始推广蒸汽吞吐技术上产量，完善配套技术的同时开展转入蒸汽驱先导试验技术攻关，到 1995 年，以吞吐为主的热采产量达到 $1000 \times 10^4 t$ 以上的稳产期，浅层蒸汽驱试验成功，中深层汽驱未达到预期目标；此后为第三阶段，老区蒸汽吞吐进入中后期，中深层继续汽驱试验，依靠新增储量稳产，开展特超稠油新技术 SAGD 及多种水平井等技术攻关，可简称热采多元化方式开发阶段。

从三个发展阶段中，看出稠油热采技术发展中，技术创新是必走之路，不断创新，才能高效率、高经济收益开发。要创新，必须要经过新技术先导性试验。进行先导性试验必然有技术上经济上的风险。要化解风险，取得成功并规模化应用，形成新的生产力，时间因素是关键。

分析在科技创新过程中，由室内从概念实验研究，走向现场先导性生产试验，理论与实践反复结合，直至成功，要注意以下三点：

第一，对先导性试验，要重视，抓早，不失最佳时机。

例如新疆九区投入蒸汽吞吐试验初期，就及早开展了两个蒸汽吞吐+汽驱的先导试验区，取得了不失时机转入蒸汽驱的经验及技术，大面积转汽驱后采收率达到 50%以上，经济效益好。辽河油田曙光一区 175 块边水油藏，及早转入汽驱试验，和边水浸入抢时间采出了大量可采储量。但遗憾的是，胜利单家寺油田单 2 块汽驱先导试验，边底水十分活跃，水体大于预期，转汽驱拖延，失去最佳时机而失策，损失了大量可采储量。

第二，对先导试验要坚持到底，充分发挥主观努力，转化不利因素，扭转失败的可能。

虽然有些油藏客观条件很难按主观愿望改变，但实践、认识，再实践、再认识还未循环至成熟程度，不应过早下结论。例如河南油田井楼零区浅层稠油油藏，转入蒸汽驱，发生蒸汽窜流严重，油汽比低，在成功与失败之间波动。油田科技人员坚持进行了多种调控、改善工艺技术措施，终于获得成功，最终采收率达到49.5%。

辽河高升油田开辟了三个蒸汽驱先导试验井组，由于油层埋藏深，井底蒸汽干度低，地下存水率高，转汽驱时机晚，汽驱效果差，汽驱试验时间不到2年，未能坚持采取调控及改善工艺措施停止了试验，未获成功。后来2002年，一家香港民营企业获准合作开展蒸汽驱试验，采取新技术，但投资资金大，因筹措未到位而作罢，突显投资问题是主要制约因素。

第三，抓先导试验，要抓主要矛盾及配套工艺措施。

在蒸汽驱先导试验中，都暴露出主要矛盾是蒸汽带纵向扩大不足，蒸汽窜流严重，汽驱体积波及系数低。必须从汽驱初期、中期至后期，采取多种综合技术措施，将瞬时（月）油汽比主要评价指标调控到经济极限以上。

为做到上述三点，对先导试验项目要思考以下问题：

（1）科技人员要防止浮躁思想，不要急于求成，发扬求实精神，将阶段性成果推向更高水平的发展。

（2）生产经营管理者要有持续发展目标，切忌只顾当前不谋长远。

（3）要舍得投入资金，关注长远潜在的经济效益。

（4）油田决策层，要统筹全局，辩证思维处理好当前与长远的关系，制订好总体发展战略规划。

总之，创新科学试验项目要超前，新技术投入生产实践不能滞后，将两者时间交会最佳化。

6 按系统工程理念发展采油工程技术

回顾20世纪50年代，我们在玉门老油田热火朝天搞开发建设，国家急需石油，求速度夺高产。由于没有经验，技术也落后，但主观积极性高，斗志昂扬。钻井工人打头阵，快速钻井，争当"火车头"；地质师分析油层产油能力，从气油比与产量曲线优选油嘴尺寸，确定单井产量计划；采油工程师搞油井清蜡、压裂酸化、尽力提高油井产量。当时，钻井工程、油田地质、采油工程称为"三驾马车"，争当油田主人，各自奋战。后来"大跃进""放卫星"书记挂帅，亲自管放大油嘴自喷，夺高产。造成油层压力急剧下降，油井停喷减产，高产变低产，结束了一时兴盛。主观愿望脱离了客观实际，未抓准根本，地下储量不清、超出油层合理产能定高指标，扩建地面设施吃了苦头。

这个故事，印象极深。1960年发现大庆油田，余秋里、康世恩总指挥总结经验教训，提出"石油工作者工作岗位在地下，斗争对象是油层""油田地面工作服从地下"，抓住了油田开发的主要矛盾——要实现长期高产稳产开发战略目标，必须早注水，分层注水，保持油层压力稳定不降，称"油层压力是油田的灵魂"，而且以油田地下为中心，以分层注水为核心，将储层研究、油藏描述、钻井取心、分层注采工艺、地面工程等，按系统工程理念统一协调、配套发展，排除了用孤立的、静止的和片面的观点，互不协调，当时批判"荷叶包钉子，个个想出头"的形而上学观点的种种干扰，以辩证唯物主义哲学思想指导科学开发大庆油田，创造出了大庆油田开发的举世瞩目的世界油田开发先进水平。

从大庆油田运用"两论"哲学思想取得的经验，有力地推动了稠油热采技术的发展，人们的思想观念从实践中转变，提高的较快，总体上发展速度很快。

回顾我国稠油热采技术发展历程，是在原石油工业部领导统一部署、决策，将油田生产、经营管理、科研等各部门集中组织，设立国家级重大科技创新项目，以提高科研创新力为核心，以形成大幅度增产原油生产力为目标，按系统工程理念，取得了一项油田开发上重大科技创新，而且是一项跨越式快速发展的科技成就。

稠油热力采油技术属于一项新学科，也是一项涉及油田开发地质、油藏工程、钻井工程、采油工程、地面工程建设、机械设备制造、油田化学等专业及多学科的系统工程。过去很长一段时间，许多人熟悉油田注水开发，对注蒸汽热采比较陌生，往往习惯于按轻质油藏的特点去评价储量、制订开发方案，用冷试油试采方式评价产能等，出现认识上、决策上以及技术上的不适应、不协调、不更新的观点。难以打开新思路，势必延误稠油热采的发展。

例如，对稠油油藏评价研究，依靠电测资料多，取岩心资料少；冷采产量低或不出油无法评定产能；按冷采钻井完井，成批建井速度很快，油井结构不能承受注蒸汽高温高压条件等。要将各个相关专业人员的"冷采"观念转变到"热采"新技术发展思维及行动上来，实不容易，尤其涉及决策领导层是关键。

另外，要创新一项重大新技术，从室内机理实验研究，产生设想方案，进入现场先导试验，评价成果后形成能够推广应用的生产能力，必须经过总公司各部门的工作程序分工落实。

为此，在部领导统一部署提出总体目标与要求下，组成稠油热采技术攻关领导小组，在相关油田也成立稠油技术攻关组织，加强协调，提高工作效率。

中国石油勘探开发研究院发挥了热采开发总体技术方案设计及室内"双模"技术实验的优势；辽河油田发挥了具体油藏工程研究及钻井、采油、工程技术研究与实施；石油规划设计总院担负地面工程设计及规划；石油机械制造厂研制注汽锅炉、高温高压注采井口装置及井下隔热油管等硬件设备，并且规模生产，满足产量上千万吨的需要。这四大系统，由石油工业部组成了稠油开发领导小组统一协调发展，发挥各自优势，工作拧成一股劲，提高了工作效率，消除薄弱环节，加快了整体发展。

在20年科技创新过程中，中国石油勘探开发研究院发挥着核心作用与先驱作用。在关键时刻抓了关键性技术：1978年起，科技创新初期的技术攻关课题设计→起步阶段的室内模拟实验（双模技术）与现场工程技术准备（注汽设备、钻完井技术）→确定技术主攻方向，研发核心工程技术（井筒隔热技术）→设计蒸汽吞吐方案、指导首批油井现场试验→向领导层建议打破传统旧观点，树立新概念，推动全面新发展→提出稠油分类评价新标准，规划全国发展规划→采用新方法完成两个大型油田开发设计方案→引领蒸汽吞吐新技术配套定型→设计蒸汽驱先导试验方案→跟踪全国汽驱试验进展，提出改进对策→1998年止全面创新我国特色技术，稠油产量跃居世界前列→研究提出稠油、特超稠油三类多种油藏类型热采技术发展模式，引领技术发展方向→发挥对外技术交流与合作的核心作用，提升了国际地位与影响。

从20年的发展历程中，展现着中国石油勘探开发研究院在三届领导班子领导下，热力采油两代科技人员团队，始终奋进在科技创新的前沿，攻坚克难，永不停步，为我国油田开发开拓新技术，为祖国献石油，争做贡献。

当前，中国石油勘探开发研究院的整体科研及热力采油科研能力，已提升至国际石油大公司的先进水平，辽河油田、新疆油田已成为国内最大的稠油科技研发基地及生产基地，同时还有几个石油机械设备制造基地。我国稠油热采技术及钻井、采油、机械设备已进入国际市场。今天的技术辉煌成就既自豪振奋，也面临着国内稠油开发新的挑战，难度更大的特超稠油，低渗透、薄油层稠油以及吞吐开采后期油藏条件复杂化的大量剩余储量，如何经济有效地提高采收率，这都是世界性的技术难题。

面对严峻挑战，需要更新科技创新机制，按系统工程理念，采用新的大协作，将科研、生产、设备制造各路优势互补，加快步伐，再创造出新一代革命性的热采技术，持续奔向世界技术前列。

7　迎接新技术的挑战

回顾过去我国稠油开发热采技术发展历程，起步虽晚，但发展速度很快，蒸汽吞吐热采技术仅用了 10 年时间，缩短了和国外约 20 年的差距，年产量跃升至 1000×10^4 t 水平。担负全国稠油热采科研主攻任务的石油工业部石油勘探开发研究院和油田科技人员，在部领导大力支持下，多次出国考察、学习，既引进国外部分技术设备，更注重自主创新研发，结合我国实际，创造了许多成功的经验及一系列工艺技术。在三个发展阶段，既抓当前攻关、又准备明天、更瞻望后天的持续发展思路，不断开拓创新。在蒸汽吞吐攻关阶段，对蒸汽驱技术发展已有了整体技术构想；在进行蒸汽先导试验阶段，对多种类型稠油油藏开发模式及工程技术有了较明晰的前瞻性研究。科学研究在继承中发展，在发展中创新，这遵循了科技进步永无止境的普遍发展规律。要把握稠油热采科技发展大方向，少走弯路，不走弯路，我们要创新，需要戴上"两个镜子"——望远镜和放大镜，做好"两个跟踪"——跟踪研究国内和国外发展动态。戴上望远镜让我们要有宏观战略，不能只看今年、明年，要看 10 年、20 年油田的发展；放大镜要深入微观世界，研究油层细致认真，不拘限于平均数，一丝不苟。最聪明的诀窍是既跟踪研究国内油田试验中的正负两方面的问题，抓准突破点，又要跟踪研究国外热采技术发展的进展及发展方向。

过去 20 年的热采技术过程中，中国石油勘探开发研究院和委内瑞拉、美国及加拿大石油界科研单位和油公司建立了技术交流机制，参与了十多次国际重油技术会议及数十次技术交流活动，尤其和加拿大阿尔伯达省 AOSTRA 及 ARC 举办三次中加国际重油技术研讨会，5 项技术合作项目等，取得了卓有成效的科技成果。1998 年，在北京成功举办了联合国 UNITAR 第七届国际重油及沥青砂技术会议。

中国石油勘探开发研究院科研团队和我本人，对国外稠油开发的考察及资料调研报告不计其数，国内各油田及期刊杂志组织的国内外交流活动及信息资料等，都大力促进和见证了国内、国际间的科技交流，发挥了不可低估的贡献。

当前，进入 21 世纪以来，国际重质原油探明储量及产量持续增长，稠油热采技术向多元化、高效率、低耗能方向发展。我国稠油热采技术已走出国门，在委内瑞拉奥里诺克重油带 MPE3，在哈萨克斯坦阿克纠明稠油油田等从开发设计方案，水平丛式井钻井、注汽地面地下设备等配套应用成功，促进前者产能已达 $500×10^4t$ 以上，为后者老油田恢复生产，产量已达 $200×10^4t$ 以上，这验证了我国稠油热采技术具有的优越性及先进性。

同时，也看到国际上新能源、非常规油气资源的开发利用已发生了巨大变化。就稠油开发而言，不仅涉及能源安全，而且市场竞争的深化及原油价格的起伏变化等，影响着科学技术的发展，已今非昔比。

当前，我国已投入开发的稠油油藏，类型多，有浅层、有深层、有薄互层，油水关系复杂，开采难度极大，面临许多世界性的难题。如何进一步提高采收率（争取达到50%~60%以上），并获得经济效益，应作为开拓新技术的战略目标。因为应用注蒸汽热采为主的各种方法，耗能高，按极限油汽比0.15，消耗油气燃料比占45%，即使达到上述目标，也相当于轻质油藏采收率的30%。更应关注延长油田开采寿命，造福于石油人及相关产业链子孙后代的生存与发展。

面对严峻的技术挑战，我们要迎难而上，勇于开拓进取，运用辩证法，广开思路，找准科研课题设计发展方向，紧紧掌握主要矛盾线，锲而不舍，反复实践、认识，不断扬长克短，追求最佳效果。

最后，要推进重大科技项目创新，创造对生产有重大贡献的主体技术，需要有战略思想的坚强领导者、富有奉献创新精神的学术领军人才、团结奋进勇攀高峰的科研团队，三者缺一不可，这是科技创新的核心力量。

8 我国的稠油分类标准和国际分类标准

研究事物发展的矛盾，要注意矛盾既有普遍性，也有特殊性，这样才能防止主观性、片面性，摆脱经验主义束缚，结合实际，有所创造。这是从《矛盾论》中得到的启迪。对国外的先进技术要学习，吸取有益经验，但更要从我国国情与油田特点出发开拓创新。

国际上石油界将黏度高、密度大的原油称为重油，我国称为稠油，实际上都是同一类原油，有别于轻质原油。很久以来，国际油价沿用按质论价，即按轻质馏分占比分类。将沥青胶质含量高，密度大，按美制 API 重度小于 20°API 者（密度大于 $934kg/m^3$，$60°F$）为重油。1982 年，联合国计划训练署重油研究中心 UNITAR 制定分类标准，提出以黏度为第一指标，密度为第二指标，将地层温度下脱气油黏度为 $100~10000mPa·s$，API 重度为 $10~20°API$（密度 $934~1000kg/m^3$）称为重质原油（Heavy Oil）；将黏度大于 $10000mPa·s$，API 重度小于 $10°API$（密度大于 $1000kg/m^3$）的称为沥青或沥青砂（Tarsands，Oil Sands）。

我们从我国稠油的特点及国情出发，推荐并试行后正式制定的分类标准，将稠油分为三类，即：普通稠油（油层温度下脱气油黏度为 $100~10000mPa·s$）、特稠油（黏度 $10000~50000mPa·s$）及超稠油（黏度大于 $50000mPa·s$）。以黏度为主要指标。

为什么我国的分类标准与国际标准不同？

对此问题，我们从 1979 年开始研究，直到 1987 年正式批准试行。经过缜密研究并经过现场注蒸汽实践验证，既要科学合理、又要实用，还要经得起历史的考验。在这慎重严谨的研究过程中，依据了《矛盾论》中的哲理：对研究对象既要抓矛盾的同一性，也要抓个性，才能抓准本质，掌握发展规律。

对于稠油开发而言，主要矛盾是原油成分特殊，黏度高，流动困难，难以采出，必须要靠加热降黏才能采出。用"热"化解"稠"，始终是主要矛盾线。稠油分类标准也要和油田开发方式挂钩，以达到顺利开发油田的终极目标。这是制定分类标准的总体认识。因此考虑了以下几点：

（1）我国的稠油与国外的重油都有共同的特点，黏度高、密度大，分类标准尽可能和国际标准一致，以便进行国际交流，便于进行稠油资源评价和开发方法的研究。

（2）国际上在市场经济主导下，原油价格以质论价，原油轻质成分越多，质量越好，价格就高。因此长久以来形成了以 API 重度，即原油密度为评价标准的价格体系。原油分类以 API 重度为主，黏度次之，不直接与开发方式关联。因此，不能全部照抄照搬。

（3）我国稠油虽有黏度高、密度大的共性，也有其个性。由于在陆相沉积等地质环境运移、聚集、成藏因素下，原油中沥青成分相对较少，胶质成分较多，稀有金属钒很少，因而黏度高而密度相对低，黏度变化范围大。将稠油按黏度分为三个档次：普通稠油 10000 黏度单位(mPa·s)为上限，特稠油以 50000 黏度单位为上限，超稠油超过 50000 黏度单位以上，无上限，有利于稠油资源的开发发展空间。

（4）稠油分为三个档次，和开发方式及发展前景紧密关联，有实用性，也留有发展空间。

将普通稠油又分为两个亚类，在油层条件下黏度为 50~150mPa·s 者可以先采用注水开发；超过 150mPa·s，低于 10000mPa·s 者采用先蒸汽吞吐，后蒸汽驱开发。对特稠油采用蒸汽吞吐方式，但转入汽驱有风险，需有其他辅助技术；对超稠油采用常规蒸汽吞吐方式风险大，更不用说蒸汽驱风险更大，需要开拓注蒸汽新方法。这在 20 世纪 80 年代制订的标准与热采发展结合的思路，经过 20 年的验证是符合我国的国情，也指明了技术不断发展的期待。

（5）将稠油分类标准与油藏注蒸汽热采分等评价、筛选标准相联系，对制定哪些油藏可以采用热采方法，哪些待发展技术，提出的油藏条件(原油黏度、油层深度、油层厚度及净总比、孔渗饱参数等)简明扼要。既实用，也提出了与时俱进，改进技术的重点。

（6）稠油分类标准不必要再行修改，对原油黏度的测定与应用已有成熟简便的方法。在我编著的《稠油注蒸汽热采工程》专著第二章稠油的特性、定义及分类标准第 4 节——稠油油藏温度、原油黏度的测方法有详细论述。由井温电测曲线确定地温梯度及地表恒温层温度计算出原始油层温度，用高温黏度计测出 3~5 个温度点的黏度变化值，在专用于稠油的 ASTM 黏度—温度坐标图上划出黏温曲线，就可确定油层温度下以及任何加热温度下的原油黏度值。切不可用等坐标图或半对数坐标图。如果只有 50℃ 黏度值，也可在 ASTM 坐标图上参考其他油藏黏温线划平行线，可以估算出油层温度下黏度值。切忌不要再沿用 50℃ 黏度值了，没有实用意义。

9　关注科研项目发展中的有利与不利因素

大庆油田人有个"两论起家""两分法前进"的优良传统。所谓两分法，就是看问题既要看到正面，又要看到反面；既看到成绩，又要看到问题；既看到成功的一面，又要看到失败的一面；成功不是绝对的，是相对的。他们常说："成绩不说跑不了，问题不找不得了""成绩面前喜不倒，困难面前难不倒"，这个哲理对领导干部和科研人员尤为重要。在科技创新过程以及日常工作中，运用"两分法"观念去观察、思考问题，可以使人变得更聪明，减少盲目性和随意性，增强预见性和科学性。现举两个我经历的故事：

[事例一] 1965 年，大庆油田采油工艺研究所研发了分层采油多级封隔器，即油井水力自封式封隔器，通过室内模拟试验及第一批油井下井试验取得分层采油的良好效果后，在半年时间内，开展了 100 口油井的分层采油配产"146"井下作业会战。在一年后，发现封隔器胶筒老化快，抗油性差，破损起下更换时，发生几起"顶飞"油管事故，产生安全环保（井场喷油）严重后果。后来更新研制了新一代水式压缩式油井封隔器，淘汰了它。

此前，在 1962 年试验成功糖葫芦式封隔器后，于 1963 年在 10 口注水井又进行了 133 次扩大试验，设想了可能出现的破坏性试验方案，如增高注水压力下胶筒破坏情况、模拟井下砂堵、配水器水嘴磨损寿命等，预测大面积推广应用起下作业的安全性，有效寿命及预期效果。在 1964 年开展 101 口井，分 444 层的工业性推广应用中，没有出现技术性事故，获得油田开发大规模成功应用。

此事例说明，新技术产品在取得初步成功后，必须经过较长时间以及较多数量的两个实践检验，在扩大试验中找毛病，及早揭露可能导致失败的因素，即使成功率为 99%，1% 的失败率也不可放过。

[事例二] 在 1999 年，我在吉林油田考察，新发现的套保稠油油田，储量超过 1000×10^4t，油层浅仅 250~300m。采用螺杆泵出砂冷采，单井产量甚低，我建议这种浅、薄层又具有边水活跃油藏，地层能量低，原油黏度高，不宜冷采，应采取蒸汽驱为主体技术进行热采。后来采用辽河油田中深井蒸汽吞吐技术，在 12 口油井进行注高压蒸汽吞吐试验，注汽速度快，产生油层压裂裂缝，进汽量多而远，回采油量少，烧燃料油量多于产油量，导致失败。以后继续冷采降压后，边水侵入，水淹停产，损失了上百万吨的可采储量。

从此事例，选择螺杆泵出砂冷采是失误一；采用高压注汽吞吐是失误二；未能采用注蒸汽驱既补充能量增产，又可防止边水入浸是失误三。关键是选择主导开发技术时，只考虑了冷采投资少、生产成本低，螺杆泵采油可携砂冷采、蒸汽吞吐易操作等有利因素，忽略了这些技术不适用于油藏的不利因素。看重了目前，忽略了长远。这主要是当事者缺少经验，对科学方法及认识上也有渐进过程，但贵在实践中要不断以"两分法"总结经验。

任何油田开发新技术研究要获得成功，要紧紧抓住发展中暴露出的主要矛盾，也即攻克起支配作用的障碍，切忌只报喜不报忧，或者急功近利，将阶段成果，看做终极成果；甚至不化解不利因素，导致矛盾转化，前期成功变为后期失败。

10　对科学研究工作的体会

科学技术是推动物质生产力及社会进步的第一要素。对科研单位来讲，如果没有创新的精神动力，没有创新的重大成果，就失去了生存与发展的生命力。

中国石油勘探开发研究院建院 50 年来，为我国石油工业完成了许许多多重大科研成果，有具有世界先进水平的，更多的是国内领先水平，我本人没有统计过，但获得国家级、部级的奖励项目相当多，标志着为我国石油工业发挥全国研究中心的突出研发能力，为国家做出了重大贡献。

在当前，中国石油勘探开发研究院已建成了具有世界一流石油科研配套实验室，也有

1000 多名高级科研专家，专业齐全。最近我到热采所，看到自主设计的热采物理模拟实验设备，远比以前建所时引进国外设备先进，是世界第一流，是提高采收率国家重点实验室的组成部分，已获国家科技成果奖。看到一大批年轻有为、高学历、高素质、朝气蓬勃、年富力强的新生力量，十分高兴，他们正在超越我们老一代人。我热爱石油事业，热爱我们研究院，更热爱这一代接班人。他们肩负石油事业发展的艰巨而光荣的历史使命，看到他们辛勤工作，非常羡慕、高兴。

科学研究要创新，首先要有创新的精神，创新，爱国奉献的精神；同时要有科学方法，运用辩证唯物论的思想方法；要有领导者的创新精神率领科研团队去创新，上下两个积极性结合，无坚不摧。回顾大庆油田会战初期，我担负康世恩老部长提出的"糖葫芦"封隔器攻关任务时，康世恩副部长讲，不要怕困难、怕失败，准备试验几百上千次才能成功；余秋里老部长讲，只要能攻下封隔器，要天上的月亮我也给你去摘。领导人这种决心，激发了大庆油田采油工艺研究所青年团队，日日夜夜，克服种种困难，经过 1018 次模拟试验，又经过 133 次井下生产考验终于获得成功。这说明领导者的决心及创新意志，起决定性作用，当然科研团队起着实施核心作用，缺少创新精神，也不行。

以上这些体会，不一定全面、准确，提出来供领导和青年朋友一起商讨，做个参考，也是退休的老石油人尽一点爱心。

石油开发地质方法论

裘怿楠

1 概述

在我国石油工业发展中，石油开发地质工作一直受到相当重视。假如说西方在 20 世纪 70 年代后期才意识到石油开发工程仍离不开地质基础工作，号召地质家回到油田中来，那么，我国早在 60 年代初期，在大庆油田的开发实践中，就形成了强大的油田地质队伍，从石油勘探的区域地质队伍中分离出来，从事油田开发领域的油藏地质工作。当时，为适应我国陆相储层而形成的油砂体理论和研究方法在国际上已独树一帜；总结出探明一个油田必须搞清的 9 项开发地质特征，至今仍然是开发地质学所遵循的基本原则。近十几年来，由于勘探开发成熟度很高的产油国把主要注意力转向老油田挖潜和提高采收率，促进了开发地质和相关技术更快发展，新技术层出不穷。精细尺度的露头调查测量、成像测井、储层地球物理、地质统计、随机建模、示踪测试和计算机三维处理显示等技术的出现，以及这些技术的协同综合，正在逐步实现开发地质工作的主要任务——油藏描述由宏观向微观（大尺度到小尺度）和由定性向定量（正确的定量预测）的发展。关于这些技术本身，国内外每年都有数以百计的论文和著作在各种出版物上发表，这无疑是促进石油开发地质学和技术工作繁荣和发展的动力。然而，技术手段可以不断更新，从石油开发地质方法论的角度，有其必须遵循的基本原则。把握这些基本原则，是搞好开发地质工作不可缺少的前提。

我作为一个从事油田开发地质工作 40 余年的过来人，有幸参与了我国开发地质工作随着石油工业的发展壮大，从无到有，从初级到进入国际先进行列的全过程，深感在方法论方面进行总结和探讨的不足。由此产生了撰写本文的动念。假如拙文能引起同行们的共同思考，或者有助年轻的后来者于一二，将是我最大的欣慰。

2 开发地质工作是经济有效地开发好油气田的基础

石油工业习惯地分上游和下游两大段，上游指石油生产，下游指石油加工。上游又分勘探与开发两大部分。勘探工作的目的是经济快速地发现油气田，以尽可能短的时间探明盆地内的主力油气田；开发工作的目的是在油气田发现后，经济快速地、以尽可能高的采收率把油气开采出来。无论是勘探还是开发，都必须以深入了解工作对象的石油地质面貌为基础，因此都要以石油地质学及相关基础地质学科的理论作为工作指导。然而勘探和开发的目的不同，需要研究的石油地质问题和地质工作方法也就有所不同。可以这样形象地概括两者的差别：勘探地质家需要研究和掌握的是石油如何从生成到进入油气藏的规律；而开发地质家则是研究和掌握哪些地质因素控制和影响石油从油气藏中的采出。这样，随着石油工业的发展，石油地质工作也就逐渐形成石油勘探地质和石油开发地质两大分支

（表1），应该说两者的分工萌芽于20世纪50年代，到70年代末则已相当成熟。

表1　勘探与开发地质分工简表

分工	勘探地质	开发地质
任务	发现油气田	开发油气田
对象	含油气盆地	油气田(藏)
阶段	盆地分析→布预探井钻探有利圈闭→发现油气田	评价油气田→布开发井投入开发→油气田废弃
研究内容	盆地内油气从生成到形成油气藏，以及油气藏分布规律	油气田(藏)内油气水分布，以及开发过程中影响流体运动的地质因素
研究层次	全球地质→油气藏	油气田→流体流动单元

3　开发地质学是石油开发深入发展产物随石油开发技术的发展而发展

现代石油工业若从1859年算起，已有近140年的历史。然而开发地质学的出现还不到50年，它是石油开发深入发展的产物，随石油开发技术的发展而发展，作为一个成熟的学科而高速发展则是近20年的事情。

早期的石油工业，石油勘探由地质家为主体来进行，油气田发现以后交由石油工程师管理开采，地质家不参与石油开采活动。美国石油地质家协会(AAPG)与石油工程师协会(SPE)的成立，以及它们在学术会议、出版物上表现出的学术分工，也非常明显地反映了这一历史分割。这是由当时石油开发的水平所决定的。

20世纪30年代以前，油田发现以后，油田主抢占租地，抢先钻生产井采油，油田开发比较盲目，是所谓"掠夺式开采"的阶段。这以美国30年代初发现并投入开采的东得克萨斯大油田最为典型。该油田于1930年9月发现，很多公司蜂拥而上，到1932年底就钻成近万口采油井，10年内在560km²含油面积内钻成26000口生产井。油井出现明显的井间干扰，过早见水，产量递减过快等，促使石油工程师们采用限制井距和单井产量来保护油田的生产，油田开发转入了"保守开采"阶段。当时美国得克萨斯州的铁道委员会所提出的限制井距和单井配产的法规代表了30—40年代石油开采的主导战略思想。这时石油开发还处于仅仅利用油田天然能量开采的阶段，虽然促进了油层物理、渗流力学以及油藏工程等学科和技术的发展，但开发地质仍处于"笼而统之、大平均"的油藏概念水平，一张构造图、一张等厚图以及几个平均参数，完全可以满足开发的需要。真正的开发地质学不可能在此时产生。

20世纪40年代，由于污水回注，带来油田开发的一次历史性革命；注水开发（西方当时称二次采油）在50年代很快成为普遍工业性应用的主导开发方式。这一历史性的变革是开发地质学产生并逐步成熟、独立的主要契机和动力。

注水开发首先遇到的问题是储层连续性和连通性问题，没有分单层的储层等时对比，就不可能搞清每个储层的连续性和连通性，这正是为什么早期开发地质工作者把油层的小层❶(单层)对比作为最基础和最重要的工作予以讨论和攻关的原因。注水开发紧接着遇到

---

❶ 我国早期把单油层对比通称为"小层对比"；苏联文献在20世纪60年代称为"详细对比"。

的第二个问题是储层客观存在的非均质性问题，储层各种尺度的非均质性极大地影响到注水开发效果。当然早期注意的是层间、平面比较宏观规模的非均质性。这就要求把每口井每个储层的岩石物理属性求准，从而掌握它们的空间分布规律。这些逐渐被人们认识到的注水开发中必须进一步深入研究的油藏地质问题，突破了"笼而统之、大平均"的传统地质工作方法，不仅促使开发地质学产生和发展，而且可以这样说，开发地质、油藏描述、储层表征以及相应的技术发展到今日，仍然要解决这两个基础问题，只是在深度上、精度上不断提高。

开发地质学的出现和萌芽时期，可以苏联 M. Φ. 米尔钦克于 1946 年出版的《油矿地质学》和美国 L. W. 里诺于 1949 年出版的《地下地质学》为标志。后者更多地侧重于录取和建立钻孔地质剖面的方法；前者更具创立开发地质学的代表性，这与苏联比较广泛地采用注水开发，并将其应用于油田早期开发，作为一次采油方式有关。从 1975 年 M. N. 马克西莫夫编写的《油田开发地质基础》来看，苏联开发地质学已比较成熟，而美国正式出版的《石油开发地质学》在 1979 年才由塔尔萨大学的 P. A. 迪基完成。

我国开发地质学的成熟应归功于 20 世纪 60 年代初大庆油田的开发。大庆油田是非均质性相当严重的陆相多油层油田，实施了早期保持压力的内部注水开发战略。油田决策者在总结学习苏联和我国玉门等老油田开发经验的基础上，开始就非常重视开发地质工作，把石油地质队伍明确划分为"区域地质"（专于盆地的区域勘探）和"油田地质"（专于油田开发中的油田地质工作）两部分，成立了由 140 多名地质技术人员组成的油田地质科研队伍，专门从事当时投入开发的喇萨杏油田的油田地质研究。从 1960 年到 1964 年，突破了陆相碎屑岩储层的小层对比技术以及测井定量解释分层孔隙度、饱和度、特别是渗透率技术，在此基础上提出了油砂体的概念，正确指出注水开发中控制油水运动的基本单元是油砂体，形成了一套以油砂体为核心的储层地质研究方法。这是大庆油田实施分层开采，实现长期高产稳产的基础，至今仍发挥着重要作用。当时研究成果和水平已处于国际前列，当之无愧地得到国家科委发明奖的殊荣。

20 世纪 70 年代，随着注水开发的深入，储层非均质性对采收率的影响暴露得更为明显；由于油价上涨，三次采油技术受到重视，在美国，各种先导试验纷纷出现，工业性应用也具一定规模，促使开发地质工作向更深层次发展。最具代表性的是沉积相分析引进到开发地质的储层研究中，储层地质学（Reservoir Geology）已初露端倪。美国石油工艺杂志 1977 年 7 月号专刊刊出了 1976 年美国石油工程师协会秋季年会上，两个专题小组讨论沉积相与储层连续性、非均质性的论文，编者称这一期的出版为该刊的里程碑。

我国开发中储层沉积相研究早已于 20 世纪 60 年代初期开展。在 1964 年形成油砂体理论以后，当即提出进一步开展"微观沉积学"的研究，即把过去以盆地大区域为对象、岩相古地理分析为主体，为勘探服务的沉积学理论和方法，引进到油田范围内，研究油砂体的沉积成因、分布和储层性质。当时"微观"两字引起一些争论，然而得到了我国著名沉积学家叶连俊院士的支持。而美国直到 1982 年，在由石油地质家协会出版的《碎屑岩沉积环境》专著中，才明确提出了微环境（Microenvironment）的概念。

我国较早地在开发地质工作中开展储层微相研究，仍然离不开大庆油田深入注水开发的推动。以主力油层单层突进为标志的层间矛盾，注入水平面上的条带状水淹和"南涝北旱"❶的出现；特别是 1964 年在注入水前缘后面钻成第一口密闭取心的检验井，发现主力储层在产水 90% 以上时，仅底部 1/4~1/3 厚度受到强水洗。这些水驱油过程的严重非均质性，推进了储层地质研究的深入。当然，当时也不乏失败的教训。萨尔图油田南一区按 600m×600m 井网所揭示的储层油砂体面貌，对连续性较差的三类油层进行按油砂体不均匀布井的失败，也是推动开发地质研究深入的动力。20 世纪 70 年代初，微相研究肯定了大庆油田储层属于大型湖盆河流三角洲沉积，揭示了河道砂体、河口坝砂体及其他三角洲前缘席状砂的不同水驱油特点，为 1972 年大庆油田进行第一期加密调整提供了重要的地质依据。1974 年，石油工业部在江汉油田召开的全国油田地质会议上，推广了大庆油田开展储层微相研究的经验，开发地质工作中的储层沉积相研究从此在全国各大油田全面开展。

进入 20 世纪 80 年代，石油工业出现一些新的形势以及现代高新技术的飞速崛起，促使开发地质又进一步向更高更深层次发展。首先是石油资源配置的新形势，一些主要产油国都面临这样的情况：已经开发的含油气盆地和油气田进入勘探开发高成熟期，勘探工作转向自然地理条件很差的边远地区，勘探成本大幅度上升；已有的老油田由于油价疲软，高成本的三次采油技术经济上无法使用，依靠二次采油，平均采收率仅 35% 左右，大有潜力可挖；一般估计，由于储层各种非均质性的隔挡，尚有 20% 的可动油未被二次采油驱油剂（注水）所波及到，通过深化认识储层非均质性及发展二次采油技术，这部分可动油完全可以采出；特别是水平井的出现，为改善二次采油提供了重要手段。因此，普遍认为，在老油田进一步加强开发地质研究，深化认识非均质性，通过钻加密井（包括水平井、多底井、侧钻等）和其他改善采油的方法，进一步提高老油田采收率，所能获得的经济效益远大于边远地区的勘探效益。这就需要更精确地描述地下剩余油的分布，要求油藏描述向更小尺度的定量化描述发展。其次，计算机技术的发展，数学与地质的结合，分形、混沌学等非线性数学新理论和方法的出现，为描述一些地质现象提供了新武器，地质统计学的兴起，就是最好的体现；三维地震的发展，使得用地震技术可以解决开发中的储层描述问题，相应地形成了储层地震。这些都为实现精细定量描述储层提供了可能。开发地质、油藏描述由宏观向微观、由定性向定量方向大大前进了一步，也由单一的地质学科走向了与地球物理、油藏工程、采油工程等多学科协同综合的道路。

1985 年，由美国能源部主持的第一届国际储层表征会正是以油藏描述为核心的开发地质学这一飞跃的标志。更令人深思的是，一向以讨论石油地质勘探技术为宗旨的 AAPG 刊物，也以 1988 年 10 月号为开发地质专刊，大声疾呼"还储层地质以本来面貌"。此后AAPG 每年的 11 月号成为以发表开发地质论文为主的专刊。这表明开发地质学已成为石油工业中非常重要的地质基础学科，已非常成熟地按着本身的特点和规律在向前发展。

4 开发地质工作的核心任务是描述油气藏开发地质特征

现代油田开发以实现正确的油藏管理（Sound Reservoir Management）为标志，即用好可利用的人力、技术、财力资源，以最小的投资和操作费用，通过优化开发方法，从油藏开

---

❶ 注入并排南侧注入水推进快于北侧而开发效果差于北侧。

发中获得最大的利润。为实现这一目标，从技术上来说，必须正确预测各种开发方法下的油田生产动态，其研究一般包括6项内容：

（1）资料采集（Data Acquisition）；

（2）油藏描述（Reservoir Description）；

（3）驱替机理（Displacement Mechanism）；

（4）油藏模拟（Reservoir Simulation）；

（5）动态预测（Performance Prediction）；

（6）开发战略（Development Strategy）。

只有正确预测油田生产动态，才能做出正确的开发战略决策，优化开发方法。油田生产动态的预测一般通过油藏模拟来进行，近代技术条件下总是以数值模拟为主要工具，尤其在对水驱油机理认识相当成熟的今天，已完全可以应用数值模拟技术正确地模拟注水开采动态，其关键是必须有一个合乎地下实际的油藏地质模型。所谓"进去的是垃圾，出来的也是垃圾"，就是指由于油藏地质特征描述的错误，导致油藏模拟预测动态的失误。开发地质工作者的主要任务，就是在油藏管理的全过程中，搞好油藏地质特征描述这一环。

这里需要强调的是油藏开发地质特征这一概念。油藏地质特征很多，可以从不同侧面来表征，不同勘探开发阶段由于目的、任务不同，所要重点把握的特征会有不同。例如，从勘探寻找油藏的目的出发，圈闭条件重于储层的非均质性；从开发油藏的目的出发，则可以完全相反。进入开发阶段以后，油藏描述的任务是正确地描述油藏的开发地质特征。强调开发地质特征这一概念的意义有二：

一是区别开发阶段所要研究的油藏地质问题与勘探阶段不同。所谓油藏的开发地质特征，可以从总体上定义为："油藏所具有的那些控制和影响油气开发过程，从而也影响所采取的开发措施的所有地质特征。"

二是不同开发阶段，或者采取不同开发措施时，所要研究的开发地质特征应有所不同，或内容增减，或侧重点不同，或描述尺度有别，等等。作为一个开发地质工作者，在各个开发阶段和各种技术经济背景下，能否把握好当时所要重点描述的油藏开发地质特征，正是对他的学识和经验的考验。

根据我国注水开发的实践，油气藏的开发地质特征概括起来可分9大方面：

（1）储层构造形态、倾角、断层分布及其密封性，裂缝发育程度；

（2）储层的岩性、岩石结构、几何形态、连续性，储油能力和渗流能力的空间变化，即储层各项属性的非均质性；

（3）隔层的岩性、厚度及空间变化；

（4）储层内油、气、水的分布及相互关系；

（5）油、气、水物理化学性质及其在油田内的变化；

（6）油气藏的压力、温度场；

（7）水体大小，天然驱动方式及能量；

（8）石油储量；

（9）与钻井、开采、集输工艺有关的其他地质问题。

关于油藏开发地质特征，还需要进一步说明以下几个问题。

第一，油藏开发地质特征仍离不开石油地质学的3个基本论题：构造、地层（储层）和流体（油、气、水）。然而进入开发地质领域后，储层已成为核心。在西方文献中，油藏和储层都是"Reservoir"这一通用术语，因为开发阶段所要研究的构造是储层的构造，流体分布是储层内油、气、水的分布，而储层本身的非均质性更是油藏描述的重点。为了适应我国的习惯，大家把"Reservoir Description"译为"油藏描述"，而"储层描述"则指狭义的储层本身特征的研究，不包含储层构造和流体的内容。这样，我们可以把本节的主题再进一步用自己的术语来重述一下：开发地质工作的主要任务是进行油藏描述，储层描述则是油藏描述的核心。油藏描述的任务就是揭示油藏的开发地质特征。

第二，任何地质体都是在地质历史中，在一定的空间，经历各种地质作用而形成的。因此总可以从宏观到微观，分成不同层次来观察、分析它。油藏也不例外，油藏开发地质特征可以而且必须从宏观到微观分成不同层次来描述。这不只是一个学术讨论问题，也是一个非常实际的工作方法问题。不同层次的开发地质特征对油藏开发过程的影响不同，一般来说，随着油田开发的逐步深入，油藏开发地质特征的研究也总是需要从宏观向微观的层次深入。

目前对储层非均质性的层次（Scale）（或称尺寸，或称规模）讨论较多。有相对分为巨观（Megascopic）、宏观（Macroscopic）、中观（Mesoscopic）及微观（Microscopic）的；有直接以实际规模命名的，即油田规模、砂体规模、单层规模和孔隙规模；也有为突出井间预测是储层非均质性描述的主要难点，在油田规模之下设定一个"井间规模"的；还有从直接与开发描述联系的角度来划分层次，即层间非均质性、平面非均质性、层内非均质性和孔隙非均质性。这些大同小异的分法可随实际工作需要而选择或调整，但分层次描述储层总是必须遵循的准则。

第三，油藏开发地质特征的具体内容总在不断扩大和深化。随着油田开发的深入和开发技术的不断提高，总会有一些目前还未认识到的影响油藏开发的新地质因素被不断揭露，需要开发地质家与油藏工程师去及时发现和有预见地进行超前研究。如引起储层伤害的是否仅是已经认识到的几类黏土矿物，是否还有新的伤害源？注水过程中储层内的溶解和结垢已经提出了新的问题；在室内模型实验中，早已发现纹层规模的非均质性对水驱油效率有很大影响，但在实际油田中的作用还未被真正认识；而作为技术储备，储层沉积工作者的野外研究工作一直没有停止过。石油开发历史已完全证明，新的油藏开发地质特征被人们揭露和认识之日，将是石油采收率进一步提高之时。

5 开发地质就工作方法而论属于地下地质范畴

地下地质工作是与传统的以野外工作为主的地面地质工作相对而言的。油气藏深埋地下，通过钻孔开采（极少数露天油砂矿例外），人们不可能进入油藏用地面地质工作方法直接观察和描述油藏地质特征，只能通过钻孔取得各种直接的和间接的信息来认识油藏。例如说勘探地质还需要进行一定的地面地质工作的话，那么开发地质工作则全部依赖地下地质工作方法。

强调开发地质工作这一特点的意义在于：

第一，开发地质工作从取好每个钻孔的地质资料开始。描述油气藏地质特征首先要建立起每个钻孔正确的一维地层柱状剖面。这是开发地质工作者最最基本的基本功，也是从20世纪40年代到80年代的开发地质学教材都把做好"录井"（Logging）工作作为重要内容的原因。各种录井技术至今还在不断发展和更新换代，可以说，开发地质工作水平的不断提高，正是依赖于录井技术的不断革新。

第二，开发地质工作所能触摸的油藏资料，其体积在整个油藏实际体积中，只占极其微小的一部分。以全面投入开发的油藏为例，若开发井为500m规则井网，对于取心井来说，油层部分连续取出9cm直径的岩心供地质人员直接观察和分析鉴定，这部分岩心体积只占这口井所控制的油层体积的$10^{-8} \sim 10^{-7}$；假如以供分析鉴定的岩心柱塞（直径一般3cm）而论，它只占所要认识的油层体积的$10^{-10} \sim 10^{-9}$。这意味着，在现有技术条件下，开发地质工作者只能依赖亿分之一这样极少部分油藏体积的信息，对整个油藏做出推理和预测。更何况岩心这样的直接信息只能在极少数井孔中取得，大量的井孔信息是间接信息。因此开发地质工作者需要依赖石油地质学、沉积学、岩石矿物学、构造地质学等基础地质理论，以及积累大量的油藏、储层实例知识，是不言自明的了。近年来，提倡开发地质工作者重返露头，进行精细的储层露头研究和测量，正是为了从对露头的描述中，积累各种沉积类型储层的原型模型，以指导对地下储层进行推理和预测的地下地质工作。

第三，要广义地理解油藏描述。"油藏描述"这一术语是"Reservoir Description"的直译。实际开发地质工作中，应该广义地理解油藏描述，即包括描述（Description）→解释（Interpretation）→预测（Prediction）三大部分内容。对很少一部分体积的油藏进行描述以后，必须从这些现象中对油藏地质从成因上、规律性上做出合理的解释，然后才能对未知部分做出合乎实际的预测。这一全过程，不论你自觉不自觉，实际工作中都是这样进行的。自觉地去执行这一规则，当然会取得更好的效果。假如把油藏描述只理解为井孔剖面的测井解释，则更属片面之见了。

6 开发地质认识油藏必须分阶段地逐步渐进

开发地质工作主要依赖钻孔去认识油气藏，钻孔所能揭露的只占其体积的极少部分。然而在油气田开发中，布井又是主要工作内容。建设一个油田，钻井费用一般占投资的50%～60%；开发井网的合理布置，是一个油田开发设计的核心部分；而井网的合理布置，又依赖于对油藏开发地质特征的正确认识。认识油藏必须依赖钻井，合理布井又必须依赖对油藏的认识，这是油田开发地质工作者所遇到的一对特殊矛盾。这一矛盾决定了油田开发地质工作以及油田开发工作必须分阶段地逐步渐进：实践一步，认识一步，再实践一步，再深化认识一步。如此反复前进，逐步完善对油藏的认识，也逐步完善油田开发工作，提高采收率。急于求成，企图一蹴而就，只能给油田开发工作带来很大损失。

油田开发的阶段性早已被人们认识，而且已形成一些基本做法，国内外大同小异，尽管名称叫法有所不同。根据我国大中型油田开发的实践，从油田发现以后，油田开发一般分为以下一些阶段：

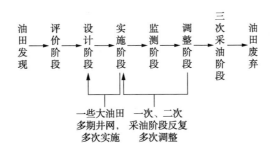

每个开发阶段，开发地质工作的任务是充分利用本阶段所取得的油藏资料信息，对油藏开发地质特征做出现阶段的认识和评价，目的是为后一阶段采取什么样的开发措施提供地质依据。工作的优劣或成败，以后一阶段所实施的开发措施结果的优劣或成败来检验。当然开发措施的成败不单单取决于所依据的对油藏地质特征认识的正确程度，还受制于措施本身是否得当。但从开发地质工作本身完全可以这样说：通过后一阶段实施增加了一定数量的油藏地质资料信息后，加深了对油藏地质特征的认识，正是检验前一阶段开发地质工作优劣成败的标准。前一阶段对一些关键油藏地质特征做出的判断和预测，与后一阶段实践后的认识符合程度越高，说明前一阶段开发地质工作的成功率越高。绝对符合一般是不可能的，然而在关键问题上不犯不可改正的错误，则是完全应该的。

新的开发阶段，对油藏地质特征的认识向前推进了一步。但此时，又要为更后一个阶段采取开发措施，在更深、更细的尺度上进一步预测油藏地质特征，保证后一阶段开发措施的成功。新的开发措施实施，取得更丰富的油藏地质资料信息后，再来检验、修改和提高对油藏的认识。

开发地质工作就是如此随着开发阶段的推进，逐步加深对油藏的认识，但绝不是等待资料积累，以"事后诸葛亮"的被动方式去完成。正因为每个阶段的工作都必须为后一阶段的开发措施承担某些推理和预测的风险，促使开发地质工作者要主动积极地去推进这一认识过程，以保证油田开发顺利前进。

一个成熟的开发地质工作者，总是能自觉地运用这一规律，不仅能在每个开发阶段的转变中把握好加深认识油藏的关键，而且能把每一项细小的开发措施和资料积累的活动自觉地作为一次小的"实践—认识"的过程，抓住重点，敏锐地发现问题，举一反三，以点带面，不断地提出问题，修改认识，把周期较长的开发阶段，分解成很多更短周期的"实践—认识"的反复，这样不仅可以掌握整个油田开发过程的主动权，不犯或少犯认识上的错误，而且还可以加速认识油藏的进程。譬如在评价阶段，每口评价井的完成，每口井钻探过程中每一项地质资料的积累，都是开发地质工作者反复认识油藏的机会。再譬如油田投入注水开发以后，少数井注入水的提前突破，可能会引起对储层某一项非均质性的重新认识。

7 开发地质资料的采集依赖多种技术手段的综合应用

发展各种技术手段，扩大其采集油气藏地质信息的内容并提高其精度，一直是石油地质工作赖以发展的重要基础之一。勘探地质和开发地质工作都如此，只是所侧重的内容和精度要求有所不同。一般来说，开发地质要求内容更多，精度更高。

石油工业发展到今日，在现代高新技术的推动下，采集油气藏地下地质资料的技术手段日新月异，但就资料类别而言，仍不外乎三大类：地质的、地球物理的和工程的。从所采集的资料性质上，则又有直接的和间接的、静态的和动态的之分。一种技术手段只能从某些侧面了解地下油气藏。各种技术在采集资料的质量上和经济可行性上（即可获得的数量上）有很大差别，又存在相互补充、相互刻度的关系，因此，在各个开发阶段怎样扬长避短，发挥各种技术的作用，综合应用好各种技术手段，经济合理地安排好资料录取部署，以保证该阶段齐全准确地采集到必要的油气藏地质信息，这同样是开发地质工作者很重要的任务和必具的基本功。

地质录井是当前直接获取油气藏开发地质特征信息的主要手段，其中最重要的是岩心录井。油气藏进入开发阶段以后，钻取含油气层段岩心是必不可少的一环，这里强调的是一定要取全一个完整的连续的含油气层段柱状剖面，既包括储层，也要包括隔夹层及其他非储层。这是直接观察、描述各种地质、沉积、含油气现象无可替代的资料。我国陆上油田开发实践表明，只针对储层间断取心的做法，在还没有确定开发是否可行以前的评价阶段是可取的，一旦决定投入开发，一个完整连续的含油气层段岩心剖面是必不可少的。不仅很多地质、沉积现象必须在连续剖面上才能全面综合分析，开发地质最基础的油层详细对比所依赖的对比标准层（标志层）往往是非储层，而且隔夹层性质、产状和分布也是影响开发过程的重要因素，特别是采用注水和其他三次采油方法时。大庆油田随着采油工艺技术的发展，根据极薄油层的挖潜需要，对隔层的岩性、厚度要求不断地降低标准，吉林扶余油田早期套管大量损坏是膨胀性泥岩层所致等，是很有说服力的经验教训。

为了取得完整的连续剖面岩心，大庆油田的经验还告诉我们：提高岩心收获率是关键。90%～100%收获率的岩心，其地质应用效果是低收获率的同样长度岩心根本无法比拟的。

岩心提供岩样进行分析、测试、实验，以取得各种静态和动态储层参数。很多参数目前还只能通过岩心样品得到，别的技术无法代替。实际工作中，对岩心分析内容、样品规格、取样密度等都形成了一定规范要求，对此不赘述。这里只想指出一点，根据大庆油田的经验，我们曾提倡过必须取得"大量的齐全准确的"第一性资料，而"大量的"被理解为"愈多愈好"，这是片面的。随着高新技术的发展，测试实验仪器发展很快，费用也相应增加。一个优秀的开发地质家，应该是经济合理地选择测试实验内容和数量，以最经济的资料数量，来最大限度地满足油藏描述需要。

近年来，无损伤的岩样测试技术的发展，如层析成像（CT）、核磁共振成像（NMRI）等，将会在节约岩心、提高数据的同一性等方面发挥重要作用。

地球物理测井是当前获取开发井井孔所钻遇的储层资料信息最为普遍应用的手段。众所周知，不可能每口开发井都取岩心，绝大多数开发井仅有地球物理测井资料可供应用。地球物理测井是用各种仪器测量岩层的电、声、放射性等物理参数，所测得的属于储层的间接资料，通过解释模型反演得到储层地质参数。由于测井技术上的限制，反演中的多解性，以及油气藏地质条件的多变性，用地球物理测井资料反演储层地质参数时，其解释方法和解释模型经常具有"地方性"，所以必须通过本油田岩心取得的直接资料作为刻度或检验，这是开发地质工作者应用地球物理测井资料时必须注意的。近年来，成像测井技术迅速发展,已可直接通过测井获取井筒的部分地质现象,测井获得的信息已不再完全属于间接资料。但最常用的大部分关键开发地质参数,如孔隙度、渗透率、饱和度等,测井技术目前还不能直接采集,仍然还必须借助岩心资料标定。

以三维地震为基础的储层地震的兴起,为储层描述提供了一项重要的新的间接资料。储层地震目前存在的主要弱点是纵向分辨率较低。在采集上没有根本解决这一问题之前,通过纵向分辨率较高的测井信息的约束和刻度标定,可以在一定程度上提高分辨率,在一定的开发阶段和一定的油气藏地质条件下,可以解决部分开发地质问题。对其发展前途,人们寄予厚望。

综合岩心、测井、地震技术,以岩心刻度测井,以测井约束地震,以地震高密度的采集弥补钻井资料控制点的不足,将成为开发地质工作采集油气藏静态资料信息的一个核心系统。

工程测试是直接获取油气藏流体及各种动态资料的手段。描述储层流体性质及分布,绝大部分只能依赖工程测试资料,少量可以通过测井描述的,也必须由测试资料检验校正。油田开发过程中,日积月累的大量动态数据,特别是分层测试资料,是很重要的检验和修正油气藏静态特征描述的依据,如储层对比关系、连续性、渗透率方向性、断层的开启程度等。油藏数值模拟进行开采历史拟合,就是依据动态资料对油藏原始静态特征的全面检验和修正。近年应用试井和示踪剂测试技术,结合储层地质模型进行反复正反演,求得井间储层参数非均质分布,是用工程测试资料描述储层向更深层次发展的探索。

综合应用各种技术手段所采集的资料信息时,还必须注意一个重要的问题,这就是它们所测量的油藏体积的尺度差别极大。

一个储层参数,以岩心样品测得时,它只代表立方厘米级的储层体积,假如以它作为 1×10^0,则其他方法测量的相对储层体积见表2。

表2 各种方法所测得的储层体积表

测试方法	相对储层体积	测试方法	相对储层体积
岩心柱塞	1×10^0	深侧向测井	4×10^7
200块岩样平均值	2×10^2	压力恢复测试	2×10^{12}
微侧向测井	1.6×10^4		

实际工作中,经常以取心井的岩样渗透率(或孔隙度)来刻度测井解释或检验其解释精度,以测井解释绝对渗透率与压力恢复曲线求得的有效渗透率相互检验,甚至建立经验关系。从理论上讲,对非均质储层来说,这三者测量体积的数量级差别很大,不存在可比性。这是一个目前还无法解决和避免的问题,开发地质工作者只有在实际工作中,根据具体油气藏地质背景和各种技术手段的现状,灵活处理。

计算机技术飞速发展为开发地质工作综合各种资料提供了有力武器。发展各种资料可以共存、共享,互相转换,综合处理的开发地质数据库系统,已是提高开发地质工作质量和效率面临的迫切任务。

8 开发地质的基本工作程序——"三步工作程序"

开发地质的核心任务是油藏描述，油藏描述的最终成果是建立一个三维的、定量的油藏地质模型。正如前述，完成这一工作要应用多种技术采集的资料，进行构造的、储层非均质性的及流体的等多方面的研究。但是不论进行油藏整体研究或某一具体问题的研究，不论应用何种技术方法，开发地质工作的特殊性，决定了它必须遵循一个基本的工作程序，即"三步工作程序"。具体地说是：

第一步，建立井孔柱状剖面(一维)。

第二步，建立分层井间等时对比关系(二维)。

第三步，建立油藏属性空间分布(三维)。

用建立油藏地质模型的流行术语来说，相应的就是分步建立井模型、层模型和参数模型。

建立井孔一维柱状剖面是开发地质工作认识油藏最基础的第一步工作，前面已有论述，所追求的目标是把通过各种技术手段所取得的各种资料信息，转换成内容全面、精度高的各种开发地质属性。以下9项参数是每个井孔一维柱状剖面必须具备的最低限度的参数。

划分：渗透层、有效层和隔层；

判别：产(含)油层、产(含)气层和产水层；

给出：渗透率、孔隙度和流体饱和度值。

当然，在现有技术水平下，建立岩石相剖面以及相应地导出一些岩石结构参数(有时甚至是孔隙结构参数)，一般都已成为常规手段。

开发地质工作程序的第二步是建立分层井间等时对比关系。这有两个要求：

第一，等时对比。即通过对比，把各个井中同时沉积的地层单元逐级地分别连接起来，形成若干个二维展布的时间地层单元。这是由点到面的过程，也是由一维井孔柱状剖面向建立三维油藏地质体过渡最关键的一步。

第二，精细对比。井间对比单元的精细程度，直接决定了储层描述的精细程度。油藏描述的现象，从一套含油层系一直要逐级解剖到流体流动单元。一套含油层系往往已经属于"期(阶)"一级或更小的地质时代单位，而一个流动单元的规模上限，则小到一个上、下由不渗透泥质岩分隔的砂体(就碎屑岩而言)。由于砂体内部还存在着复杂的建筑结构单元，经常发现一个砂体内部还应该划分成一些更小规模的流动单元。因此，开发地质工作井间等时对比的"分层"单元至少要细到每个单砂层。只有把井间每个单砂层的等时对比关系建立起来，才有可能建立以砂体为单元的储层空间分布格架。这就是我国开发地质工作者几十年来一直为之不懈奋斗的"小层对比"研究。

对于陆相碎屑岩沉积，井间时间地层单元对比要达到这么高的分辨率，传统的地层学方法都几乎不可能。20世纪60年代初，大庆油田提出"旋回对比，分级控制"的小层对比方法，利用沉积旋回成功地解决了湖相沉积碎屑岩储层的分单砂层等时对比问题，应该说是一个重大创举。然而，对于大段(逾百米)连续的河流和冲积环境沉积的单砂层对比，至今还有一些难点有待解决。

近年来层序地层学的兴起，为时间地层对比框架提供了有力的武器，然而即使副层序的等时对比仍然达不到小层对比的精度。要在油田开发中成功地应用层序地层学，还有待于高分辨率层序地层学的进一步发展及其实际应用。

解决了井间的地层等时对比以后，开发地质工作进入第三步工作：在储层分布格架内进行各种属性空间分布的描述。传统的方法以分层的各种等值图来表现，现代计算机则可以用整个油藏的三维数据体来显示。但不论何种表现方式，这一步工作的技术关键是如何对井点间无资料控制的油藏部分做出合乎实际的估计和预测，即如何利用井点的已知参数进行井间参数的内插、外推。正如前述，这一部分需要预测的储层体积往往是有资料体积的千百万倍。预测精度直接关系着储层模型的精度。如何完善这一步工作，也是开发地质工作者一直追求的目标，近年兴起的开发地震和地质统计学、随机建模技术，就是针对这一目标而发展起来的。应该说，实现这一目标，满足油田开发日益深入的需要，可能还得经过一代人的努力。

从开发地质的三步工作程序不难看出，开发地质技术有三大套支柱技术。一是井柱一维剖面上各种开发地质属性如何求准求精的一整套技术；二是以尽可能小的地层单元，实现井间等时对比的一整套技术；三是如何利用已知井点，预测、估计井间广大体积的油藏属性的一整套技术。可以这样说，开发地质工作一出现，从事这一工作的各行各业都在为发展和提高这三套技术而不断攀登。过去如此，现在如此，将来仍是如此，随着石油开发的不断深入和科学技术的进步，永无止境。

9 开发地质研究的综合性

研究一个油气藏的开发地质特征，是一项高度综合的研究工作，除了开发地质资料的采集必须依赖多种技术手段的综合应用之外，还有更重要的一方面，就是一个油气藏的各项开发地质特征，必须综合起来加以统一研究，才能认识清楚。

一个油气藏的开发地质特征包括构造的、储层的和流体的多方面内容，从宏观的到微观的又可分为多级层次，若把表征各种开发地质特征的参数、指标、属性全部列出来，将以数百计(参看《油气藏描述手册》)。实际工作中，由于工作量大而繁杂，必须逐项分别加以研究描述，一些较大的油气田，也常常组成几个工作小组，分别进行工作。然而，对一个油气藏开发地质特征全面完整的描述，绝不是各项开发地质特征的简单叠加，而必须是从成因上加以有机的综合。由于开发地质工作经常在大量资料数据基础上进行，尤其是油气田正式投入开发以后，常常容易忽略综合这一环。

一个油气藏形成并以今日之面貌存在，是地质历史上构造的、沉积的、地化的、水动力的等多种地质作用综合作用的结果，现今表现的所有开发地质特征，在成因上互为因果、互有联系，不是孤立存在的。通过成因上的相互联系的研究，不仅可以补充单项描述的不足，而且也只有在成因上得到合理的综合解释，才是真正圆满地完成了一个油气藏的描述。

开发地质工作者最熟悉的油水系统与构造、储层的联系，就是最好的例子。只有正确描述构造现象和断层分布，才能合理解释油水系统；但已识别的油水系统，经常是补充构造、断层描述的重要依据。储层结构的差异是控制油水过渡段长短(甚至油水界面高低)的重要因素，通过储层内油水饱和度的非均质分布，可以识别可动油与残余油，进而识别今油水界面和经过再次运移余下的残余油的古油水界面；而储层性质在含油、含水区和油水过渡段内的分区性变化，并非是沉积作用所造成，而是由于含有不同流体和不同油水饱和度带来的差异成岩作用所致。一个油藏钻遇古残余油段时，勘探地质人员根据一定的含油饱和度，往往坚持是产油层；而开发地质人员根据含油饱和程度与储层性质好坏呈反相关的非均质现象，以及岩心中泥浆反侵入环的存在，判断是含残余油的产水层。测试证实后者的判断正确。这样争论的实例，在实际生产中一而再发生，正说明从成因上综合认识油藏开发地质特征的重要性。

构造活动控制沉积物的分布，这是众所周知的地质常识，然而在一个油田(藏)这么小规模的局部范围内，却经常发现沉积影响构造的现象。油田构造高部位往往是储油砂岩相对发育之处，这实际上是差异压实作用提供了一个高点位于储油砂岩较厚处的构造雏形，后期构造运动利用这一雏形，使其发展为局部构造。这样的实例在我国油田屡见不鲜，陆相生油凹陷侧缘的近源沉积体几乎都与局部构造重合，即便是大庆长垣这样的大型构造圈闭，也深深留下了河流—三角洲沉积体的印痕。

垂向上油气水系统的划分，只有在搞清隔层条件和储层垂向上的连通性时，才能最终确认。在晚期形成的次生油藏，一定储层、隔层条件可以出现多套油水系统；而在早期形成的原生油藏，同样的储层、隔层条件则可能只是一套很单一的油水系统。

稠油油藏往往分布于近沉积物源的储层粗相带，而远源的细相带却常常由于油质轻而获高产。这是不同相带储层的水动力开启程度完全不同所致。

至于储层的各种属性及其非均质性，总是在沉积相分析和成岩演化史上得到成因上的解释后，才能得出规律性的认识，这已成为开发地质中的共识和必做的常规工作。在一个油气藏的范围内研究储层的非均质性，沉积作用所导致的储层差异，一般总是比成岩作用所造成的非均质性要大。这是由于在一个油气藏范围内，一个相对集中的储层段一般处于同一成岩阶段，所经历的成岩过程基本相同，而不同相带储层的原始矿物组成和结构不同，使得相同的成岩作用在不同储层中产生不同的效果。我国著名的特低渗透率安塞油田，浊沸石溶蚀的次生孔隙为其储层的主要储油空间，然而次生孔隙的相对发育带仍然受分流河道相所控制。沉积相分析之所以在储层研究中能发挥重要的作用，是因为沉积环境在成因上制约了储层的展布和非均质性，而沉积学的丰富理论知识，如大量的沉积模式，各种沉积环境中垂向上和平面上的相序规律的总结，不同沉积方式形成一定规律的层内非均质性等，以及近年来储层沉积学积累的定量知识库，都可以为储层描述提供有力的依据。近来储层地质研究中出现各种术语的"相"，并以这些"相"来描述储层性质的规律性。但在没有建立这些"相"在垂向上和平面上的相序规律以前，不能说已建立了"相"模式，也不可能以此对储层做出规律性的估计和预测，这种"相"的实际意义就不言而喻了。

总之，开发地质研究的综合性，体现在从成因上综合解释各种开发地质特征，真正的油藏描述决不单是现象的描述，而应该有成因的解释，这样才能做出合乎逻辑的预测，为向前推进油田开发阶段服务。

10 开发地质特征的相对性

一个油气藏的所有开发地质特征，都是在油气藏形成过程中定型的。数十年或上百年的油气藏开发历程，相对于形成油气藏所经历的漫长地质历史，只是非常短暂的一刻。所以人们习惯于把油气藏投入开发前的原始地质特征，相对地称为静态特征，它们都应该并可以用一定的概念和量化标准加以表征。从这个意义上说，所有开发地质特征都有其绝对性。然而，由于人们认识的相对性，开发过程中人们所能作用于油气藏的措施的相对性，以及一些开发地质特征之间客观存在的相对性，在研究油气藏开发地质特征的实际工作中，除了描述它们绝对性一面以外，更应该强调注重它们的相对性。

前文已述，划分"渗透层""有效层"和"隔层"，是建立井剖面必须进行的最基础的工作。这三者相互之间是相对的，有效层下限和隔层标准都可能随着采油工艺技术的发展而改变。在大庆油田 30 年开发历程中，随着采油工艺技术的提高，把有效层渗透率下限从 50mD 降至 10mD，目前又在努力挖掘低于这一标准的"表外储层"，使之上升为有效层；隔层的厚度标准逐步由 5m 降至 3m，目前又降至 1m 左右，使更多的薄储层投入了开发，这就是很典型的实例。

大庆油田主体喇、萨、杏 3 个油田的油藏类型也有其明显的相对性。尽管其储层为一套井段长逾 500m 的砂、泥岩间互的河流—三角洲沉积，仍属于有统一油水、油气界面的块状油藏，只受长垣背斜构造控制，众多断层和泥质夹层对油、气、水分布不起任何隔挡作用。但是，从短暂的油田注水开发过程来分析，它又应属于典型的层状油藏，砂、泥岩间互和各储油砂层间的性质差异，所带来的注水中层间矛盾表现得淋漓尽致，同时所有的断层对注水开发过程中的油水运动都起封闭作用。

注水开发最受人关注的储层非均质性，本身就是个相对概念。高渗透储层有非均质性，低渗透储层同样也有非均质性。如注水开发多油层油藏，层间干扰是人们最关心的问题之一，开发地质工作者常以剖面上具最高渗透率的主力层与受干扰层的渗透率比值级差来表征层间非均质性，也总希望找到主力层与受干扰层之间渗透率的普遍关系。迪基在其《石油开发地质》一书中曾提出这一级差是"10"。我国大量油田的实践说明，这一级差不是一个绝对的值，而是随各油田的地质特点而变，随开发阶段而变，可以小到不足"4"。"级差"本身既是个相对概念，其有意义的数值在油田之间和同一油田不同开发阶段也是相对的。

储层连续性是砂体规模相对井距而言的。

气顶和水体规模对驱油能量的意义是相对于含油体积大小来论的。

饱和压力是相对于原始地层压力来衡量其高低的。

双重介质储层是以裂缝和孔隙所占有的储量和渗流作用的相对关系来进一步区分的。一个正韵律的河流相单砂体，当其底部高渗透率段的相对值比上部低渗透率段大到一定倍数（譬如一些研究者认为是 10 倍）时，其渗流特征可以从单一孔隙介质转化为似双重介质。

这些比较宏观的开发地质特征的相对性，可以列举很多。一些微观开发地质特征在油田开发中的作用，我们现有的知识还不够完善和全面。然而，在我国开发地质研究实践中，也已发现了一些很有趣的相对性的现象，值得进一步深入探索。

研究储层"四性"关系，是开发地质的一项常规工作。一般砂岩储层，作为杂基的泥质含量与渗透率常有明显的负相关关系，如大庆油田萨葡油层。然而在胜坨油田，沙二上砂岩油层的单一泥质含量与渗透率相关性并不好，而泥加粉砂含量与渗透率则可建立很好的负相关关系；而双河油田核桃园砾岩油层，极细砂以下的粒级都作为粒间杂基而起到降低渗透率的作用。这说明储层结构中颗粒与杂基是相对的，随粒间孔的大小而变化。再进一步讨论，注水开发时储层中由于速敏引起迁移而破坏渗透率的微粒也应该是相对的，不能只是黏土矿物或泥质颗粒。

强调油气藏开发地质特征的相对性，是为了辩证地发展地观察这些特征。正如本文一开始所强调的，开发地质工作不是为地质研究而进行地质研究，而是有为开发好油气藏服务这一明确的目的性，描述油气藏所有的开发地质特征，都必须随开发工作的深入发展而发展。其实，所谓"静态"特征，在开发过程中也不是保持原始状态而"静止"不变的。我国注水开发实践已经发现，储层结构、储层润湿性、原油性质等都在发生一些可观察到的变化，这已属于另一论题，这里不展开讨论了。

11 后记

从开始动念并动笔写这篇文字，已一年之久，这是作为当前承担的正式工作之外的一项业余活动来完成的。为了迎接世界石油大会在我国召开，更重要的总结任务已迫在眉睫，这篇议论只能暂时搁笔了。一年之中，断断续续写来，虽然写了9个方面的议论，总觉意犹未尽。投笔之前，还想再说几句，寄语于将要承担跨世纪重任的年轻石油开发地质工作者，这可能也是我们这一些老一代石油地质工作者经常议论而有同样感触的一个问题。

科学技术已进入计算机时代和信息时代，石油开发地质学也在努力跟上时代的脉搏，力图突破概念地质学传统的束缚，向定量化发展，向数学、计算机技术和其他高科技靠拢和结合，发展定量储层沉积学，发展地质统计学，发展随机建模技术，与储层地震和现代测井技术更紧密结合。这些艰巨的任务需要有跨学科的复合型人才来承担，这一重任理所当然地落在年轻一代开发地质工作者身上。然而，作为一个地质工作者，在努力掌握现代高科技的同时，千万不能忘记自己是一个地质工作者，不能忽视地质工作者所必须具备的基本功——野外和井场观察露头、岩心地质现象以收集地质资料的基本功，显微镜下观察岩矿微观现象的基本功。怎么能够设想，不看岩心就能够判别储层沉积相?! 不能细致正确地描述岩心中的沉积现象，就能重建古沉积环境?! 没有地质基本功，又怎么能够运用现代技术正确地建立储层的地质模型?! 不会搞详细油层对比，如何成为油藏描述专家?!

这些可能都是多余的话，但愿只是杞人忧天!

科学在发展，历史在前进，我们可以满怀信心地预期，21世纪的石油开发地质学将是更加丰富、更加成熟、更加充满高科技含量的学科，在提高石油采收率方面肯定将做出更大的贡献!

（1996年3月）

以本人参加"河流砂体储层研究"为例
浅谈一点科研方法的体会

袁怿楠

1 "创新"——首先要选准选好研究课题

有生命力、有创新可能的课题必须是生产中需要并有深远（长远）影响（意义）的关键（重要）问题。作为企业科研单位就是要去生产实践中发现和找到问题。

1980年，我调来勘探院开发所工作，当时课题是由研究人员自己选择上报批准，还没有那么多国家、总公司、各业务单位下来的课题。我从大庆油田储层沉积微相研究取得初步成功的启示中考虑来勘探院后开展全国储层的"沉积微相—非均质性—注水响应"研究，经初步统计发现国内主力油田有48%以上的储量是赋存于河流砂体中，而且河流砂体又是各类储层砂体中非均质性最严重和注水开发中油水运动最复杂的，改善河流砂体注水开发，提高其采收率是居于各类储层首位。当时勘探院开发所地质室新老人员总共不足10人，决定申报开展"河流砂体储层、非均质性、注水开发油水运动规律"研究。经勘探院批准和石油工业部领导（闵豫副部长）关心还给特批了一架理光照相机（成为我们研究小组最宝贵的器材）。其他就是地质锤和放大镜。

至今21世纪，国内东部主力油田进入高含水期后，剩余油潜力最大的仍是在河流砂体储层层内。

我们的研究成果"湖盆砂岩储层沉积模式、非均质性和注水开发动态"作为我国第一次参加1983年第十一届世界石油大会，唯一被大会选中的两篇宣讲论文之一，宣讲后第二天，《英国石油报》以一个版的篇幅报道该文的主要内容。1985年在第三届国际河流沉积会议，宣读了论文《湖盆中河流砂体石油储层》后，著名河流沉积学家Miall（至今国内院校研究河流砂体内部非均质性，一直在引用他的模式作为出发点）来信说："这是我第一次看到把河流砂体沉积研究应用于石油生产上"，并要求我给他的教科书上的应用版权签字。

更主要的是我们建立的河流砂体储层概念模型和分类预测方法、指标等成果，至今还应用于油田生产中。

2 "创新"——必须从最基础的工作扎扎实实做起

河流砂体储层研究开题后，我们做了两件最基础的事。

(1) 去国内各油田观察岩心，头两年我们跑遍了国内各油田岩心库（胜利、大庆、大港、辽河、新疆、长庆、华北、河南、吉林等油田）。观察了数千米（记不得数了）岩心，一厘米一厘米地描述，不仅观察河流砂体，相关的三角洲、水下扇、冲积扇沉积都看，有野外露头的地方同时跑野外；收集、化验、分析开发动态等相关资料，组内边看岩心边讨论，和油田同志讨论(一般情况下油田同志都来参加，我们一起观察岩心)。对于有的岩心，在回北京后总结过程中发现问题，我们会再回到油田重新观察岩心。这是花去研究组最多时间的工作。

（2）与河北地理所合作进行拒马河现代沉积调查。挖掘了一个曲流河点坝砂体的探槽，将今论古。详细描述了各种沉积现象，证实侧积披覆泥岩的存在和产状及砂体非均质性，以及从河流规模预测侧积层的经验概念数字。以后几年又开展过辫状河砂体露头的概念式调查，一直发展到 20 世纪 90 年代由中国石油天然气总公司花 500 万元经费开展滦平、大同露头定量知识库建立的野外露头细测。

3 "创新"——必须随时、及时掌握国内外同一和相关研究领域的动向并为我所用

科学技术是国际性的。每一学科又是与相关学科有联系的。绝不是孤立存在的。

企业科研单位更侧重于应用基础理论的探索。我们搞储层地质研究，是建立在沉积学基础上的。而沉积学基础要依赖于国际上及国内科学院、校的研究。

开发地质研究是为油田开发服务的，为油藏工程、采油工程等提供地质基础。不了解工程界的需求和水平，地质研究成果就会无的放矢。

这些方面我们的做法是：

（1）提倡及时阅读有关专业权威刊物。研究组要求年轻科研人员必须提高外文水平及时阅读有关权威刊物。要求年轻人每天至少看一页外文，AAPG，JPT 及国际沉积学报等每期来后必须翻阅摘要，有关文章必须阅读。

（2）课题开始后组织年轻人全文翻译 1981 年第二届国际河流沉积会议的论文集(我还请原石油工业部科技情报所甘克文同志共同校核出版)。对掌握当时河流沉积学现状和动向起了很好作用，也为提高年轻人英文水平起了促进作用。

（3）每次下油田我们总带着两本国外出版的英文工具书：《沉积学大百科全书》和《地质名词词典》，随时参考和查阅。

（4）要求年轻人必须成为"半个油藏工程师""半个采油工程师"。学习有关知识和技术，我自己也是努力这么做的。扩大了相关专业的知识才能发现本专业更深层次的问题，进一步去深化本专业的研究。这是螺旋式地上升的。

例如，我们对各类砂体层内非均质的认识就是这么发展过来的。

首先，在大庆、胜坨等油田从检查井等资料中发现正韵律的河流砂体水淹厚度很小，而反韵律的河口坝砂体水淹厚度大得多，开发效果好得多。只有在地质师和油藏工程师结合，通过各种地质模型的数值模拟反复计算，从水驱油过程三种力的共同作用下得到合理、规律性的解释后，砂体韵律性的客观规律性才成为开发地质师必须关注的重要属性，进一步从沉积机理上发现 8 种沉积方式必然产生各有特点的韵律性，形成了"沉积方式与碎屑岩储层层内非均质性"这一基本规律性的认识和结论，并得到普遍应用。

又如，在大庆油田横切割注水中油藏工程师发现注入水总是向南运动比向北运动多，形成"南涝北旱"。也是从这一生产现象中地质师发现了河流砂体的"双重渗透率方向性"这一规律，通过岩心及薄片鉴定等分析手段证实与古河流流向的一致性。

这样的实例和储层地质发展的整个实践过程，可以举出很多，它们也充分说明，创新必须从生产实践中、生产需要中去发现问题，对企业的科研单位更是如此。这样的实例也说明下一个问题。

4 重视基础专业关键点创新

科研上的每一个重大"创新"，都是在最基础的问题上，（课题上）有所创新突破，才能逐级上升到一个重大课题（领域）上的创新。

在科技高速发展专业越分越细的今天，解决石油勘探开发领域的重大问题是处在多层次多种基础上的宝塔式结构的顶尖上。重大专项要搞"顶层设计"就是这个原因。

现在有一种不好的倾向：偏重于高层次的（名词、概念）创新，而忽略了或轻视了基础专业关键点（薄弱点）的创新。

过去我带研究生的最大收获体会是把开发地质科研中的薄弱点或需探索发展的问题，解剖成一些比较小的专门课题，研究生两三年内可能完成的，一位研究生承担一个，逐年探索积累，对整个开发地质发展多少起到了一定的推动作用。如我的第一位研究生，让他研究"冲积扇储层"，因为当时是空白。另一位研究生，让他研究古土壤演化成熟度能否应用于河流砂体的小层对比问题，取得了很好效果（AAPG 发表了他的文章）。我的第一位博士生，让他探索用野外露头建立砂体定量知识库，他在青海油砂山做的工作是我国这一工作的第一例。当国外兴起地质统计学时，让一位研究生探索克里金的应用，另一位博士生探索随机建模方法。一位博士生转向地质地球物理的结合，已成为储层地球物理专家。一位学构造地质出身的博士后，让他探索低渗透油田小构造裂缝规律研究，等等。我也竭力主张在完成生产任务时，如勘探院开发所为油田搞一个开发设计时，也必须有意识地把开发地质领域中的某一个需要攻关的课题带进去，以任务带学科方式完成，以达到逐步积累成群的目的。

学科带头人和重大专项负责人必须对本专业（专题）各层次基础专业的薄弱环境和关键点心中有数，推动有关基础专业科研人员去逐个解决，才能集大成与重大创新。

5 以唯物辩证法——"两论"武装科研人员是科技人员必须具备的素质

自然科学和社会科学一样有其本身的客观规律，辩证唯物主义的认识论同样完全可用于搞科研。大庆"两论"起家就是最好例证。我想这是永远推翻不掉的真理。我去大庆会战前，已在玉门油田工作 10 年，积累了一定的专业经验，此前还有缘在干校工程师哲学进修班经受了马列主义政治经济学、辩证唯物主义、"两论"等四个月的专门学习，但把"两论"思想自觉用于搞科研还是模模糊糊的。我到了大庆油田后，从康世恩、焦力人等领导在处理实际生产、科研工作中很自然地运用"两论"思想解决问题，受到很大教育和启发。学的哲学理论也活了，在玉门油田时积累的一些经验也活了。自觉在思想方法和科研方法上都提高了一大步。之后在科研工作中思想方法的进步，是大庆油田、大庆老领导给予的宝贵财富，这是切身感受。这方面大庆经验已介绍很多，自己只是一个小小的受惠者，不多说了。

（2012 年 8 月）

探索未知领域　集成创新发展

——油田开发课题研究方法的体会

林志芳

油田开发工作者的任务，是将深埋地下几百米、几千米的石油以经济的和高效的方式开采出来，并充分利用资源尽可能地提高石油采收率。对大型油田要求实现"长期稳定高产"，发展新技术、新方法，达到高水平、高效益。

"石油工作者的岗位在地下，斗争对象是油层"，给我们指明了工作的方向。可是，油层深埋于地下几百米、几千米，人们怎么去上岗、去斗争。显然有个认识论、方法论的问题。学习《实践论》《矛盾论》，靠"两论"起家，用哲学思想指导科学研究，使人们的思想活跃起来、科学起来，成为我们认识客观世界、改造客观世界的锐利武器。大庆油田会战一开始，通过"五级三结合技术座谈会"，做出了录取"20 项资料、72 个数据"的决定，取全、取准资料的工作作风深入人心，人人重视。这些资料为准确认识油藏提供了丰富的第一性资料，是研究工作可靠的基础。

油田不仅深埋地下，而且结构复杂，人们常说断块油田是油层位置忽上忽下，油层厚度忽厚忽薄，油层内流体忽油忽水，压力忽高忽低，产量忽大忽小……认识油田十分困难，必须依靠科学技术，且涉及门类众多，如地球物理、油田地质、油藏工程、钻井工程、采油工程、地面工程、工业经济等。石油工业部对油田开发工作提出发展 6 大学科，10 项技术，表明了油田开发的综合性，油田开发科技人员的知识不能仅局限于某一专业的知识，要有集成相关专业创新的能力，共同提高油田开发水平。

油田开发研究课题产生于生产需求，研究成果应用于生产，在生产中见实效。研究方法一般体现为调查国内外技术发展状况、针对关键技术开展科学试验、勇于探索新技术新方法、多学科协同研究集成创新成果、注重油田开发工作的阶段性，实现协调发展。

1　调查研究

石油分布遍及全球，主要产油国积累了科学开发油田的理论和技术，形成专著和教科书，建立油田数据库，每年还有大批论文发表以及发布专利，属于世界各国共同的财富。我们的研究工作要立足于世界先进水平之上，必须调研国内外技术水平和发展趋势，经验和教训，确立自己的研究方向和目标。

开发好油田必须首先认识油田，明确是大油田、小油田，好油田还是坏油田。大庆油田特别重视录取齐全准确的第一性资料，开展艰苦细致的研究工作。为认识储层性质开展了"百万次分析、百万次对比"。要算准油田储量，要求"过秤如仓"。在基本搞清油藏构造、储层性质、油藏类型、流体性质、油藏能量、油藏储量、油井产油能力等之后，研究怎样开发好油田。

对国内已开发油田，通过分析玉门老君庙油田注水后油田压力和产量得到恢复的经验，也认识到大跃进短期放高产的教训。分析了克拉玛依油田发现的经验，也认识到对储层性质认识不准的教训。意识到开发大庆油田"先注水、后采油、大井距、合理油嘴、三年不递减、五年递减率不超过5%"稳定生产的重要。要下功夫把油田情况搞清楚，在油田开发上"不要犯不可改正的错误"。

对苏联已开发油田，选择了罗马什金油田和杜依玛兹油田为典型，分析了大油田内部切割注水开发的情况。罗马什金油田地质储量$45×10^8$t，开发初期沿局部构造高点切割为24块内部注水，油井见效好，1961年年产油量达$4000×10^4$t，分区块逐步投入开发比较主动，最高年产油量达$8150×10^4$t。

对美国已开发油田，选择了东得克萨斯油田为典型，分析了充分利用天然能量开发的条件，也分析了密井网无序开发的影响。

结合大庆油田呈长垣形，地层压力与饱和压力相近，边水不活跃，试采中压力下降较快等因素，确定采用早期注水，横切割行列井网开发的抉择，取得了很好的开发效果，适应了油田长期稳产的要求，油田内有大仓库(喇嘛甸油田)，切割区内有小仓库(中间井排)。具有战备意识，一旦需要，有快速提高产量的能力。

调查研究在引进国外先进技术方面，发挥了重要作用。我国油藏数值模拟技术在20世纪70年代以自行研制二维二相软件为主，由于受计算机容量和软件功能的影响，模拟规模较小，滞后于国际水平。进入80年代，随着改革开放的深化，开展了与国外合作研究油田开发项目，了解了国外油田开发方法和技术，为了进一步提高数值模拟水平，发展三维三相技术，开始引进国外的油藏数值模拟技术。1982年首次引进美国岩心公司的三维三相黑油模型、多组分模型、裂缝模型等，并举办了全国各油田参加的油田开发数值模拟软件学习班，学习和推进应用引进软件，我国油藏数值模拟技术得到快速发展。如华北油田根据国外引进的黑油模型移植到VAX/785机上，并根据油田双重孔隙介质特点，在学习和消化的基础上研发了8个不同类型的油藏数值模拟软件。大庆、胜利和新疆等油田，对黑油模型经过消化、吸收，在应用中改进，依据油田特点分别形成"大庆黑油""胜利黑油""新疆黑油"等软件，提高了数值模拟技术应用水平，推进了自行研制软件的发展。

调查研究是课题研究的基础，必须扎扎实实地做好。

2　科学试验

科学试验包含室内实验和现场试验两大类型，是科学研究中的实践活动，是认识事物的基础，是科学认识论中实践、认识、再实践、再认识的重要环节。油田开发就是在这种反复循环中逐渐认识油田的真实面貌和开采中的变化规律。

室内实验首先是将研究对象简化，如缩小规模、完善其典型性。研究储层物性通常是选取岩心，通过仪器分析其渗透率、孔隙度和含油饱和度等，通过若干井点的分析资料，能够预测几十、几百平方千米范围内油层的性质及其物性分布规律，是认识事物最基础的实践活动。

室内实验还可用来模拟某些专门课题的全过程演变特征，加深对事物的整体认识。平面物理模型仿照油层性质和注采井网，能够用来模拟从注水井中注入水是怎么样向采油井推进的，油井见水时注入水的分布形态、波及面积以及全过程注水量、采油量、含水率与水淹面积的变化，从而研究提高水驱采收率的方法。这种实验必须遵循"相似准则"。

室内实验也用来预测某些工艺技术的效果，判断该工艺技术的应用可行性。确定是否采用注水开发油田，必须知道注水开发较天然能量开发，年产油量和累计产油量能增加多少，是否经济高效。例如，实验室用岩心开展水驱油实验，测定水驱油效率，得到水驱油效率为55%，采收率为32%，而天然能量开采采收率仅约15%，可见注水开发显著地提高了资源利用率。

室内实验测定专项技术要求的相关参数，使研究成果有较高的可信度。储量计算需要地层条件下的储层孔隙度、原油体积系数。预测注水开发指标必须测定油水相对渗透曲线等。

室内实验是科学研究的基础，从实验中获得对研究对象本质的认识，探索其运动规律，受样品、仪器和思维的局限，还需在生产实践中检验。

现场试验是检验实验成果最有效最经济的方法。开展先导性矿场开发试验，要针对具体的油藏条件，明确所需观察的专门问题，做出详细的试验设计，严密观察内容和取资料要求，试验条件和步骤科学合理，取得的认识能够推广应用到生产实践中去，提高油田开发效果。大庆油田开发初期，在开展早期注水的同时，也开展依靠天然能量开采的试验，验证和加深调研成果和室内实验取得的认识。萨尔图油田中区试验区采用早期内部横切割注水保持压力开采，注水井排注水、排液拉水线，生产井在流动压力高于或接近饱和压力下开采；试验中加深了对油田地质特点的认识，按注入水水质标准和工艺技术进行取得试注成功，制订了注水井转注的排液界限，证实油井吸水能力高，油井自喷生产产能高，注水后油井见效快，达到和超过试验设计指标，早期注水方案是成功的；在西区二断块属比较独立的单元，开展利用天然能量开采试验，证实开采中油层压力、产油能力下降快，达不到稳定生产的要求，还发现了油层中原油脱气，原油黏度升高，井筒温度下降，结蜡点上移，结蜡严重，生产管理困难等不利因素。试验成果使早期注水、保持压力开采的决策更据有充足的科学的依据。

现场试验揭示了事物和生产过程中的变化规律，加速某些自然过程，提前制订技术发展规划，提高全过程的开发效果，体现了掌握发展趋势的主动性。萨尔图油田中区注水开发井网排距600m，井距500m。注水开发全过程需要几十年的时间，为提前认识其变化规律，开展了两个井组的小井距试验区，井距75m，单层开采试验1965年9月开始，1966年7月结束，注水开发过程一年内完成。对试验进行了严格的设计和跟踪监测，两个井组的试验成果相互验证。试验设计前充分录取资料，进行精细的研究工作，认识储层物性和分布，算准试验区地质储量，专门对试验中心井511井取心，使物性资料具有代表性。试验采取早期注水、保持地层压力、自喷开采，设计井网为四点法面积注水的一个单元，每个井组三口注水井，中心一口采油井，为重点观测井，其余三口采油井为平衡井，控制中心井采油面积稳定。设计油水井最佳工作制度为注水前缘向中心井的推进速度合理，三口注水井的水线前缘同时到达中心井。试验一开始在三口注水井中分别注入指示剂，工作制度的制订和调整在物理模拟实验和电模拟实验成果指导下进行，数模跟踪验证。试验结束后在511井组钻一口密闭取心检查井，研究层内水淹状况、水驱油效率以及试验前后油层物性变化。

小井距单层注水开发试验提前揭示了注水开发全过程的变化规律，油层实行早期注水注采平衡，油层压力保持在原始压力附近，油井有旺盛的生产能力，保持自喷开采，油井在含水 20% 以前，采油指数缓慢上升。随着含水上升，采油指数逐渐下降，中含水期仍可达到开采初期水平，但生产压差因含水上升而逐渐减小，要保持稳产必须提高排液量，增大生产压差。511 井葡 I_{4-7} 层见水初期流动压力为 9.35MPa，含水 70% 时，采用相同油嘴生产流压上升到 10.4MPa，使生产压差从 1.0MPa 降到 0.67MPa，缩小 33%，揭示了中含水期要逐步放大生产差，油井产液量逐步增加，为实现稳产油井，将由自喷开采转向由抽油或电潜泵开采，日注水能力、产液量均将成倍增加，地面建设往往需进行相应改造，生产成本上升，管理更加复杂。油井进入高含水期后，含水上升逐渐减慢，产油量开始递减，由于原油黏度较高，油层非均质严重，萨 II_{7+8} 层含水 80%，采出程度 23%，约有 45% 的可采储量，要在高含水期靠大量水冲刷出来，揭示了高含水期是油田开发的重要阶段，需制订专门的开发策略和方法。萨 II_{7+8}、葡 I_{1-2} 和葡 I_{4-7} 三个单层水驱开发试验结束时采收率为 41.9%，揭示了进一步提高采收率需发展新技术。

第一次注水采油全过程结束后，1973 年 5 月开展高注水倍数采油试验，注水倍数增加 4.2 倍，采出程度提高 7.3%，表明在高含水以后，可采用强化采液方法继续提高油田采收率。

小井距注水开发试验提前揭示了油田开发过程的变化规律，对指导油田合理开发有重要意义。

现场试验贯穿油田开发的全过程，依据下一开发阶段对科学技术的需求，确定先导试验的项目，从试验和研究中提前制订出指导下一开发阶段的方针、对策和技术，使油田开发处于主动地位。大庆萨尔图油田在编制开发方案前，开辟了生产试验区开展 10 项开发试验，研究油田开发油层压力保持的合理水平、注水采油的合理速度、多油层油田开发层系划分、不同类型油层的井网部署、注水采油工艺试验等，为认识油田特征、制订正确的油田开发方针、编制科学的油田开发方案，提供了丰富的实践成果，是油田实现长期高产稳产重要的依据。油田进入中高含水期后，油层内油水分布十分复杂，油井产油量下降，为实现稳产需挖掘中、低渗透油层潜力，开展了"中区西部中高含水期接替稳产试验"，分层注水分层采油、"六分四清"发挥了重要作用。以后又开展了"中东西区加密井网调整试验"，在原有开发井网基础上，加一套井距、排距为 250~300m 的面积注水井网，开采中低渗透油层，同时完善中高渗透油层注采系统，西二断块中低渗透层水驱控制程度由 62.5% 提高到 84.5%，中低渗透层采油速度由 0.87% 提高到 2.28%，显著改善了中低渗透油层开发效果，对油田持续稳产起到了重要作用。油田进入高、特高含水期后，稳产难度进一步加大，又进一步开展注采系统调整、二次井网加密、表外储层工业化开采、套损区更新调整等寻找剩余油潜力和挖潜方法的试验，逐渐形成稳油控水新思路。为提高油田采收率，在水驱的基础上开展了聚和物驱、化学复合驱等工业性矿场试验，科学试验在科学理论和生产发展上起到了先导作用，推广应用效果巨大。

3　勇于探索

科学研究是一种探索性活动，在探索中创新、发展，形成新理论、新方法、新技术，探索是最具活力的精神。

大庆油田的开发是探索未知领域，获取新认识的过程。通过揭示每个开发阶段的主要矛盾，组织科技攻关，实现油田长期高产稳产，创立了年产油 5000×10^4 t 以上，稳产 27 年的业绩。油田开发初期早期注水、保持油层压力开发，油井受到注水效果，生产能力旺盛，但对油层非均质的严重性认识不足，油井过早见水，形成"注水三年，采出油不到 5%，水淹一半"的严重局面。通过注水井注水剖面测试，发现注水主要进入高渗透层，形成单层突进，平面上受渗透率控制单方向舌进，层间、井间水线推进相差悬殊，问题严重。水淹过快，含水上升快，产油量递减快，产量稳不住，生产被动，采收率达不到设计指标，应充分发挥水利，防治水害。1964 年油田技术座谈会确定进行小层动态分析，实行分层配水，控制高渗透油层注水量，减缓水线推进速度；加强中低渗透层注水量，加快水线推进速度，需相应发展分层注水、分层堵水的采油工艺技术。康世恩副部长讲话指出，我们油田已经采取了早期注水的开采方法，不能走回头路，只能勇往直前，想办法把采收率提得最高。分层配注是一项革命性技术，为搞分层配注而提出"糖葫芦"封隔器同样是革命性的创新和探索。如果革半截命，后来不敢革命了，除了失败再无别的前途，一定要敢于解放思想，敢于革命。有了正确的开发方案，还必须有一系列具体措施和规定。并提出要在全油田开展"四定、三稳、迟见水"活动，对每口油井定产量、定无水采收率、定见水时间、定压力，要求所有油井在四定基础上稳定生产，实现产油量稳、地层压力稳、流动压力稳，油井见水要迟，力争较长的无水采油期和较高的无水采收率。会后，编制了注水井分层注水方案，开展 101 口井、分 444 层的注水会战，分层注水后水淹问题得到基本控制，中区含水率在 1964 年时高达 12%，1965 年时下降到 9%，1966 年时进一步降到 5%。1966 年，将油田分层开采的科学技术，总结概括为"六分四清"工艺技术，即分层注水、分层采油、分层测试、分层改造、分层研究、分层管理；分层注水量清、分层采出量清、分层出水状况清、分层压力清。在早期注水后发展形成的分层开采工艺技术，不仅保证了大庆油田的长期高产稳产，创立了有中国特色的多层砂岩油田的开发模式，对国内各油田的开发都有重要的指导意义。油田进入中高含水期后又分别探索，创立了细分层系加密井网的调整技术、稳油控水技术、化学驱采油技术等，体现了油田开发过程中勇于探索、不断前进，创立新理论、新方法、新技术的业绩。

探索未必都是成功的，虽然未达到预期效果，但可以总结出经验教训，能够丰富我们的认识。华北雁翎油田，为了探索裂缝性潜山油藏改善中后期开发效果和提高最终采收率的有效途径，在美国、加拿大和法国等进行了调研，1985 年 7 月中国石油天然气总公司与法国道达尔石油公司签定"关于应用并转让注气先进技术提高雁翎油田最终采收率工业合作合同"。为开展现场试验，华北油田进行了大量研究工作，在室内开展"注氮气采油机理实验""注氮气三次采油物理模拟实验"，实验结果认为在雁翎油田条件下，注氮气可以有效驱替水淹区内被重力捕集在尺寸较大孔洞和裂缝中的残余油。还开展油藏地质、油藏工程、数值模拟、注气工艺等研究，选择试验区，编制总体试验方案。考虑选择的试验区能反映本油藏或同类油藏的地质特征，试验区范围相对独立，尽可能减少周围开采区对它的影响，规模大小适中，具有代表性，使试验结果具有推广价值。

试验区选在雁翎油田北山头，含油面积 $3.8 km^2$，地质储量 955×10^4 t，原始油水界面

3077m，最大含油高度 244m，原始地层压力 30.12MPa，油层温度 118℃，饱和压力 1.35MPa，气油比 2.6m³/t，地下原油黏度 15.9mPa·s。1988 年，法国道达尔公司和华北油田共同编制了注气井组试验综合设计和试验方案，注气井组选在北山头高部位，由 1 口注气井和 14 口生产井组成，合同要求 1989 年下半年开始注气，1989 年 4 月上旬雁翎油田北块全部关井，准备半年左右注气。由于注氮设备故障，使关井时间长达 5 年。

1994 年 10 月 6 日开始正式注气，设计日注 10×10⁴m³，至 1995 年 12 月 22 日为第一次注气阶段，注气设备不断出现故障，注气注注停停。1997 年 8 月 12 日至 1998 年 1 月 22 日，进行第二次注气。1998 年 8 月至 1999 年 8 月进行第三次注气，三次累计注入氮气 4556.18×10⁴m³，折合地下体积 25.2×10⁴m³。1996 年 3 月 29 日开始，先后对顶部、腰部和边部的 11 口井进行生产，至 1999 年 10 月，综合含水 93.8%，累计产油 6.46×10⁴t，累计产水 54.59×10⁴m³。华北油田第一采油厂完成了"雁翎油田北山头注氮气井组试验效果初步评价"，勘探开发研究院完成了"雁翎油田注氮气井组试验效果评价"，均认为试验项目无效益，经济上也不可行，开采技术有待研究。总结得到认识，碳酸盐岩潜山油藏注气驱油的主要机理是从孔洞中排油和裂缝中重力驱油，氮气借助油气密度差进入孔洞和水无法进入的裂缝中，将剩油驱出，从而提高了对裂缝性油藏注气采油的认识程度。主要问题是对制氮和注氮设备的技术指标要求过高，对选定的制造厂商考察不够，导致设备长期不能正常投产，影响试验效果。

4　集成创新

科学研究的核心是创新，油田开发科研项目大多属系统工程，需要多学科、多专业协同作战，将相关专业的创新，集合形成配套的工艺技术和理论，主要科研人员的知识必须具有综合性。大庆油田开发曾经推行"地面服从地下"，从地下情况提出的工艺要求，钻井、采油、地面建设工作需配合其实现，确保了开发方案的顺利实施。实行一段时间后发现，有时地下要求的指标在合理范围内经过调整，能显著减少地面工作量和提高经济效益，从而以地下为基础，地面各系统进行优化，反馈最佳工艺，形成"地下地面协同研究"，推进了各专业研究水平的提高，使项目整体效益得到改善。

大庆油田开发方案设计体现了多专业协调攻关的成果。大庆油田是我国 1959 年发现的大油田。正值苏联撤走专家，我国要完全依靠自己的力量搞好大油田开发。1960 年开辟了生产试验区，取全取准了认识油田、编制开发方案所需资料。1961 年 4 月，康世恩副部长在技术座谈会上提出编制"萨尔图油田 146km² 面积开发方案"，在北京和萨尔图两地进行。

萨尔图地区的研究工作重点是录取资料，分析开发试验的成果，观察研究油田开采动态，开展地质研究，计算油田储量等。至 1961 年底，油田完钻 28 口资料井，平均岩心收获率 86.4%，油田地质研究分小层认识油田，进行 160 万次地层对比，应用 68000 多个数据，完成萨尔图油田 146km² 面积内 45 个油层的小层平面图，展示了油层分布形态和物性参数的变化特征，对油层进行了分类。在此基础上开展储量计算，核实和研究油层有效厚度划分标准和地球物理定量解释图版，计算了油田地质储量。使油田开发方案的编制有牢固的基础。

在北京成立了石油工业部松辽油田开发研究组，由松辽石油会战指挥部、石油科学研究院、北京石油学院、东北石油学院、西安石油学院、四川石油学院、中国科学院兰州地质研究所和四川分院力学研究所等 8 个单位，抽调和聘请 85 人组成，集中了全国著名的专家、学者和青年科技人员，进行油田开发理论和萨尔图油田 146km^2 面积开发方案研究。重点研究了萨尔图油田开发原则，在一个较长的时间内实现稳产高产，争取达到较高的最终采收率，具体要求是每个开发区稳产 10 年左右，全油田投入开发后要稳产 20 年左右，146km^2 开发区建成年产油 550×10^{4}t 的基地，采收率 34%；创立了一套合理的开发程序，使油田有步骤地投入开发，争得了油田开发主动权；严格以地质为基础，从油砂体入手研究开发方案的合理部署；实行早期内部注水，保持油层压力下采油；合理划分和组合开发层系，使每套油层都能充分发挥产油能力；主力油层采用行列注水，第一排生产井先投产，中间井排留作小仓库，5 年后再投产，保证开发区 10 年稳产；研制符合油田地质特点的地下流体力学理论和开发指标计算方法，为全面研究和选择方案提供依据，使用了中国科学院计算技术研究所的电子计算机，计算 2485 个不同井网开发方案的开发指标，进行综合分析，优选最优方案，运用北京石油学院电网模型开展 26 个层次的模拟试验；发展高速优质的钻井、采油工艺技术；油田建设工程适应高寒地区的技术要求；方案实施过程中边实践边研究，及时调整，使开发工作不犯不可改正的错误。1963 年 4 月，石油工业部党组正式批准开发方案，1965 年，"萨尔图油田开发设计方法的初步研究"获国家科委发明奖，是我国石油工业完全依靠自己的力量，进行多学科协同攻关的成果，是集成创新形成的配套技术和方法。

5 实事求是

科技界著名人士指出当前的主要问题是"浮躁"。表现为对基础工作不重视，急于出成果、出论文，有的甚至造假、抄袭。实事求是就是尊重客观事物的发展规律，原原本本地反映客观事物的面貌，一切从实际出发，立足于科学的认识论、方法论，扎扎实实地开展研究工作，体现实践论、矛盾论指导科研工作的重要性。

萨尔图油田 146km^2 开发方案体现了实事求是的要求，康世恩副部长在石油工业部党组批准方案设计后召开的会议上说，"我认为方案有三个落实：第一，原始资料是大量的准确的，占有资料是充足的，其资料从中国石油勘探开发来说是前所未有的，油层厚度是按有效厚度计算的，渗透率计算是用岩心、电测、压力恢复曲线三合一的，考虑了油层连续性。第二，进行了近三年的试采，获得了可靠的制订开发方案的参数。第三，油田开发方案编制认真细致，这次方案编制是用自己的资料和公式编制的，完全是立足自己的。在参考应用外国资料方面，是有批判地接收，不是生搬硬套，主要是了解他们在大油田开发中走了什么弯路，引以为戒，不再犯同样的错误。"这样严谨的工作方法和作风是值得继承和发扬的。

好的学术氛围是创新思维的助推剂

傅诚德

思维是人脑对客观事物的认识过程，也是人类特有的活动。历史的经验说明，人们要认识世界、改造世界，就必须深入掌握客观事物的本质及其运动规律，要经过一系列的科学抽象，包括逻辑思维、形象思维、直觉、灵感，使感性的、经验的材料，通过思维进行去粗取精，去伪存真，由此及彼，由表及里的改造和加工，去掉事物的伪装和假象，撇开事物的偶然现象、忽略事物的非本质特征，从而获得对研究对象普遍的、本质的认识。科学思维的能力和水平是衡量科学研究者能力和素质的重要标志，而良好的学术氛围是启发创新思维的助推剂，扮演着十分重要的角色。

恩格斯说："一个民族要站在科学的最高峰就一刻不能没有理论思维。"中国改革开放30年，经济建设创造了奇迹，令世界瞩目，相比之下，科学理论仍明显滞后。著名科学家钱学森先生生前留下了令人深思的"世纪之问"——中国为什么出不了世界顶级的科学家？笔者认为其中一个重要原因就是缺乏良好的学术环境、学术自由和学术氛围。

科学的起点是问题，问题的提出就是对已有知识的挑战。马克思说"在科学的入口处正像在地狱的入口处一样。必须提出这样的要求。这里要根除一切犹豫，这里任何怯懦都无济于事"。从事科学工作的人首先就要有一种大无畏的革命精神——异议精神，异议是智力进化的工具，是科学家天生的活动，没有异议科学就不能进步，没有异议的人不能成为科学家。科学研究有5个步骤：一是研究对象的深入分析、把问题找准；二是提出科学假设和对策；三是设计实验方法以证明假设；四是证实，即上升为理论；五是证伪，即回到原点。可以看出科学研究的核心就是"异议"，但异议本身并不是目的，它更深刻的价值是学术自由。有了学术自由才能出现更多的"异议"，但学术自由必定会制造许多"差异"和"分歧"，而稳定进步的社会又必须把观点各异的人联合在一起，因此宽容就成为科学不可或缺的价值。科学的宽容是一种积极的价值，其精神实质在于承认给他人的观点以权利还不够，还必须认为他人的观点是有趣和值得尊重的。2500年前科学尚不发达，孔子就提出了"三人行必有吾师"的深刻哲理，探索任何科学问题都要"热衷于"倾听不同意见，特别是针对本人的不同学术观点，或者是相对资历很浅的同行的意见。这不仅对对方是帮助，对本人深化学术见解也十分重要。笔者接触到许多真正有学问的中外大科学家都是十分谦虚、低调，善于听取各方意见，尊重别人的人，而盛气凌人、官气十足的往往是"牌子大、学问小"的人。

科学研究需要一个自由探索的过程，在探索未知的真理面前必须是人人平等的，要鼓励探索，允许犯错误，失败是成功之母，成功正是用无数次失败的代价换取的，在探索科学的道路上，不允许失败，某种意义上就是不允许成功。对不同意见一定要采取宽容的态度。石油行业的特点，是多学科、多专业的集成创新，需要团队工作，集体攻关，宽容就显得尤其重要。

历史上许多成功的科学家，从19世纪飞机发明者美国的莱特兄弟，到2008年诺贝尔化学奖得主钱永健，说到人生感悟，最深刻的就是感谢家人、学校、研究团队、社会提供了宽松的研究环境和对他们实验失败时所抱有的宽容、支持态度。嘲讽他们的人太少了，支持他们的人太多了，这很重要。科学技术创新需要想象力和创造力，只有宽容的环境和民主的学术气氛才有利于发挥想象力和创造力。宽容对于研究部门的行政领导、学科带头人、项目长显得尤其重要，因为他们"居高临下"。尊重下级，尊重同行，认真倾听和鼓励发表不同的学术观点，这样的宽容环境可以多出许多人才，激发出更多的创新点，促进科学事业的发展。

科学研究的目的是获取好成果、大成果，同时也出人才。从辩证角度看，成果是人才的载体，没有大成果就出不了大人才，相反没有大人才也出不了大成果。这里不存在先有鸡还是先有蛋的问题，肯定是先有人才才行。

人才的产生既不能由行政命令决定，也不能由报名选举产生。人才的产生首先要有良好的民主学术氛围。行政和学术是两条线。行政必须按级别管理，而学术就不能有级别之分，探索真理的过程是完全平等的，我们有时是（或通常是）行政、学术交叉，甚至拧成了麻花（重污染），自觉或不自觉地把行政按级别管理的方法用到研发团队和学术研究，造成怕上级，不敢发表学术观点的通病。这是当下亟待解决的，也是科技体制改革的核心问题。我认为，你到任何一个研发部门只要发现年轻学者怕行政领导，怕学术长者或长期没有学术对话，那一定是体制改革没有到位。学术氛围是科技赖以成长的土壤，是科学发展的助推剂，也是能否解决好科技第一生产力的根本性大事。尽管难度大，只要下决心解决好就一定能实现人才辈出的大好局面。

认真学习国际先进经验
促进石油科技体制改革

傅诚德

毛泽东主席说"政策和策略是党的生命"，邓小平同志说"好制度可使坏人变好，坏制度可使好人变坏"，钱学森先生多次请温家宝总理好好研究"为什么中国出不了国际顶尖科技人才"，核心问题都涉及政策、制度和体制，可见体制和机制是决定战略成败的头等大事。

科学技术的积淀可以分为四个层次。最现实的，拿来就可用的是技术，技术可以直接转化为生产力，而重大技术创新要依靠科学的突破，科学的发现来自人才，人才的兴旺在于教育，而教育的基础是文化。有人把技术比喻成苹果，科学比喻为苹果树，教育比喻为土壤，文化则是阳光、空气和水。技术管今天的事，科学管明天的事，教育管后天的事，文化管大后天的事。科技体制属"文化层次"，属于阳光、空气、水，是"大后天"才能实现的事。可见体制改革难度之大。

我在长时间从事科技体制改革的工作中发现，科技部门认为很好的，比如对贡献者增大激励，多发一些奖金，到财务部门就行不通；科技部门认为某某年轻人创新能力极强，应在学术职称上予以奖励，人事部门却有自己的考核标准；直属研发部门领导变更，科技部门主要领导作为陪同，在去宣布的路上才被告知换了谁……原因是各个部门都有自己分管的职能，又都有自己的上级分管部门，都对。

一次，我在一个研发部门做了一个有关技术创新的讲座，获得热烈掌声，掌声刚落，就有一位资深学者对我说："老傅，你这是在羊群里喊打狼，当然掌声一片（科技工作者都拥护），有本事应该到狼群里去喊打狼（到生产管理部门宣传不重视创新不行的道理）！"。企业是从事生产经营的场所，企业家和生产管理部门注重的是技术在生产的实现，追求的是近期的直接效益，什么叫重视科技，什么叫不重视科技，从理念上、工作性质上都有不同的理解，所谓科研生产"两层皮"的问题需要深化科技体制改革，通过文化层次上的融通和共识逐步予以解决。正因为难度大，不能立竿见影，所以被定义为"大后天"的事。

什么是科技体制，学术界有多种解释。我比较认同的观点是："科技体制"是科学技术活动的组织体系、管理制度和运行机制的总称。组织体系是科技体制的表现形式，是行使科技活动和管理权力的物质载体，运行机制是科技体制的灵魂，是科技系统各构成要素及与外系统要素之间连续不断、畅通运行的方式，科技体制赖以发挥基本功能和作用。没有运行机制，科技体制也就不复存在。科技体制还要受到国家政治、体制、经济体制、文化传统和思想观念的影响和制约。由此看出科技体制包括机构、制度和国情，许多人一谈到体制改革就热衷于成立、兼并或调整××管理机构，建立××院、××研究所，真正好的体制内涵应当是符合国情的、良好的运行机制。

改革开放30多年以来，中国的科技体制改革不断发展深化。1985年初，邓小平同志在全国科技工作会议上发表了"改革科技体制是为了解放生产力"的讲话，中共中央发布了《关于科学技术体制改革的决定》，宣告中国的科技体制改革全面启动。1987年发布并实施了《技术合同法》，极大地促进了技术交易和技术市场的发展，有效地保护了科技人员的合法权益；1988年国务院做出《关于深化科技体制改革若干问题的决定》，是科技体制改革工作在认识和实践上的一次飞跃；1993年《科学技术进步法》的发布实施，确立了国家发展科技进步事业的基本制度。

1995年，中共中央、国务院发布《关于加速科学技术进步的决定》，确立了科教兴国战略，提出"稳住一头，放开一头"的改革方针，1996年《促进科技成果转化法》颁布，对科技人员转化成果予以奖励的规定，极大地激发了科技人员创新创业的积极性。25年来，围绕"解放生产力"的总目标，石油科技体制经历了由于国有石油企业重大体制变革而发生的变革以及科技机构企业化转制等重大变革，取得了有目共睹的重大成效。同时从一个相对较长的时间段也印证了"体制"不能"立竿见影"的特点，至今仍然有许多不尽如人意之处：重复、分散、低水平，学风不够扎实，科技资源不能优化配置等问题尚未从根本上得到解决。

我认为，要深化科技体制改革，一方面要用聪明的办法——"站在巨人肩膀之上"，努力学习外国的先进经验，同时又要结合国情，把暂时不能效仿的好经验先放一放，能学的、应该学的学到手，发扬自己的长处，走出一条自己的路。

10多年来，通过对国外的大油公司和石油技术服务公司的了解，认识到不同的科技组织形式都可以取得好的效果。埃克森公司和斯伦贝谢公司强调自主研发，花大功夫攻克独有技术，一旦成功便实行垄断，以获得巨大效益。雪佛龙公司采用跟进策略。BP公司使用拿来主义。威德福公司则采用兼并、扩张的方法使其迅速成为世界一流石油技术服务公司。科技体制"只有原则上的是与非，没有形式上的对与错"，好的科技体制应当有三条标准：一是最大限度发挥科技人员创造性（不仅是积极性）；二是最大限度实现科技资源的优化配置；三是快速促进科技成果转化为现实生产力。总之，能够确保"在最适当的时间找最适当的人干最适当的事"，这就是最好的。埃克森莫比尔公司、壳牌公司和BP公司三个国际性大油公司科技体制值得借鉴的内涵：

（1）以人为本。重视创新人才开发。通过特殊的薪酬体系为优秀的科研人才提供优惠的待遇，重视为人才的使用创造良好的机制、良好的环境。科研人员占公司全体职员比例基本保持在3%～6%，科研机构中具有现场实际工作经验的科研人员比例高达70%～80%。埃克森莫比尔公司本着"唯高、唯精、唯优"的原则，面向全球吸引、开发、抽调和使用最具创新性、最有技术经验与研究水平的人员到研究中心，外籍研究人员占研究人员总比例达到57%。提供不断的技术培训，使员工的知识不断得到更新，加强科研人员实际工作能力的培养，定期从基层选调科研人员到总部工作；定期派人到现场工作，以保持技术研发的高水平与对现场实际工作的全盘了解。壳牌公司为员工创造学习、发展和安全的工作条件，尊重和爱护每一位员工，实行以价值为基础的劳动与报酬系统，实施柔性化的家庭与事业和谐发展计划，帮助员工在工作中发挥最大的努力和才能。BP公司努力吸引、使用和开发具有创新精神、敢于向传统思维挑战的一流人才，为员工提供持股计划，为员工提供高度灵活的工作机制，使员工的工作与家庭生活保持和谐。

（2）开放合作。广泛采用合作研究、联合攻关的组织方式以更好地回避商业风险，适应动荡多变的石油市场环境。合作方式和合作层次多种多样，包括：公司内部不同部门的合作；与政府研究机构、独立实验室、大学、研究院之间的合作；与石油技术服务公司的战略联盟进一步增强；油公司之间的合作。自1980年开始，自主研发和合作研发的费用比例逐步由8∶2倒转为目前的2∶8，绝大部分项目依靠外部优势资源，合作研究进一步得到加强。

（3）突出企业科技就是效益科技的理念。科研立项严谨，只选能够降低生产成本，提高公司竞争能力的高新技术项目。课题必须是生产需要，没有用户或不能推广的项目不选。没有经济效益、不增值的课题不选。重复的课题即别人已研究过或正在研究的课题不选。充分利用外部优势，能合作的课题不自己单独承担。十分重视项目管理和科技成果的推广应用。科研管理的中心环节就是项目管理，强调从立项到推广全过程的项目负责制，对科研立项、实施、财务、推广等各个环节实行严格监控。采用多方式、多渠道加速新技术的推广应用，使成果尽快见到规模效益。

"十一五"以来，中国石油天然气集团公司的科技体制改革取得了很大成效，最为突出的，一是新建了11个国家级重点实验室和工程技术中心，强化和新建了25个集团公司重点实验室和15个中间试验基地，把一批重要的学科技术研究提升到国家和集团公司层面，为原创性技术发明创新和成果转化搭建了高水平的平台，也为吸引高层次人才与合作研究创造了良好的条件，已取得了一批高水平的研究成果。二是"十一五"以来，大力推行企业牵头的重大科技专项，以实现企业生产任务为目标，企业工程应用为依托，促进关键技术升级换代和单项技术的集成配套，以新的规范、新的标准和新的生产力保证生产目标顺利实现，这种"项目制"符合中国国情，每一个重大专项就是一个"没有围墙的研究院"，可以实现集团公司内部以及国内、国外科技资源的优化配置和效益的最大化，大大加快了成果转化，是行之有效的体制改革重大举措。

"十二五"以及今后一段时间，体制改革任重道远，改革的重点，一是要巩固以上两项重大改革的初步成果，不断完善重点实验室、试验基地运行机制和重大专项项目管理规范。二是建议采用更加灵活的激励机制，鼓励创新；更加民主的学术氛围，进一步发挥科技人员的创新思维和创造力；进一步加大国际一流人才的引进、联合，迅速提高我们的研发能力和研究水平（我们的外籍优秀人才仅是凤毛麟角，差距太大）。三是最重要的，即按照一把手抓第一生产力的理念，建议集团公司最高层应尽快研究、组织、制订和实施一套指导中长期科技发展的"顶层设计"。实现一个目标、一个团队、一套办法、三个层次（应用基础、技术攻关、推广应用）的总体布局。加大力度解决机关部门管理交叉以及集团与企业两级科研机构研发成果转化的有效衔接。相信按照这个方向继续深化科技体制改革，必然会取得更大的成效。

采用科学的思维方法
探索辽河断块油田的高效开发

甄 鹏

1 认真观察特点，分析关键问题，抓住事物本质

辽河油田早在 20 世纪 60 年代中期发现，初期对油田的复式油气聚集的特点没有足够的认识，会战一开始就套用一般油田勘探开发的理念和做法，先对东部凹陷构造带进行整体解剖。结果没有成功，反而得出油气受局部构造控制的错误认识。又在初探后沿用常规的做法，对油田展开了详探，准备投入开发，结果由于地质情况非常复杂很难搞清，给开发带来了很大难度。此后，认真分析所经历的挫折和教训，仔细观察、分析问题、认真研究，总结规律。通过"实践认识，再实践再认识"循环往复，才逐步认识到辽河油田是处于狭长裂谷性盆地中的断陷复式油气区，地质情况非常复杂：埋藏深浅不一，圈闭类型多样，断层多级发育，沉积条件各异，储层非均质性强，油藏类型较多，油气水关系复杂，地层能量不统一，流体性质差异大等特殊性。根据这种特殊的地质结构和流体性质变化大的复杂特点，在反复分析调查和研究的基础上，主客观一致，才真正地认识到，它不是简单整装的大油气田，而是一个典型的复杂断块油气田，康世恩老部长称其为"五忽油田❶"。这个油气田极其复杂：在规模开发以后，共有 1600 多条断层，分割成 1000 多个断块，有 12 种储层，3 种油品类型。因此，必须采用新的思路和方法，进行勘探开发相结合，才能加快油田的勘探开发进程，见到好的开发效果。

2 通过实践和再认识，研究客观规律，明确工作方向

通过长期反复的实践和认识，掌握了断块油田的地质特点、油气水分布的复杂性和油井的生产规律，逐步探索出一套具有科学依据、符合实际的勘探开发程序和方法。

2.1 勘探与开发紧密结合，实行滚动勘探开发

由于油田被断层切割破碎，形成各种类型断块，油气水按块分布，形成独立的开发单元，一般一个断块的面积只有 $3\sim5km^2$。用常规的勘探方法，不仅井位难以确定，也很难探明地下的复杂情况，会延误勘探开发的进程。像兴隆台油田在少数探井中的兴 1 井出油以后，采用常规的程序，开始钻评价井和开发井，在实施过程中，距兴 1 井 2km 左右的兴 2 井、兴 6 井，都是水层，这说明地下情况非常复杂，断块有高有低有油有水给整体开发带来了难度，后来通过深入研究才认识到必须勘探开发紧密结合，实行滚动勘探开发，部分

---

❶ 指油气层忽有忽无，目的层忽水忽油，油井产量忽高忽低，油层厚度忽薄忽厚，原油性质忽稀忽稠。

详探井承担开发任务，部分开发井也承担详探任务，加深认识滚动前进。在油田投入开发初期，也只是主力区块的主体部位，仍然需要打少数探井扩边或者对深浅层勘探，一边勘探，一边开发，扩大范围、增加储量，逐步实现资源规模化开发。

2.2　搞清油气分布，优选富集区

断块油田的断块由不同级次不同性质的断层切割而成，所以断块就构成基本开发单元。断块内部油气层的分布各异，高块和大块油气不一定富集，低块和小块，也可能有高产，不同块不同井的产量相差悬殊，高产井初期日产油达到上千吨，低产井也只有几吨。因此，必须通过物探、测井、钻井、试油、试采等多项资料的综合研究，进行早期地质描述和油气藏评价，优选地质条件较好，油气层发育、储量较为丰富，产量相对较高的富集区块或高产部位先行投入开发，即早打开开发局面。同时还要继续滚动勘探开发逐步扩展，采用有效的工艺技术，地下地面统一考虑，进行块间接替上产，实现少投入、多产出、见效快、效益高的合理开发。1971 年 9 月，兴隆台油田兴一块开发以后，在滚动过程中，又陆续发现了马 20、兴 42 等高产区块，单井初期放产，可以达到 1000t/d。后来，又在兴隆台油田的深部，发现潜山油藏。

2.3　整体部署，分步实施

由于断块油田的特殊性，一般套用简单整装大油气田勘探开发的思路和模式是行不通的，即不能在地下没有认识清楚的情况下就投入开发，也不能等到完全搞清楚以后，再投入开发。必须实行勘探开发相结合，通过前期研究，在有利区块部位，先进行详探开发，但由于地下情况尚未完全搞清，不能全面展开实施，要进行整体部署分步实施，一边钻井、一边研究，加深对地下的认识，搞清油气分布规律，掌握油气井生产特点，再根据变化了的情况，对原部署及时进行适当的调整完善。凡是不利的部位暂缓实施，向有利的区块和部位推进扩展，既快又好的逐步实现断块油田的整体开发。例如欢喜岭杜 212 块大菱河油层，在钻井过程中发现西部油层变差，缓钻了 18 口井，东部北界断层向北推移了 450m，含油面积增加 30.51km^2，增加油储量 300×10^{4}t，预计增加 10×10^{4}t/a 生产能力。

3　坚持"两论"观点，随钻研究调整，完善开发系统

有人称滚动勘探开发是"摸着石头过河"，这就是思维逻辑的形象化，是对复杂事物发现矛盾解决矛盾，不断认识和实践的正确思路。这种复杂断块油田，在勘探开发过程中必须进行随钻研究，在原来了解认识的基础上，在新钻井取心试油的过程中，用多种资料综合深入研究，进一步落实和发现新的构造和断块，深化认识储层的分布特点，搞清流体性质的差异，进一步核实油气储量，掌握油井的生产特点。根据随钻研究的结果，加强认识再通过实践，找出矛盾解决矛盾，及时对原来的整体部署中的有关问题进行及时合理调整，逐步完善开发系统，实现合理的开发。经过 30 多年的艰苦奋斗，除了已开发油田逐步扩大完善外，在辽河盆地外围中生界盆地和滩海地区，发现了丰富的石油资源，已有几个油气田及时投产，实现不同类型油气藏有效开发。

3.1　开发方式优选、开发层系调整

由于不同断块油气层发育和原油性质差异很大，有的具有多套油气层，有的只有单一的油气层，厚度差异也很大，有的是高渗透层，有的是低渗透层。不同断块的原油性质截

然不同，有稀有稠，还有高凝油。不同断块的油层埋藏深度也不一样，浅层埋深几百米，深层埋深几千米。油层压力系统也不一致，地层能量也不相同，使得油井产量相差很大。这些复杂情况，研发初期很难认识清楚，早期开发部署的开发方式和层系组合，不一定完全符合实际。研发过程中也会出现一些新的问题，所以必须根据实际情况进行适当合理的调整和改进。

稀油区块由于边底水不活跃，地饱压差又小，天然能量不足，要在天然能量合理利用的基础上，必须采取早期面积注水或点状注水保持能量开采。例如锦 16 块实行面积注水，平均单井日产量在 60t 以上，采油速度达到 3.3%，生产能力较为旺盛。1979 年投产，在开发过程中，曾三次进行井网、层系调整和相关的增产措施，实现了高效开发。稠油油层油质都比较稠，黏度一般为 5000~50000mPa·s，油层的厚度不同，埋藏深度也不一样，所需的开采方式也不同。采用常规注水冷采的方式，很不理想，通过国内外的交流、学习，证实采用注蒸汽热采是较为理想的开发方式。普通稠油和特稠油主要采取蒸汽吞吐开采方式，很有成效。在达到约 10 个吞吐周期，吞吐后期，采收率可以达到 20% 左右，以后有个别区块转入蒸汽驱开采，开发效果又有所提高，采收率可以达 30% 左右，但经济效益不是特别理想。深层超稠油因为埋藏比较深（1000m 以上），油质特别稠，吞吐开采不解决问题。通过实验研究，主要采用蒸汽辅助重力泄油的开采方式。由于蒸汽的干度较高，加上重力作用初期单井产量可以达到 100t 左右，预测采收率可以达到 29.8%，开发见到效果。高凝油含蜡量很高，原油凝固点有的高达 67%，析蜡温度为 32~70℃，在地面温度下有的可以凝结成为固体，天然能量又比较低，用常规的方法开采不能解决问题。曾经"三上三下"，未见成效，采用井筒内电缆加热试油、试采成功以后，才实现注水或热水段塞的开发方式，获得有效开发。

辽河油田属于陆相沉积盆地，地层多是河流相、三角洲相或者湖相沉积，在断层作用下切割成断块油田，在不同断块内，油层的发育状况差异很大，不管是稀油、稠油还是高凝油，在开发初期开发层系的组合即使合理，在开发过程中由于储层物性的变化和流体性质的变化等种种原因，又出现新的问题，影响开发效果，所以必须对原设计部署的开发层系进行合理的调整。对初期多层合采的区块，在开发过程中出现层间矛盾，要分层开采，对分层开采的区块根据情况也有个别进行合采，也有的从下到上分段接替开采。到了开采的中后期，还要根据具体情况，进行合理调整和新技术的转换，减少层间矛盾，扩大注剂的波及体积，提高驱油效率，改善开发效果，实现油田的稳产。

3.2 开发井网、井距调整

初期整体开发部署中的注水注汽开发井网的设计，由于对地下认识尚不十分清楚，多采用适当井距面积井网，"以均匀对付不均匀"的部署，不可能完全适应。要通过多种资料边开发边研究，在逐步搞清断块的形状大小及油水井对应关系和油井产量等新认识的基础上，根据断块的具体情况，对井距井网进行合理的调整。

稀油断块有的调整成不规则的面积注水井网，有的调整成顶部注气或边部注水，甚至点状个性化注采井网。注采井距也要根据断块油层的具体情况，采用相对较小不同的井距，从 400~500m 逐步调整到 150~210m，使得注采结构，更加适合断块的特点，让其注采系统更加合理，使注入水较均匀地推进，提高采收率。

普通稠油和特稠油区块，初期多采用了200/300m面积井网进行吞吐，因为加热半径一般只有80m左右的距离，有的吞吐后转汽驱，又发生了汽水窜流。所以，把井距缩小到70~100m。提高了热采效果，使开发效果得到改善。深层超稠油多采用的是井距20m的直井与水平井组合和井距100m的双水平井组合，进行蒸汽辅助重力泄油开采，先注蒸汽循环预热启动，实现高干度注汽热采，见到一定效果，现正在深入研究，进一步完善发展。

3.3 开发策略及时调整，工程技术配套发展

复杂断块油田地质情况复杂，开发过程中变化大，必须及时调整不同阶段的开发策略，工艺技术也要配套发展，才能实现长期有效开发。

这里以兴隆台断块稀油为例：该油田1971年投入开发，主力区块采用400~500m井距的面积井网，在开发的初期，利用天然能量边底水、气顶驱自喷开采，前几年，保持较为旺盛的生产能力。

1975年后，由于天然能量不足，改为面积注水补充能量开采，开发效果得到改善。但是由于断块复杂、油层多，且非均质性强，往往形成水窜流通道，含水上升快，油井产量大幅度下降，只能转换新的开发策略。

1981年以后逐步进行层系调整与井网加密调整和注采系统注采参数调整，改变液流方向，扩大波及体系，提高注入水利用率、有效率，没用多长时间，可采储量采出程度就达到62.8%。

1986年后，油田开发逐步进入中后期，产量急剧下降，由1985年的2938t降到1992年的883t，自然递减率高达8.18%，综合含水由76.6%上升到90.2%，针对这种情况，进行油藏精细描述，开发动态深入研究，搞清剩余油分布状况，开展"稳油控水"战略措施。在1989年，还在兴28块开展了弱碱/聚合物二元化学驱试验。千方百计提高兴隆台油田开发水平，都见到较好的开发效果。

针对油田开发中存在的问题，在钻采工程、地面工程建设上，创新发展了新的工艺技术。诸如：低压钻完井、钻定向斜井水平井、电泵抽油、大泵深抽、气举采油、堵水调剖、酸化压裂等新的钻采工艺技术，都见到明显效果。到开发中后期，马20块单井日产液量由45t提高到150t，单井日产油由24t增加到56t。

由于地下情况复杂，认识过程较长，地面工程建设采用优先建设骨干工程，适当留有余地，根据开发状况的变化，再进行进一步的完善调整，由初期的油气分输流程，改为密闭工艺流程。这样更适合复杂断块油田开发中的集输要求，还大大降低了油气集输过程中的损耗，不仅提高了实用率，也提高了经济效益。

4 开发中后期，继续创新发展，实现高产稳产

（1）稠油研究发展新的热采技术。

辽河油田到2010年，探明储量24.6×10^8t，动用19.13×10^8t，年产原油976.3×10^4t，其中稠油是开发的主体，已探明储量10.8×10^8t，动用8.64×10^8t，年产油579×10^4t。

① 普通稠油、特稠油早在20世纪80年代初，采取蒸汽吞吐的开采方式（少数是水驱），动用6.4×10^8t，年产油400×10^4t，年产量占稠油总产量的79.4%。吞吐开采30年以后，单井平均吞吐周期已到13个，地下存水率高达66%，地层压力降到1~4MPa，油井井

距加密到 70~100m，已有 30%的井破损，产量大幅度下降，措施效果很差。采用组合吞吐和水平井吞吐开采也无济于事，再延续下去的余地非常小，已经进入开采的衰竭阶段。因此，必须根据不同原油性质的区块，研究探索新的接替技术，尽快转入蒸汽驱、多介质复合驱、SAGD 或火烧等新的热采技术，扩大驱油波及体积和提高驱油效率，继续提高原油产量。

② 普通稠油、特稠油有少数断块（齐 40、锦 45）已经由吞吐转为蒸汽驱（约 10 年之久），见到较好效果。但是，由于转蒸汽驱太晚，地下存水率较高，压力较低，汽驱初期油汽比低，含水高，产量低，汽窜严重，热量消耗大，商品率低，经济效益差。也不能简单的延续下去，要根据研究、试验的结果，对不同区块和不同开发阶段，采取多元热流体驱、汽驱与泄油复合开采、蒸汽伴注非凝析气体+化学剂驱、热水驱或火烧等方式开采，提高汽驱效果，增加产量。

③ 深层超稠油 SAGD 开采方式（要尽量避开顶水和隔层发育的油层），在个别区块（杜 84）虽然进行的时间不是太长，也见到一些效果。但也暴露一些问题：由于存水率高，不利扩大汽驱波及范围，注蒸汽的前缘和液面难以控制，所以井网井型组合和驱泄组合需要进一步研究优化。今后还要发展调剖技术，进一步研究试验注 N_2、CO_2 等辅助 SAGD 或注入多元热流体 SAGD 开采方式。

④ 近年来火烧技术也有所发展（是一种较好的接替技术），取得一些效果，但火烧方式的优选、火烧前缘有效控制、火烧采收率以及腐蚀、安全、环保还要深入研究和优选改进，使火烧的开发效果进一步提高。

（2）断块稀油也是辽河油田开发的主要资源，到 2010 年探明储量 $10.49×10^8t$，动用 $7.75×10^8t$，年产油 $304×10^4t$。一般都实行早期注水补充能量开发，40 年的开发历程，已经采出可采程度的 85.6%，含水率高达 91.5%，经过多次调整和多种措施，效果不明显，已进入开发的中后期。尽快实现二次开发是重中之重，首先是进行地质精细描述，搞清剩余油的分布特点，再进一步实行井网井型层系调整，结合三次采油（聚合物驱、二元、三元驱等）进行"二三结合"，较好地实现"稳油控水"挖掘稀油断块潜力，增加油井产量提高稀油断块开发效果。

（3）高凝油主要分布在沈北凹陷，主要是潜山和断块油藏，埋藏较深，在 2000~2500m，储层渗透率较低，且变化较大，含蜡量为 30%~45%，凝固点为 35~67℃，开发的时间也不短了，已经到了开发的中后期，开发的难度越来越大，在层系井网调整的同时，需要认真的研究和试验，探索化学驱、热流驱或微生物驱等采油新技术，提高产量实现有效开发。

（4）辽河特殊油藏主要是潜山油层、低渗油藏和滩海油藏等。近年来已探明 $2.6×10^8t$ 储量，动用 $32.5×10^4t$。地质情况和地面条件更加复杂，开发难度更大，有的刚开始投入开发，有的还没有完全搞清楚，在逐步加深认识的过程中，必须深入研究地质特点，搞清油水分布规律及油水渗流机理，优选科学的开发方式，合理划分层系，采用适合的井网井形，选用有效的增产措施和工艺技术。搞好地面集输系统建设，尽快地投入开发。弥补老区产量递减，实现辽河油田年产 $1000×10^4t$ 再十年，实现辽河油田的持续发展。

均匀注采井网是应对油藏
非均质特征的最佳布井形式

王家宏

油田开发全过程发生在埋深数千米的油藏中，属于隐蔽工程。油藏开采的全过程视觉是看不到的，所录取的大部分资料都是间接的，只有通过钻井录取的岩心才能看到储油层的真实面目。但只能看到一个点，即使每口井都取心，人们看到的岩样也不到油藏体积的百万分之一。"点"的认识是直接的，面与体的认识是间接的。对点—面—三维油藏的认识是一个由感性到理性的认识过程，因此，对油藏的认识是有条件的，掌握油藏资料和数据的多少决定了对油藏认识的深浅程度，油田开发的阶段性也决定了对油藏认识的深浅程度。人的认识是逐步深入的，一方面自己去实践、认识、再实践、再认识；另一方面，借鉴别人的实践经验来充实自我。油(气)田开发技术是一项理论性很强的技术，但油(气)藏是千变万化的，世界上只有类似而没有相同的油(气)藏。因此，理论与实际相结合显得尤为重要，所有实践活动应该在理论指导下进行，通过实践检验技术的可行性。

注采井网是油田开发的生命线，通过注采井网的运行达到水的注入和油气的采出。是注采井网将油藏从青年带入壮年再进入老年，完成一个经济生命周期，井网对油藏的适应性直接关系到原油采收率的高低。与均匀注采井网相对应的是不均匀注采井网，有两个含义：井距的不均匀，即油井距注水井的距离不是等距的，常说的"长、短腿"；注采井别的分布是无规则、杂乱的，如油井成堆、注水井"成排"。

(1)注采井网对油层的适应性和其他事物一样也具有两重性，有利、有弊，要着眼于长远、全过程，着眼于采收率。

20世纪70年代在均匀布井条件下，有部分注水井布置在油层相对发育的地方，在排液生产阶段，原油生产能力很旺盛，产量很高，对这样的排液井转为注水井注水，将损失产量，感到可惜。当时提出"先打井、后定井别"的原则，在萨尔图油田的一部分区块得到实施。实施中，将中等、中下等生产能力的井转为注水井，注采井数比达到了要求，但由于地质条件决定了注水井的位置，造成注水井成堆，其余井区注水井数少，使油井受效极不均衡，动态调整困难，区块的开发效果较差。实际上整个油藏是一个大连通体，宏观来讲是同一压力系统，实践表明高产井转注水后，损失的原油在邻井完全可以采出。

(2)对非均质性的研究认识是无止境的，在研究领域可以对微观、小尺度、中尺度、大尺度的非均质性变化趋势进行预测，也可以进行精度分析。但在工程上若要实施预测结果，就要考虑预测结果是确定性的还是随机的，随机的事物决不能当作确定性来实施。例如对渗透率方向性的预测，目前还没有做到确定性的预测结果。

不均匀注采井网的另一个表现是井距的不均匀，即常说的"长、短腿"。打开某些注水开发油田的井位图，不难看到类似大庆南一区"按油砂体布井"的例子再现，尽管原因不同，结果却是一样的，特别是对于含油面积较大的断块油藏。以不均匀的注采井网去应对油层的非均质，站在逻辑思维的角度看，好像有道理，但关键是对油层非均质性的认识程度是否是可信的，并已经达到工程上要求的精度。反证法说明，均匀的注采井网是应对油藏地质非均质特征最佳布井形式，因为只有均匀井网钻遇的非均质特征才具有代表性，才能真实、客观反映油藏的开发规律，是人们适应客观世界的又一实例。归根结底还是油藏工作者在理论与实践的结合中，不断提高认识世界、解释世界的能力。

研究应用油田堵水调剖技术提高
含水油田采收率的思想方法和工作方法

刘翔鹗

1 概述

油田堵水调剖技术是注水开发的油田在开发过程中的一项重要的增加产油量、提高注入水的波及系数、提高注水采收率的关键技术。它的主要作用是对含水的采油井的产水层进行封堵、封隔或暂时性暂堵，以降低该采油井的产水量。对注水井则对注水量较大的引起采油井产水的吸水层进行水量控制，减少对该层的注水量，达到降低与其相对应的采油井的产水量的目的。总体来说就是通过堵水调剖技术达到提高注水开发采收率的目的。

我国于 1957 年就在玉门油田开发应用了油田堵水技术，取得了成效。20 世纪 70—80 年代该项技术得到大规模的发展和应用，形成了多项配套技术，年作业工作量达 3000 井次，年增油量达 $60×10^4 t$。

21 世纪以来，该技术继续向创新和规模化发展，形成了油田区块整体堵水调剖，油藏深部调剖、调驱和液流转向技术等更适合于高含水油田的调剖堵水技术。并研发了多种新型高效的化学堵剂和调剖剂。

随着生产技术和实践活动的发展和提高，人们对研究应用这套技术的思想方法和工作方面也有了一步一步的提高，逐渐形成了研究开发实践应用、大规模推广等一整套的思想认识和方法。这套方法在实践中接受了实践的考验，进一步去伪存真，形成了指导了我国油田堵水调剖技术研究、开发实践应用和推广形成工业规模的有力的指导方式和方法。

自 1979 年开始，我就专心致力于油田堵水调剖技术的研究开发和推广应用，受石油工业部委托担任全国油田堵水技术协调组组长，负责技术协调、指导，课题优选，规模实施推广的安排等，组织形成了一个油田堵水技术研究开发的指挥点，协助石油工业部有关司局完成了课题方向确定，研究思路优化，成果鉴定、推广应用等各项工作，推动了油田堵水技术的发展，并使之在油田开发中发挥重要作用。我本人也学到了很多知识和方法。下面就重要的几个思想方法和工作方法做一简要的论述。

2 继承与吸收

任何一项科学技术的发展都离不开对前人研究成果的继承和经验教训的吸取。

所谓继承就是继续在前人工作的基础上进一步创新发展开拓新局面。做到这一点首先要对前人成果认可或承认其存在。然后对其正确的一面加以放大，进一步创新完善，而对其不完善、不正确的部分，作为自己工作的反面，加以防止和警戒。但不正确的方法是对前人的成果视而不见，一切以自我为起点，这将不利于科学技术研究的正确进展，也有损于科研工作的基本品德。

要做到良好的继承和吸取，既要对前人的成果进行认真的学习和分析、评估，在调研国内外有关方面的基础上，找出与科学技术课题相关的成果内容，加以学习了解，分析评估。细致和耐心是做好此项工作的关键，客观公正是做好对前人成果的分析、评估的正确观点。特别要结合当时当地的具体情况来分析前人的成果，评估其发挥的作用和重要意义。

为了使我国油田堵水技术有良好的开端，对前人的成果做了三件事：

第一是资料大普查，对我国有关的科技刊物、出版物进行了普查。查明了我国首次实施油田堵水是玉门油田，于 1957—1959 年在老君庙油田共堵水 66 井次，成功率 61.7%，同时也对 20 世纪 60 年代大庆和胜利等油田发展的情况进行了普查，为我国堵水技术发展打下了基础。

第二是派出去国外考察。1983 年，石油工业部组织了全国油田堵水考察组，由刘翔鹗率团考察了美国堵油、堵水技术，学习先进经验。

第三是请进来。20 世纪 80 年代中期，邀请国外堵水技术方面的专家来院讲课、交流，丰富了对国外堵水的认识。

3　任务、命令与客观需求

几乎所有的科研课题都是以上级下达任务为启动的，而任务的形成又多半是根据某人或某单位的命令而提出的，当然这些命令可能是经过深思熟虑的，但也可能仅是一事的启发而发出的假想或愿望。那么真正是从客观需求，如生产技术的发展，海、陆、空各方面的需要，以及某些联系到国内外其他方面不同要求所提出的到底能占有多少分量，则取决于各种不同的因素。

符合客观需求是科研任务来源的基本点，就是要使科研的内容目标是客观所急需的，并且具备客观条件，经过努力是可以达到的。不管是任务下达，还是命令的发出，都必须立足于这一基本点，否则就是脱离实际的，空洞的。

我国油田堵水技术的正式提出是在 1979 年石油工业部召开的"全国油田开发技术协调会"上，由部有关领导根据全国油田开发的情况并参阅各油田已在该技术方面的发展应用情况正式提出列为全国油田开发"六大学科，十大技术"中的一项技术，并编制了相应的规划，组织了有关领导协调机构。这充分体现了科研任务立足于客观需求的基本点，为我国油田堵水技术的发展和提高打下了良好的基础。

从具体的技术来看，油田开发首先碰到的就是油田注水后油井开始含水，这一问题提出的是封堵出水层、解放产油层。为了达到这一客观需求的满足，有关油田先后研究、开发、应用了堵水技术，采用机械方法和化学方法封堵或控制出水层，使其减少出水量，相应地解放原来受到压力限制的低产油层，使其产油量增加，达到了控制产水量、增加产油量、提高油田注水开发效果的目的。

总的来说，世界客观事务的需求是科研任务来源的基本点。人们根据这一需求设想、编辑、安排、形成一种任务，为了使这一任务得以实施，主管的人和部门汇总成了命令下达到执行单位。我们油田堵水战线在初期阶段根据油田开发的客观需求，在推广应用机械堵水技术的基础上，明确地提出了加速发展油田化学堵水的方向，推动了堵水技术的快速发展，堵水工作量、质量和化学剂的品种数量都大幅度提升，形成我国油田堵水发展的第一阶段。任务下达和命令发出体现了中国科研工作启动的特色，而任务命令的准确度则决定于下达者对客观实际的了解程度。

4 假想和探索

有了科研的任务或者已经收到了下达的命令，急需的是构成对科研任务的一个思路，形成这思路一是靠假想，另一是靠探索。

假想是指对事物的发展提出的设想和假设。这些设想和假设的基础是存在的事实，没有事实依据的设想和假设就变成了空想。当然这些设想和假设必须在一种已被公认的理论的指导下，或者说是与理论的原则存在着一致性，否则这种设想和假设就变成了胡思乱想。

探索是表明为了达到某种目的或获取某种结果而动手进行的某些前人未曾做过的实践活动。当然探索的目的是获取最新的成果，而探索的方法是创新性的实践活动。

假想和探索紧密结合形成一个创新研究的思想方法的一个方面，它协助你捕捉新出现的现象和表征的特点，从而得到科研所追求的成果的特征，进而深化、提高，达到形成理论的目标。

在油田堵水调剖技术方面，经过多年的研究和探索，对化学剂的流动状况提出了三种新认识，加深了对油田堵水、调剖机理的认识，通过实验，捕捉到了出现的新的现象和表现特点，并进一步深化，获取了对堵塞机理的新认识。即油田堵水剂流动的"第二通道论""爬形虫"或"变形虫"论以及"涂层堵塞论"等。

为探索了解油田堵水施工中，化学剂进入岩层后的流动动态，摸索当堵剂对原高含水层进行封堵后，化学剂的行动方向和路线以及水驱油的行动路线，设想在地层中现出了另外一个通道，形成了"第二通道"的初步假想。然后进行了"微观模型"、核磁成像（NMRI）平面模拟的实验研究，通过核磁成像的模拟观察，发现了当用化学剂对注水层进行剖面调整时，化学堵剂进入高渗透层段或大孔道中并对其形成堵塞，当注入水继续推进时，重新选择通道，即在原注入水未波及的层段形成第二通道，从而提高了注入水的波及体积，改善了注水开发效果。这一设想、探索的全过程使我初步得到了一个新认识，即油田堵水技术的"第二通道论"。

经过相似的假想和探索的过程，我们发现了化学剂大直径的颗粒通过储层孔喉时，因其凝胶颗粒大于喉道直径，则受到挤压而变形，而后通过喉道，穿越后，凝胶颗粒又恢复其原形，某些凝胶颗粒则因受挤压而失水变小，通过喉道后又恢复原状，第三种颗粒，受挤压后脱水而破碎通过喉道。汇总以上现象，提出了凝胶颗粒在地层孔隙中运移是呈"变形虫"或"爬形虫"状态通过孔喉的。

总的看来，假想是科学研究中思路的起始点，假想要以事实为基础，以相关理论做指导，而探索则是对假想的实践，只有通过实践才能判定这一假想的真伪，只有实践才能见到假想的实际价值。但探索中的实践往往是前人所没有的，是创新性的。经过假想和探索的全过程，可以上升为一种新的认识，提升、综合后形成一个新的理论。把两者紧密联系起来是科研工作者本身的能动作用的表现，而探索的开始也是科研工作者创新能力的体现和开始。

5 开题与课题选择

开题是科研任务的正式启动。开题意味着对科研任务的目标的确认，初步研究思路的形成和最后取得成效的预测以及对所取得成果的开发，应用前景的展望，最后落实于客观实践的可行性、技术和经济效益的评估预见。

课题选择是开题面临的关键，课题选择对路就意味着开题的成功，展示着整个科研任务的成功。课题选择首先要基于客观实践的迫切需要，其次一定要具备人员、技术、器材、科研仪器等多方面的客观条件，第三要符合上方的命令、下达任务和指导方向的要求。最主要的还是要课题本身是有前景的，是创新性的，是具有效益的。

我国注水井调剖技术就是从 1980 年开始大规模发展应用起来的。为什么由原来大规模的油井堵水转变发展成为大规模的注水井调剖？就是根据 20 世纪 80 年代初期大面积水淹、含水井数上升，而含水井的出现又是由于注水井吸水剖面控制不合理这一客观事实，从而发展了注水调剖技术。首先，石油勘探开发研究院参考国外资料并结合我国的特点，创新性地提出了"TP-910 调剖技术"的课题。迅速取得了油田应用的成功和良好经济效益，相应地，有关油田如辽河、胜利、河南等也有相应发展。为此，于 1985 年 11 月在大连召开的"第四次全国油田堵水技术会议"决策，在全国大面积开展注水井调剖技术研究，形成全国性的重大课题。实践证明决策是正确的，开题是科学的，课题选择是先进的、创新的。

归结一下，开题和课题选择一般的思路和做法是：

（1）对客观存在的事实需求的捕捉和认识，如油田含水和注水的调控这一客观事实和所提出的调控注水井的需求。

（2）根据以上客观事实和需求提出了任务和命令要求。

（3）综合研究和分析后提出了设想和假设。

（4）进行创新性的探索，开展实验和观察。

（5）针对客观需求、任务命令要求、设想和假说，结合探索实验的结果提出了课题选择的目标和开题的决策。

（6）开题后的研究思路，对最终研究成果的判定是研究成效的重要关键。

6 交流与借鉴

交流是科研任务进行中的联系的锁链，交流推动各方面的科研思维活跃，交流有利于集中群众的智慧，交流便于统一认识疑难的问题。交流必须在自愿的基础上进行，交流的成败关键在于相互之间的诚和信。

借鉴是科研成败的重要环节，借鉴是在科研进行中互助，取长补短的重要方法。借鉴的关键在于学习和引用他人成功的基本方法以及他人的失败而获得的教训。借鉴的内容可能是大方向的、指导性的，也可能是具体的、技术性的，具有实际应用价值的。

在我国油田堵水技术的科研、发展和应用的过程中，借鉴和交流推动了新技术的成长和技术科研的转向。为了有利于技术的交流，自 1980 年到 2006 年先后举办了 13 次油田堵水技术会议，全国各油田一起和科研单位、教学单位共同交流了"堵封大孔道""油水井对应堵水""油田区块整体堵水调剖""不同类型油藏注水井调剖""油井选择性堵水""注水井深部调剖、调驱和液流转向"等多项科研新技术,有力地推动了堵水调剖技术的发展,加速了堵水、调剖机理的研究、探索的进程,为开拓当前油田堵水、调剖、调驱技术全面发展应用的良好前景打下了基础。各油田和科研、院校也都借鉴了他人的有关经验和教训,加速发展了本身的科研和创新技术。

7 技术开发与成果转化

把科研形成的新技术进行配套,达到可用于实践的过程可称为技术开发。技术开发首先要检验科研新技术的真伪,其次要配套使之达到可应用于实践的技术条件和经济条件。技术开发的关键是把形成的新技术用于客观的实践来检验。部分新技术经过开发可上升达到理论水平,当然新理论的形成必须以前人的理论为基础,有创新性和指导性。

把写在纸上的科研成果转变为具有经济技术效益的产品的过程是成果转化。小规模的试验是成果转化的必经之路。成果转化的关键是新技术向新产品的转化,而经济效益又是转化成败的重要标志。

下面以堵水调剖化学剂"体膨颗粒"与其配套技术的转化过程中的做法和思想方法来论述一下科研成果的技术开发与成果转化的思想方法和工作方法。体膨颗粒化学剂于1995年开始探索开题研究,于1997年开始对研究成果化学剂进行小规模试生产,然后转入现场试验,目前推广应用份额约占全国的1/3以上。

技术开发第一就是要抓住科研成果的精华部分,即其创新的关键技术。体膨颗粒成果的关键技术思路是把原在井下的反应上移到地面上来,这样就避免了井下堵塞,达到安全可靠。选用新配方加入新填料,在化学剂进入地层以前在地面上就完成了形成冻胶骨架的反应,然后注入地层。

第二就是达到并提高化学剂特性的标准,体膨颗粒的特性就是膨胀倍数大,成果中选用碳酸钙和膨胀土,可以控制使其膨胀倍数达到1007倍左右,确保常用倍数10~30倍,并且提高了强度。

第三就是集中一点设厂进行试生产并在油田试验应用,使成果转化有了工业的立足点。

第四就是扩大成果应用的适用性,对不同油田不同地层进行多点试验,使之适应、见效,取得实际成果。先后在大庆、胜利、克拉玛依、大港、中原等油田试验应用并相应设点建厂生产。形成了相应的工业规模。

第五是深化成果转化,使之适应用新发展的技术需求,用于深部调剖、调驱液流转向,进一步扩大了应用规模,目前该化学剂仍在大庆油田、大港油田、辽河油田、胜利油田有厂生产并供应全国各油田应用。

概括地说,技术开发是科研成果最终归宿的决定手段。技术开发的关键在于科研成果和技术推广应用与实践紧密链接,链接的前提是技术效益和经济效益。链接的方法是使科研成果进入生产实践或人文实践。动手和动脑相结合是基本的链接思路和方法。技术开发所达到的目的是使科研成果转化为生产力。转化为生产力首先必须进入生产实践,在实践中不断发展、改善配套,形成规模应用,继而达到工业规模。

8 实践应用与规模实施

科研成果没有实践应用就无法检验其真伪，不达到规模实施就不能获得其应有的效益。实践应用需要立足于真实的需求和合理的周围条件，而规模实施则必须全面地从技术、经济、环保和人员等各方面统筹考虑。但关键还是科研成果本身的创新性。

上述的体膨颗粒化学剂体系，首先由于其本身为地面合成加工而成，因而不会造成地下交联不成胶等缺点；其次其遇水膨胀倍数大约为 30~200 倍，可自地面控制，适应温度可达 120℃，并不受地层液体矿化度大小的影响，在外力作用下可呈"变形虫"状进入油层深部，封堵大孔道和迫使液流转向，经对多个油田应用试验取得了投入产出比 1：4.8 的良好效果，并具有黏弹性，可发挥一定的调驱效果。因此，体膨颗粒调剖技术取得了现场实验和规模应用的良好效果。

而胶态分散凝胶（CDG）调剖技术，虽然是一项引进的创新技术，但由于其适应条件不具备则未能获得大规模推广实施和应用。胶态分散凝胶（CDG）是 1994 年美国 TIORCO 公司用聚合物和交联剂（多价金属离子，如柠檬酸铝、乙酸铬等）制成非网状结构的分子内交联凝胶体系，呈分散的凝胶线团。由于其聚合物浓度低，宜于进入油层深部进行深调处理，在美国曾对 29 个油田进行试验，其中 22 个油田有效，我国曾在大庆和河南等多个油田进行了试验，也取得了一定的效果。经分析和研究，胶态分散凝胶（CDG）要取得好效果，必须具备必要的条件：首先聚合的纯度要高；其次配置液的矿化度要在 25000mg/L 以下；最后是油藏温度小于 70℃，油藏没有裂缝和特高渗透层。没有这些条件就无法取得好效果。

以上说明了科研成果的实践应用和规模实施的重要性和可能性。它作为科学研究的立项、开题、评审、验收中一项重要的思想方法和工作方法。真正的科研成果必须达到实践的应用和规模的实施。而科研成果的创新性则是能否达到这一目标的决定性因素。

9 结论性认识

上述一套应用于我国油田堵水调剖技术提高含水油田采收率的思想方法和工作方法来源于 20 多年来在油田堵水、调剖技术的科研、试验、应用、推广和持续不断的发展的过程中的实践—认识—再实践—再认识的整体过程之中。这套思想方法和工作方法指导和推动了我国油田堵水，调剖技术的科研和发展。表现在研究方向和研究路线的选择和正确的决策，科学试验的开展和实践应用的成功选择和实施以及大规模工业化应用和不断持续发展的推动作用。正如实践所指出的"通过实践而发现真理，又通过实践而证实真理和发展真理"。

继承前人的成果、吸收他们的经验是任何一项科研工作的基本前提。首先是承认前人的成果的存在，然后对其进行评估。最后是实事求是地吸收其成功的经验，接受其失败的教训，为进一步创新打下基础。

下达任务或发出命令是我国科研项目启动的钟声，但任务和命令则必须来自于客观实际的需求，脱离了客观实际就变成了空洞的口号。提出的任务或下达的命令又应当考虑实施的客观条件。

假想和探索是形成科研思想路的必由之路，基于前人的理论和实践及个人的设想构成一个科研内容和目标的假想，继而开展相应的探索性的实验将为科研的进行创造一条可行的思想路线，继而形成科研的实际行动规划。

开题是科研任务的正式开始，而课题选择则又是开题前必须进行的工作，课题选择的正确与否决定了课题研究成果的优劣。开题和课题选择必须符合客观事实的需求，按照任务或命令的要求，首先提出设想和假设，进行必要的创新性的探索、实验明确课题研究的技术和经济目标，最后做出决策。

交流与借鉴是科研工作者之间，以诚信为基础的相互学习和补充。目的是学习成功的经验、避免失败的教训。方法是观摩、研讨、相互指点、共同实验等。

把研究实验得到的科研成果进一步完善配套，创造必要的条件使之形成可实用的产品，可操作用于生产实践的技术，就形成了科研成果的技术开发和成果转化。技术效益和经济效益是评价成果技术开发和成果转化的成败优劣的最重要的标准。

科研成果的实际应用的结果是对该成果真伪性评判的唯一标准。实际应用首先来自于客观生产对该成果的需求，捕捉这一需求、须要主观不断地努力，而进入实际应用的开始也就是该项科研成果成为成功的研究的检验的初始阶段。随着科研成果在实际应用中规模的发展和扩大，呈现了应有的技术效益和经济效益，从而进一步推动了成果的实际应用，在条件成熟的情况下，形成了科研成果的规模实施。从而使科研成果的应用和实施进一步满足了客观生产实践的各项需求。

实践论指出，"马克思主义者认为，人类的生产活动，是一步又一步地由低级向高级发展，因此，人们的认识，不论对自然界方面，对于社会方面，也都是一步又一步地由低级向高级发展，……"，因此，上述一套思想方法和工作方法也必将随着生产活动一步又一步地由低级向高级发展，继而逐渐向更深入更高级的阶段发展，使之更加完善和提高，对客观生产实践产生更大的指导和推动作用。而上述一套工作方法和思想方法是来源于广大石油职工科研人员共同努力实践的结果。

参 考 文 献

[1] 毛泽东. 毛泽东选集：第一卷[M]. 北京：人民出版社，1991.
[2] 刘玉章，郑俊德. 采油工程技术进展[M]. 北京：石油工业出版社，2006.
[3] 刘翔鹗. 采油工程技术论文集[M]. 北京：石油工业出版社，1999.

公司科技创新的回顾与思考

罗治斌

依靠科技进步推动中国石油工业的发展是石油人的光荣传统，也是一代又一代石油人不懈的追求。"十五"以来，中国石油科技面临一系列重大变化：一是公司体制、机制发生重大变化；二是油气勘探与开发的对象越来越复杂，公司油气勘探与开发、天然气管道建设及炼油与化工业务发展都面临发展机遇期又面临多重技术挑战。在新形势下，公司领导层把"科技创新"作为公司发展的重大战略，不断加大对科技的投入。要求科技管理部门更新理念，推动管理创新，并着力调动广大科技人员积极性，集中精力投入主体技术攻关。通过上下共同努力，公司科技创新环境、科技管理体系渐入佳境，科技创新成果也十分显著，有力支撑了公司主营业务发展。

1 更新观念，理清思路，坚定不移地走科技创新之路

中国石油上市后建立了油公司体制，科技发展必须坚持"效益、效率"优先的原则，即：科技规划、计划必须紧紧环绕公司主营业务发展战略；科技发展目标必须突出重点，坚持有所为、有所不为；科技队伍的建设必须突出自己的特色和优势，并坚持对外开放；科技成果必须配套、实用，注重在生产中应用转化。

（1）按照"加强基础、超前准备、突出重点"的原则集中组织了油气勘探的理论研究和技术创新，公司油气储量进入快速增长期。

"十五"以来，公司油气勘探技术攻关做到了三个坚持：

一是坚持抓基础。在公司主管领导带领下，首先组织公司上游的力量集中进行了第三轮油气资源潜力评价，采用新思路、新方法搞清了公司油气勘探的资源潜力，并明确了主攻方向；配合国家科技部组织了我国中西部叠合盆地、天然气及煤层气等重大勘探领域的基础研究(973项目)。

二是坚持抓超前准备，由中国石油勘探与生产公司牵头，油气田参加，集中组织了"预探项目"攻关，通过加强基础工作和综合研究，研究成果为第二年物探部署和风险探井提供选择目标，为油气勘探争取了主动权。

三是坚持突出重点，把油气勘探理论研究和技术攻关的重点锁定在"岩性地层油气藏""前陆盆地油气藏""碳酸盐岩油气藏""渤海湾滩海油气藏"及"东部老区新层系新领域"，坚持不懈，多学科组合，使油气勘探理论与技术都取得重大突破和进展。

另外，在管理上实施了"勘探开发一体化"的理念，这些都为公司油气储量进入快速增长期、油气勘探进入良性循环奠定了坚实的基础。

（2）坚持"挑战极限"。集中组织油气开发核心技术攻关，油气田开发保持了稳定发展。

"十五"以来，油气开发技术攻关坚持挑战三个极限：

一是挑战水驱开发老油田高含水后期提高采收率的极限。

针对大庆油田油藏条件好，三次采油有较好技术积累的优势，以大庆油田为依托，组织中国石油勘探开发研究院、抚顺石化分公司、大庆炼化分公司及国家973项目参加单位集中进行了"三元复合驱"技术的联合攻关：通过加强基础研究，加深对化学复合驱的机理认识；完善了主表面活性剂的原料制备及产品的合成工艺，形成了强、弱碱三元复合驱的配方系列；配套进行了油藏工程、采油工程和地面工程的技术攻关，取得了较大进展。大庆油田"三元复合驱技术"已从矿场先导性试验、工业性扩大试验逐步进入工业化推广应用，应用区块总采收率达到65%～70%，为大庆油田持续稳定发展提供了重大技术支持，也为水驱开发油田高含水后期"2+3"开发战略的形成提供了理论和实践的支持。

针对大港复杂断块油田特点，集中组织了以油藏精油描述为基础的井网、层系优化调整、剩余油挖潜的技术攻关与配套，见到了较好效果，为复杂断块油田高含水后期调整提供了借鉴。

二是挑战中深层稠油高轮次吞吐后期提高采收率极限。

辽河油田以稠油热力开采为主，并且稠油油藏大部分埋藏较深。进入高轮次蒸汽吞吐后，接替技术不成熟，国外也没有成功的经验。以辽河油田为主体，中国石油勘探开发研究院参加通过加强室内物理模拟和数值模拟研究，集中组织隔热、汽水分离和分注等主体技术攻关，并加强与国外合作。经过矿场先导试验、扩大试验，中深层蒸汽驱技术取得重大进展，进入工业化应用；中深层超稠油重力辅助泄油技术（SAGD）取得重大突破，进入扩大试验阶段，预计可提高采收率20%以上，为辽河油田持续发展提供了强有力的技术支持。

三是挑战特低渗透油气藏经济有效开采的极限。

针对长庆西峰油田特低渗透储层，通过油藏精细描述，储层结构特征评价，试验配套了有效保护储层和油层压裂改造及超前注水技术，使渗透率为0.5mD的油层得到有效动用开发，已建成产能百万吨以上。

针对苏里格气田低丰度、特低渗透、储层非均质性严重的特点，公司组织联合攻关组，重点进行了气藏精细描述与储层精细评价，将储层分为一类、二类和三类，开辟小井距试验区，并对钻井工艺进行优化、地面工程进行简化，经过试采和扩大应用，使苏里格气田有效储层钻遇率达80%以上，单井日产气在$1.5×10^4$t左右，实现了经济有效开采，已建成年产量百亿立方米以上的生产能力，开创了我国致密气田经济开发的先河。

通过挑战极限、联合攻关，使我国油气田开发一路攻坚啃硬、解决重大技术问题的能力大大提升一步。使公司注水老油田改善水驱、三次采油、中深层稠油热采及特低渗透油气田开发技术水平整体处于世界前列，有力支持了公司油气田开发持续稳定发展。

（3）以"西气东输"管道建设为代表的管道建设技术取得重大突破和进展。

以"西气东输"管道建设为依托，集中组织了配套技术攻关，形成了管道选线与优化设计、材质优化与制管、减阻与防腐、穿跨越与复杂地段施工、环境与生态保护等技术系列。通过陕京二线、忠武线及兰成渝成品油管道施工，公司管道建设能进一步配套，步入国际同行前列。

（4）突出特色和优势，公司炼油化工技术取得长足的进步，部分处于国内领先行列。

重组时，中国石油的炼油化工业务整体上不具有技术优势，但部分具有自己的特色。"十五"期间采取扬长避短的策略，扩大与国内外优势单位合作。针对公司的资源特点，集中组织了油品清洁生产、重油加工、化工特色产品开发及炼化污水回用与节能降耗技术攻关和应用。大大缩小了公司炼化行业与国内外的差距，部分领域处于国内领先行列。

总之，通过"十五"科技攻关和应用，形成和优化了支持公司主营业务发展的核心技术系列，培养了一支实力雄厚的研发团队，也凝练了新的科技理念。

2 坚持管理创新，走出一条油公司特色的科技管理之路

油公司科技管理创新也是要坚持"效益、效率"的原则，做到"理念"创新、关键管理环节创新，主要做了以下几点：

（1）坚持理念创新。

油公司科技管理工作必须服务、服从于公司科技发展的重大需求，以提升科技的效率与效益为立足点。在对国外油公司广泛调研的基础上，研究提出了"立足应用，推进共享，注重创新，追求卓越"的公司科技发展理念，并反复宣传，得到了公司上下的认可。

（2）注重科技管理关键环节的创新。

① 按"统一规划、分级管理"的原则，加强对公司科技规划、计划的统一管理，减少了低水平重复。

针对公司三级管理体制的现状，采取统一制订公司科技发展规划的方式，搞好顶层设计；公司年度科技计划根据规划制订，统一下达；并明确各级职责定位，进行分级管理，即：公司的超前、共性及重大研究项目由公司科技管理部管理，生产性重大研究项目由各专业公司管理，生产型科研和试验项目由地区公司负责管理，减少了低水平重复研究。

② 推进"项目管理"，严格过程控制。

积极推进科技项目的项目管理并实行项目长负责制。项目长经过培训上岗，项目管理和运行信息载入公司项目管理信息平台。使公司科技项目逐步实现目标管理、研究过程实现里程碑控制，提高了项目运行效率和监控力度。

③ 加强对成果转化环节的管理，让科技见到实效。

成果转化是科技管理的关键环节，近几年进行了有益的探索和改进。

a. 公司设立"重大开发试验""风险探井"的专项风险资金，推进了油气勘探开发重大成果的转化。

公司在油气勘探一路增设"风险探井"专项资金，在加强风险探井前期研究工作的基础上，支持新区、新领域的风险勘探；油气田开发一路设立"重大开发试验"专项费用，支持应用前景好、相对成熟的技术进入矿场试验，效果已经显现。大庆"强碱三元复合驱"工业化试验、辽河油田稠油热采的"蒸汽驱"与"SAGD"技术工业性试验、吐哈油田三矿湖地区"超前"注水试验等，为推动科技成果转化起了重大作用。

b. 完善炼化"中试装置"建设，促进炼化科技成果转化。

公司在加强科技平台建设中集中在科技优势和特色明显的炼化企业建设一批"中试装置"，这给炼化科技成果转化起了重要推动作用。

c. 完善考核、约束制度，促进科技成果转化。

公司组织研究制订科技成果经济评估方法，并纳入成果评奖系列，对应用类成果，经济效益权重最高达 0.7。各级科技管理部门也制订科技成果转化考核办法，成果应用率要求达到 80% 以上，比过去提高 20%。

（3）重视科技队伍建设，科学定位，合理分工，形成了一支专业齐全，优势互补的研究团队。

建设一支学科配套、实力雄厚的研发团队是推进科技创新的首要条件。公司改制后，首先对石油勘探开发研究院按"一部三中心"定位。即：决策参谋部、研发中心、技术服务中心、人才培训中心，并注意在国内国外上游业务发展中培育、强化其"一部三中心"功能，经过几年发展，该院对公司上游业务发展起了十分重要的支撑作用。同时也注意加强"规划设计总院"建设，近年来又筹建了"炼化研究院""钻井研究院""安全环保研究院"和"管道技术中心"。为了加强科技基础平台建设，2007 年公司又投入一大笔经费集中加强了重点实验室和上下游的中试基地建设，使公司科研实力和后劲进一步增强。

3　几点思考

"十五"以来，中国石油已跨进世界大石油公司的前列，科技创新能力、科技管理水平有了很大的提升，但与经济全球化、科技全球化的大形势相比、与国际上成熟的大油公司相比，我们的科技工作仍有不小的差距，主要表现为：

（1）"超前技术准备"的理念需要进一步强化。

科技研发具有超前性、阶段性的特点，须要超前准备、不断积累、逐步深化。企业的科技发展首先要着眼当前，紧紧环绕公司发展战略的重大需求开展工作，但也要兼顾公司发展的中长期目标，做好超前技术准备，保证公司发展永远处于不败之地。因此，科技管理者必须具有大局意识和战略思维，制订科技发展规划时应兼顾近期、中期、远期发展目标，组织科技人员潜心研究，不断创新。

（2）"统一规划、分级管理"的模式需进一步完善。

调研国内外油公司的科技管理，基本采用"统一规划、集中管理"的模式，并都建立了完善的"知识共享"体系。由于公司实行的是三级科技管理体制，"十五"以来尽管采用了"统一规划、分级管理"的模式，但也不断暴露出统一规划、计划力度不够，力量分散等问题，不利于科技资源的集约化管理。应进一步加强对规划、计划的统一管理，完善分级管理定位，并建立完善公司"知识共享"体系。

（3）应集成打造公司世界一流的上游研究团队。

中国石油已部分拥有世界一流的油气勘探开发技术，也具备建设世界一流上游研究团队的基本条件。但与成熟的油公司相比，公司科技管理体制与运行机制、科技人员的培养与成才机制明显不适应国际化挑战。为了满足公司对国内外油气勘探与开发两个战场的需求，应着手建设世界一流水平的上游研究院的规划设计，打造中国石油的科技品牌。目前重点应突破以下几点：

① 改变对研究院资金投入模式。首先稳定科技人员的薪酬投入和科研单位事业费投

入，严格考评体系，调动各方面科研人员积极性；各类科研项目与决策支持经费的投入应严格项目制管理，专款专用。

② 研究院对科技人员实行行政、技术双系列管理，彻底打破"官本位"的行政管理模式，让科技人员潜心技术研究。

③ 理顺研究院人员补充、交流和培训机制及政策。

公司应给研究院相应政策：定期补充熟悉生产、有科研经验的技术骨干到研究院工作，也应定期选派技术骨干到一线交流、培训，改变目前"唯博士准入"的用人机制。

（2011 年 11 月）

国内陆相水驱开发
老油田三次采油的实践与思考

罗治斌

1 概况

国内油田以陆相沉积为主，构造复杂，储层非均质严重，水驱补充能量是中高渗透油藏的主要开采方式。随着老油田开采程度不断加深，改善水驱与提高采收率是油田稳定生产面临的主要矛盾和技术挑战。

（1）陆相油田水驱采收率普遍较低。

国内油田开发条例要求：中高渗透砂岩油藏水驱采收率不小于35%；中高渗透砾岩油藏水驱采收率不小于30%；断块油藏水驱采收率不小于25%。除大庆油田外，大部分油田水驱采收率小于30%（表1），把改善水驱与三次采油结合起来，各油田都有较大的提高采收率空间。

表1 陆上主要油田标定水驱采收率统计

油 田	水驱采收率(%)	水驱驱油效率(%)	备注
大庆油田	44.4	52~62	喇萨杏：46.2%
吉林油田	27.5	44~56	扶余：29.4%
辽河油田	23.3	38~52	
大港油田	27.7	48~58	
华北油田	29.3	48~56	
新疆油田	25.5	45~60	
长庆油田	24.7	37~50	
胜利油田	28.9	45~55	
中原油田	30.2	50~56	

（2）油田含水普遍上升较快。

由于储层非均质严重，水驱低效、无效循环不断加剧，"十五"以来，中高渗透油藏综合含水陆续达90%以上，可采储量采出程度也达70%以上，大部分老油田已进入特高含水、特高采出程度的"双特高"开采阶段(表2),开采效率普遍较低。

表2 注水开发油田分阶段参数表

阶段	含水范围(%)	水驱储量控制程度(%)	可采储量采出程度(%)	备注
低含水期	0~20		15~20	一次井网
中含水期	20~60	80	30~40	二次加密调整
高含水期	60~90		70	
特高含水期	>90	>90	>70	条件具备,应转入三次采油

(3)老油区新增可采储量不断减少,储采失衡加剧。

由于老区探明程度不断加深,自"九五"以来,老油田新增探明可采储量呈台阶式下降(图1),水驱储采平衡系数只有0.45左右,油田稳产基础逐步变差。

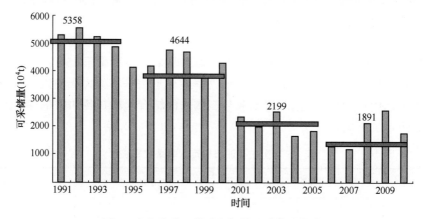

图1 中高渗油区分阶段新增可采储量统计

为了保证国内原油产量稳定,特别是老油田稳定生产,推进老油田三次采油技术攻关与应用,并实施"二次开发与三次采油结合"模式,是实现老油田大幅度提高采收率的重大战略。

2 化学与化学复合驱核心技术攻关与应用

自"九五"以来,中国石油发挥了公司整体优势,以大庆油田为依托,组织中国石油勘探开发研究院、各油田及相关炼化分公司,集中开展了化学与化学复合驱核心技术攻关、试验与推广应用,化学与化学复合驱应用规模与配套技术整体处于国际领先水平。

2.1 国内陆上油田三次采油潜力评价

20世纪80—90年代,美国在水驱开发老油田三次采油方面进行了化学与化学复合驱的探索和试验,主要有:胶束—聚合物驱、聚合物驱、碱驱、表面活性剂驱、微生物驱等,后期又进行了碱+低浓度表面活性剂+聚合物的三元复合驱研究,但随着油价下调,上述工作几乎停止。

受国外化学驱研究与试验的启发,参照国外评价方法与标准,1998年中国石油天然气总公司集中组织对国内陆上 17 个油区 101.4×10⁸t 储量进行了第一轮三次采油潜力评估。对其中 80.6×10⁸t 储量的三次采油技术及应用潜力进行了初步筛选：适合化学及化学复合驱储量 61.73×10⁸t，占 77.4%。主要采用聚合物驱、二元复合驱（碱+聚合物）、三元复合驱（碱+表面活性剂+聚合物），预计可提高采收率 9%~19%（表 3）。首次明确了国内中高渗透水驱开发油藏以化学与化学复合驱为主导的三次采油方向。

表 3　三次采油潜力评价表

三采方法	覆盖储量（10⁴t）	提高采收率（%）	备注
聚合物驱	290505	9.7	
二元复合驱	14145	13.1	碱+聚合物
三元复合驱	312686	19.2	碱+表面活性剂+聚合物
合计	617336		

2.2　化学与化学复合驱的主化学剂产品的自主研制及工业化生产

推动化学与化学复合驱技术的规模化应用，首先要解决主化学剂原料就地供应，产品本地工业配套生产问题。

2.2.1　新型聚合物的研制与生产

中高渗透水驱开发油藏普遍存在地层水矿化度高、部分油藏地层温度较高等问题，国产聚合物基本不适应，初期聚合物驱试验用聚合物只能从国外进口，价格、质量受制于人。

通过组织自主攻关，大庆炼化分公司研制出高分子、超高分子抗盐聚合物系列产品，并实现了工业化生产；中国石油勘探开发研究院研制出 KYPAM-2 高分子量梳形聚合物、GL-45 中低分子量缔合型抗盐聚合物。基本满足了大庆油田等油田化学及化学复合驱对聚合物的需求。

2.2.2　化学复合驱主表面活性剂的研制与生产

（1）重烷基苯石油磺酸盐的研制与生产。

20 世纪 90 年代末大庆油田从国外引进了强碱三元复合驱技术，小井距现场试验可提高采收率 20% 左右，效果十分明显，但主表面活性剂受制于人，应用规模难以做大，自主研发势在必行。

采用产学研结合模式，选择抚顺石化生产的重烷基苯为原料，在烷基苯纯化学结构分子合成评价的基础上、对重烷基苯原料组分进行了精细分段磺化评价，优选出重烷基苯中有效结构组分，采用"分段切割、分段磺化"工艺，在大庆油田化工集团东昊公司建成了 5×10⁴t/a 重烷基苯石油磺酸盐的生产能力，支撑了大庆油田强碱三元复合驱技术的工业应用。

（2）石油磺酸盐的研制与生产。

弱碱三元复合驱的主表面活性剂是石油磺酸盐，按照"相似相容"的原则，拟采用大庆油田原油炼制的馏分油为原料生产石油磺酸盐，使驱油过程具有更好的配伍性。中国石油勘探开发研究院对炼制大庆原油的炼厂进行了馏分油的系统取样评价，发现采用正序脱蜡工艺生产的馏分油芳烃含量较低，不适合生产石油磺酸盐。在大庆炼化公司改用反序脱蜡工艺后生产出高含芳烃的馏分油，并优化了降膜式磺化工艺，已建成 12×10⁴t/a 石油磺酸盐生产能力；克拉玛依石化公司利用环烷基稠油减二线馏分油为原料，建成了 5000t/a 石油磺酸盐生产能力；胜利油田利用本油田环烷基石油馏分油，采用连续釜式磺化工艺，建成了 $5 \times 10^4 t/a$ 石油磺酸盐生产能力；石油磺酸盐工业化生产支撑了弱碱三元复合驱技术的工业化应用，并具有原料充分、成本低廉的优势。

2.2.3 水驱开发老油田"二次开发和三次采油结合"的开发模式

老专家现场调研发现：水驱开发老油田进入"双特高"（特高含水、特高采出程度）开发阶段后，单一进行"二次开发"的井网加密、层系调整和单一的三次采油都存在较大技术和经济风险。研究提出了"二次开发"与"三次采油"结合，即"二三结合"的开发模式，实践证明是高效可行的，具体内涵包括：

（1）按系统工程把油田二次开发的"精细水驱调整"与三次采油的"化学及化学复合驱"有机地结合起来，做到统一规划、统一顶层设计、分步实施。

（2）首先在油藏精细描述的基础上，按"化学复合驱"的要求做好井网整体加密、层系细分的设计，包括：

① 优化井网、井距，首选五点法面积井网，确保井网对油藏的控制程度在 70%~80% 以上；

② 优先更新套损井，确保注采井、特别是注水井井况完好；

③ 合理细分层系，对上下返层共用井网的区块，须优化新井套管的钢级与壁厚。

（3）优先组织好二次开发"精细水驱"工程实施，把细分层注水、深度调剖等结合起来。大庆油田"精细水驱"试验已证实，该阶段可提高水驱采收率 4%~6%，有效周期 2~3 年。

（4）适时转入化学复合驱，要求采用主体技术提高采收率在 15%~20% 以上，采用"二三结合"开发模式提高采收率 18%~25%。

2.2.4 化学与化学复合驱主体技术的应用

自"十五"以来，中国石油以大庆油田为依托，集中组织了化学与化学复合驱主体技术试验、应用与工程配套，形成较大规模的工业生产能力。

2.2.4.1 聚合物驱油技术配套与应用

（1）技术配套与应用。

① 完善了聚合物驱注采工艺、含聚污水处理工艺与流程。

② 大庆聚合物驱动用储量 $10 \times 10^8 t$ 以上，年产油保持 $1000 \times 10^4 t$ 以上，累计增油 $1.26 \times 10^8 t$ 以上。对聚合物驱失效的油区统计，总采收率达 56.1%，提高采收率 13.1%，是近年来大庆油田持续稳产的主要支撑。

③ 新疆油田实现 $30 \times 10^4 t$ 聚合物驱工业应用，预计提高采收率 11.7%。

④ 大港油田开展高矿化度污水聚合物驱工业试验，提高采收率 7%~10%。

⑤ 胜利油田动用储量 $6.0 \times 10^8 t$，提高采收率 7%~12%。

（2）应用评价。

① 聚合物驱体系主要功能是调整油水流度比，增加驱油效率作用有限，提高采收率在 6%~13%，难以大幅度提高采收率。

② 聚合物驱后剩余油饱和度为 37%~50%，强水洗段只占 30% 左右，进一步提高采收率的潜力仍较大，但剩余油也比较分散。

③聚合物驱后产生优势通道井组占 87.5%，其厚度为 12.8%，吸水比例占 60%；由于

大孔道的普遍存在，聚合物驱后开展了高浓度聚合物驱、强碱与弱碱三元复合驱试验，再提高采收率10%的目标难以实现。聚合物驱后"第二轮三次采油"或"四次采油"面临更大技术挑战与经济风险。

2.2.4.2 强碱与弱碱三元复合驱油技术配套与应用

（1）技术发展与应用。

① 发展完善了体系注入、井筒防垢举升工艺；突破并配套了采出液破乳、电脱、污水净化等工艺与流程；支撑了三元复合驱工业规模应用。

② 大庆油田投入三元复合驱储量 $1.61×10^8$ t 以上，年产油 $400×10^4$ t 以上，累计产油 $1600×10^4$ t 以上，提高采收率 18.3%~26%，是油藏条件相当聚合物驱的 1.5~2 倍以上，总采收率达 65%~70% 以上，其中：北一区断东强碱三元复合驱"2+3"阶段采出程度 31.86%，总采收率可达 71.67%；北二西二类油层弱碱三元复合驱"2+3"阶段采出程度 33%，总采收率可达 73%。

③ 在新疆油田六中砾岩油藏开展了弱碱三元复合驱先导试验，提高采收率 24% 以上。

（2）应用评价。

大庆油田强碱与弱碱三元复合驱规模应用证实：三元体系超低界面性能稳定，由于碱的皂化作用体系乳化功能也较突出，体系驱油效率高，可大幅度提高石油采收率，但进一步发展面临新的挑战与选择。

① 强碱三元体系中的 NaOH 对地层中矿物具有较强的溶蚀作用，造成井筒结垢和采出液中溶硅存在，给油井举升和污水净化处理带来较大技术和成本挑战；另外，强碱体系主表面活性剂原料重烷基苯数量有限，规模也难以做大。

② 弱碱三元体系中的 Na_2CO_3 对地层溶蚀作用较弱，工程配套技术相对简单，主表面活性剂原料也比较充分，应是重点做大、做强的主体技术。

2.2.4.3 聚表剂深度调驱体系试验

（1）技术特点。

聚表剂体系是一种新型结构的多元接枝共聚物，在低浓度体系下具有乳化原油、洗油和对特高渗透段封堵的功能，并具有耐温、抗盐特性。

（2）现场试验。

① 在大庆油田中区西部 pt 区深度调驱试验，中心井含水下降了 14.6%，稳定了 42 个月，提高采收率 23.8%。

② 在大庆油田聚合物驱后深度调驱试验，中 216 站 150m 试验区压裂后含水下降了 7.8%，阶段提高采收率 12%；

③ 在哈萨克斯坦 KBM 高渗透常规稠油油田开展深度调驱试验：注入体系 0.06PV，试验区 3 口注水井注入压力由 0 上升到 2~3MPa，并保持 4 年以上，累计增油 9486t，平均吨化学剂增油 57t。

（3）应用评价。

该体系乳化功能优越，由于是单剂，注入和地面工艺也比较简单，通过扩大试验，可形成辅助水驱、化学驱及化学驱后的"多段塞分级深度调驱体系"。

3 内源微生物采油技术发展与应用

2000年，中国石油与俄罗斯科学院合作开展了内源微生物采油技术研究与试验，经国家973计划和863计划重点项目的支持，已形成了以生物化学理论为基础低成本的"内源微生物采油技术体系"，这是三次采油的补充，也是"四次采油技术"之一。

3.1 内源微生物采油优势

（1）水驱开发油藏内富存以石油烃氧化菌为主的内源微生物群落；通过定向激活，其代谢产物生物表面活性剂与生物气等具有较强的乳化携油、降解与增能等功能，可显著提高石油采收率。

（2）体系具有操作简单、成本低的特点，并可以多轮次、长周期运行，在低油价条件下，可作为低成本采油技术推广应用。

（3）经初步评价：油藏温度低于70℃的中高渗透与低渗透水驱油藏、化学驱后的油藏内都赋存丰富的内源微生物，覆盖国内储量73.6×10^{8}t，该技术在中低温水驱开发油田可广泛应用。

3.2 内源微生物三次采油应用

3.2.1 中高渗透水驱老油田内源微生物驱

（1）大港油田孔二北断块先导试验。

试验区11注22采，先后注入铵盐159.8t、空气22.62×10^{4}m^3，油井自然递减明显减缓，累计增油6.7648×10^{4}t，桶油增加成本2.5美元/bbl，投入产出比1：8.8。

（2）新疆油田砾岩油藏矿场试验。

① 六中区试验，4注7采，井距125m，在注入激活体系0.06PV条件下，含水由78.3%下降为61.8%，所有油井均出现乳化现象。试验区自然递减明显减缓，已累计增油7803t，阶段提高采收率5.1%，成本控制在20美元/bbl以内。图2所示为六中区矿场试验效果。

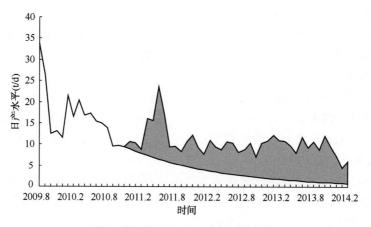

图2 新疆油田六中区矿场试验效果

② 七中区试验，4注11采，井距200m，注入营养体系和空气0.2PV，阶段增油25586t，提高采收率5.6%，桶油操作成本小于20美元。

（3）华北二连宝力格油田"微生物+凝胶调剖"复合驱。

① 针对宝力格油田微生物驱采出污水中菌浓较高的特点，在污水处理站后增加地面发酵装置，实现了微生物驱采出液循环注入，在油藏内形成有效的"生物反应器"。

② 针对因储层非均质性造成的微生物窜流问题，配套了凝胶调剖工艺，形成了有效的"微生物+凝胶"复合驱油体系。

③ 试验区覆盖 71 个注采井组，已注入 0.01PV，平均年递减降低 6.5%，综合含水下降 6.91%，实现了巴 19 和巴 38 区块连续三年稳产，阶段提高采收率 7.3%，操作成本控制在 20 美元/bbl 以内。图 3 为宝力格油田巴 19 油藏产量预测曲线。

二连宝力格油田的经验可在地面具有独立系统的油区推广应用，扩大微生物驱油技术应用规模。

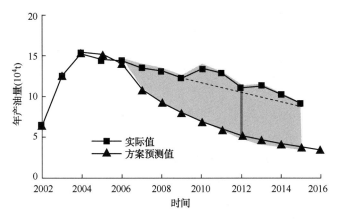

图 3 宝力格油田巴 19 油藏产量预测曲线

（4）大庆油田聚合物驱后"内源微生物驱四次采油"先导试验。

① 化学驱后内源微生物驱分布特征。聚合物驱后油藏中仍分布内源微生物采油功能菌，菌浓为 $10^1 \sim 10^6$ 个/mL，生物代谢产物表面活性剂乳化功能显著、生物气的增能作用明显。

② 聚合物驱后内源微生物驱先导试验。大庆油田萨南南二区聚合物驱后采出程度 61.9%，含水 95.9%，选择了 1 注 4 采内源微生物驱先导试验，阶段增油 6243t，提高采收率 3.93%，投入产出比为 1∶6.38。

③ 聚合物驱后"内源微生物驱油"试验为化学驱后"四次采油"提供新的思路与模式，如增加注空气补氧，效果会更好。

3.2.2 低渗透、特低渗透水驱油藏"生物复合剂驱油"试验

低渗透、特低渗透水驱油藏同样赋存丰富的内源微生物群落，采用内源微生物和生物剂驱油具有可行性。

（1）长庆油田生物复合剂辅助水驱试验。

① 组织对长庆王窑、五里湾等油区内源微生物进行了初步筛查，发现烃氧化菌、发酵菌等采油功能菌丰富，最高达到 10^5 个/mL，经室内培养，乳化现象显著。

② 在华庆油田白 153 区中西部长 6 开展 3 个井组的生物化学剂水驱试验，受效油井递减降低、累计增油 2889t，见到初步效果。

（2）延长油田生物复合剂辅助水驱试验。

① 利用筛选的微生物地面发酵生产生物复合剂，该体系具有较好的乳化携油与改变油藏润湿性功能。

② 在杏子川油田王 214 试验区开展 9 注 43 采生物复合剂驱油试验。累计注入 0.5PV，注水压力降低 50%，平均单井增油 35%~50%，累计增油 4.14×10^4t，提高采收率 7%。

3.2.3 稠油热采油藏高含水期内外源微生物组合冷采试验

国内稠油油藏大多进入注蒸汽开采后期，油井普遍处于高含水、特高含水状态，热采效率较低。通过筛选具有烃降解功能的外源微生物与生物复合剂，可形成内外源结合的稠油"微生物冷采技术"。

① 辽河油田针对稠油高轮次吞吐低效井实施微生物复合吞吐试验 25 口井，阶段增油 3927t，投入产出比 1∶5，桶油成本小于 10 美元。

② 在新疆新春油田特稠油停产井开展了微生物复合吞吐试验 2 口井，其中 CFP6-P48 井恢复正常生产后，含水最低降低至 20%，已累计产油 3816.38t，平均日产油 9.64t，投入产出比为 1∶10。

③ 在克拉玛依油田稠油六浅 1 区开展 2 口井生物复合吞吐试验：HW6q13 井恢复自喷生产，产液量为 35t/d，含水 47%。

④ 在胜利油田水驱常规稠油低效井实施微生物复合吞吐 15 口，其中 14 口井见到效果，平均单井增油 293t，投入产出比为 1∶5.8。

稠油内外源结合的微生物吞吐复合开采技术为特稠油热采后进一步提高采收率提供冷采和"四次采油"开发模式。

4 对国内三次采油技术进一步发展的思考与建议

随着化学与化学复合驱油技术的发展成熟，应认真总结经验与教训，从公司层面对化学与化学复合驱主体技术发展与应用进行统一规划，明确合理的应用规模，并对各油田应用的主体技术进行界定，淘汰低效技术，实行化学驱主体技术更新接替，确保公司中长期稳健发展。

4.1 化学驱主体技术定位建议

中高渗透水驱开发老油田化学驱油主体技术应按采收率最大化和经济有效的原则进行定位和选择。

4.1.1 提高采收率要求

（1）三元复合驱提高采收率 18%~20%，"2+3"阶段提高采收率 23%~25%。

（2）无碱二元复合驱提高采收率目标在 15% 以上，"2+3"阶段提高采收率 20% 以上。

（3）聚表剂深度调驱提高采收率目标在 15% 以上，"2+3"阶段提高采收率 20% 以上；

4.1.2 化学驱主体技术的选择

随着化学驱油技术体系的发展成熟，应从公司层面对化学复合驱主体技术进行界定，淘汰低采收率的技术，实行化学驱主体技术更新接替。

（1）聚合物驱。聚合物驱不能实现大幅度提高采收率的目标，随着三元复合驱油技术的成熟，聚合物驱油不应再扩大应用规模，特别是中渗透油藏不宜再推进聚合物驱，聚合物驱应逐步退出化学驱市场。

（2）三元复合驱。重点配套完善、推广弱碱三元复合驱油技术，并优化配方体系，提升驱油效率；弱化强碱三元复合体系应用规模，并逐步退出化学驱市场。

（3）聚表剂是一种新型结构的深度调驱体系，具有较强的乳化功能，抗温耐盐性能好，应扩大应用规模、加快技术配套，形成新型"深度调驱体系"。

（4）二元复合驱油体系目前还处于攻关试验阶段，不宜规模应用。应重点加强主表面活性剂乳化功能研究，形成新型驱油体系。

4.2 集中组织化学复合驱第三代技术攻关与配套建议

（1）大庆油田聚合物驱后进一步提高采收率技术。

（2）大庆油田三类中渗透油藏大幅度提高采收率技术（15%以上）。

（3）高温、高盐油藏大幅度提高采收率技术。

（4）复杂断块油藏提高采收率技术。

4.3 进一步推动微生物采油技术的发展与配套建议

（1）按"二三结合"模式，扩大中高渗透油藏内源微生物驱油工业试验，提高采收率10%~15%，配套形成低成本的三次采油技术。

（2）在井网与裂缝匹配条件下，推进低渗透、特低渗透油藏内源微生物和生物复合剂驱三次采油技术试验，提高采收率8%~10%，形成新型三次采油技术。

（3）扩大稠油油藏热采后期微生物冷采技术试验，并实施区块综合治理，提高采收率5%~8%，形成低成本的三次采油技术。

实践求真　开拓创新

谯汉生

1　实践——认识之源　求真之本

世界经济与人口迅速增长以及频发的战争，造成了对石油产品的过度消耗，也刺激石油产业蓬勃兴起。在油气风险勘探的早期阶段，钻采活动大多是探索与冒险交织的产物。当时工业尚不发达，石油地质理论处于萌芽时期。矿主和技师们主要依靠追踪油气苗，在其周围用简单的工具钻探浅井。他们的冒险活动，在世界各地留下了许多成败仅一念之差的传奇，而令人惊叹不已。在欧美有扔帽子定井位的传说；在中国四川自贡，也有"磨子井"的故事流传至今。即便如此，聪明一点的冒险家也会摸着石头过河，打一口井，认识一步，前进一步；再打一口井，再认识一步，再前进一步。凭着积累起来的经验与逐渐清醒起来的认识，从必然王国向自由王国探索前进。

现代油气勘探强调科学性，避免风险性与盲目性。可以毫不夸张地说，现代油气勘探庞大的系统工程本身就是不断发展的探索世界—认识世界—改变世界的科学进程。因为油气勘探首先需要人们对尚未发现石油的地区做出科学的预测。预测在何处、埋深多少、有何种类型油气藏、规模大小、有何经济价值，风险有多大等。但是，任何科学的预测评价都不可能是天生就有的，它必须来源于人们先前的勘探实践经验、理论认识的积累以及预测评价方法的试验与集成。这些来源于实践的经验、理论或技术方法，都必须应用到实践中去，接受更广泛更深入的勘探实践的检验，以验证它们是否具有科学性、预见性和准确性；并且发现新的矛盾，总结出新的成功经验或失败原因，以期进一步修正和发展石油勘探理论与预测评价方法，达到更快捷更经济地发现更多油气田和油气储量的目的。不难看出：实践—认识，再实践—再认识，正是我们认识石油、发现石油、开采石油、进而更好地利用石油，为人类造福的根本途径。

1996 年 6 月，我们一行顶着炎炎烈日，从山东东营到湖北潜江参加江汉油田会战。江汉盆地的潜江凹陷，主要为含盐沉积。其西北部近物源，主要为碎屑岩或碎屑岩与膏盐互层；其东南部无砂岩分布，为大套盐韵律层。潜江凹陷少背斜带多斜坡带与洼陷带。勘探一展开，三个背斜构造即各见分晓。王场背斜，在盐韵律夹层中发现背斜砂岩层状油藏；光明台背斜，发现翼部砂岩上倾尖灭油层；潜江背斜，位于区域砂岩尖灭线外，潜江组无油层。可以说整个勘探形势面临着必须打破常规，在勘探早期寻找地层岩性油气藏的紧迫感与科学技术挑战。面对这样的难题，在全区开展了砂岩、鲕灰岩、膏盐等沉积岩石学的基础研究和以预测评价岩性油藏为主的综合研究。一方面，研究砂岩搬运、卸载、厚度变化和尖灭的规律；另一方面，深入分析总结潜北地区岩性油藏勘探成败的经验。在此基础上提出了两点重要认识：（1）面迎物源的古隆起前缘是区域性砂岩上倾尖灭带，有利于岩性圈闭的形成；（2）砂岩等厚线与构造等高线交切常形成岩性圈闭。指明了潜北区岩性油藏勘探方向与预测评价岩性油藏的基本方法。不久在该区的黄场与王、广、浩构造带前缘，通过综合评价预测与"蔓延式"打井方法发现了一系列岩性油藏，打开了勘探新领域。

2　系统深入分析事物本质　全面综合提高认识水平

现代石油勘探的科学性，主要来源于对地下各种资料信息的综合研究。所谓石油地质综合研究，就是研究沉积盆地中油气运动方式与油气分布的科学。油气在沉积盆地中生、运、聚、散等运动方式的研究，建立在各相关学科(构造、地层、沉积、储层、有机地球化学、油气藏等)的专门研究与系统研究之上。特别强调由表及里、由特征到本质、由宏观到微观、层层深入的研究方法；最终形成完整的基础理论系统。而油气在沉积盆地中空间分布规律的研究，需要石油地质各相关学科相互渗透、相互印证，并与地球物理等方法技术相互结合起来，践行从特殊到一般，由个性到共性，从局部到整体的研究进程。达到既能正确认识和正确解释客观世界的理论高度，又能从已知推未知，科学预测油气在沉积盆地中的空间分布，并且经受得起钻采等工程实践的检验，发现新的油气田(藏)。

前几年我们在"中国东部深层石油地质"项目研究中，就特别注意分析与综合、宏观与微观的结合。一开始就分别从地层(年代地层、古生物地层)、构造(区域构造与石油构造)、沉积相、沉积层序、储集岩石、有机地球化学、深层成藏机制与油气资源评价等多方面入手，对深层的成油地质条件进行了系统深入的分析解剖，从中发现了深部储层与成藏机制的研究是深层油气勘探的关键。通过对深层各类油气藏的解剖发现，深层烃源岩的生烃过程，基本上是高温高压条件下生烃排烃的过程，因此，处于压力释放带上的圈闭，更有利油气运移、聚集。首选目标应为不整合与同生断裂附近的潜山孔洞缝发育带与高压岩性油气藏等。10多年过去了，在东部深层已发现了一系列中、低位序的潜山油藏与潜山内幕油藏，以及成群的岩性油气藏；科学认识与预测都经受住了勘探的检验，对东部深层的科学认识正在不断发展和深化。

3　独立思考　发展创新

人类的科学技术是不断发展、不断前进的，永远也不会停留在同一个水平上；永远也不会在达到一个所谓的"顶峰"之后，就再也没有比它更高的高峰可以攀登的的"神话"。总是山外有山、天外有天。科学真理的发现，科学技术的发展，永远也不可穷尽。

因此，科学技术工作者首先要不断解放思想，善于独立思考，勇于打破传统的固有的思维模式和思维方法。我们既珍爱书本和尊敬师长带给我们的知识，但更爱真理，更希望有所突破、有所创新。因此，在科研中要大胆质疑，突破传统知识可能存在的各种局限性。提倡"标新立异""力排众议"和"独树一帜"，勇于开拓前进，坚定地走发展创新之路。

1941年，潘钟祥先生在美国发表论文"中国陕北和四川白垩系石油非海相成因问题"。第一次明确提出我国"陕北发现的石油无疑是非海相成因的"，"从四川白垩纪地层得到的石油可能来自自流井石灰岩，一般也认为它是淡水成因的"。一石激起千层浪，潘先生的论文在当时石油海相成因学说占统治地位的欧美及中国学术界，产生了巨大的影响。在今天看来，潘先生的科学精神最可贵之处是不唯洋、不唯书、不唯师；完全从科学实践出发，从科学论据出发，独立思考，大胆提出自己的真知灼见，率先开陆相生油学说之先河。这种创新的科学精神，追求真理的科学精神，应该值得我们永远记取。

4 充分掌握和研究相关资料信息充分发挥科研团队技术专长与整体优势

充分掌握和研究各种相关资料信息是开展石油地质科学研究的首要任务。只有弄清楚了研究对象的历史与现状，静态与动态，存在问题与科技关键，才有可能找到攻克科技难关的突破口，才有可能找到正确的科学技术方法进行攻关，做到有的放矢。尤其是对于石油、气象、农林、水利、经济、军事、社会等学科，本身都是系统工程，包罗万象的资料信息十分庞杂，涉及的学科与工程技术非常广泛，尤其要强调对研究客体所有资料信息的充分掌控，并进行透彻的分析，这不仅是方法论的要点之一，也是实践论和认识论的要点之一。

为了解决现代科学技术研究中的一系列问题，首先需要选择一个好的科技团队。这个团队要科学技术配置合理，不仅在主要学科的专长上具有科学技术优势，而且在相关学科与技术的配合上具有整体优势。团队中的主要技术骨干，应该是坚忍不拔、善于潜心研究、善于攻克难关的各学科或工程技术领域的专家；团队中的首席科学家，应该是主要学科方面的领军人物，同时又是善于综合研究和各学科相互协调的高端人才。同时，整个团队要同心协力、团结一致、不谋名利、不图钱财，为了科学真理的发现和工程技术的发展而造福人类，为了发展祖国的科学技术事业而艰苦奋斗，不断攀登新的科学技术高峰。

引进、消化吸收再创新是
赶超世界先进水平的捷径

丁树柏

本人从事科研工作 45 年了，回顾自己所走过的科技工作历程，有两个最深的体会，供同行们参考。

一是，要想做好科研工作，并能取得好的业绩，必须学习和掌握科学的思维方法和科学的科研方法，不断提高自己的科学思维能力和水平。

我们所从事的科研工作就是认识世界和改造世界的过程，在具备多方面科技知识的基础上必须学习一些哲学知识，因为哲学可以帮助人们更好地掌握和运用具体的科学知识、专业知识，更快地有所作为，因此哲学被人民称为"智慧学""明白学"。学懂了哲学脑子就灵，眼睛就亮，办法就多。这是做好科研工作之本，取得科技成果之源。

二是，有些科学技术与国外发达国家差距较大时，我们不用从头来，采用"拿来主义"，采取引进、消化吸收、再创新的方式是赶超世界先进水平的捷径。在本人的科技工作中，有幸参与了两次对美国先进技术的引进，第一次是石油化学工业部于 1975 年引进美国"地震勘探数据处理"新技术，第二次是石油工业部勘探开发研究院于 1981 年引进美国"卫星遥感"新技术，这两项引进新技术工作，给我留下非常深刻的体会，本文通过这两个案例谈谈自己的体会。

1 中国石油地震勘探技术的发展掠影

本人 1970 年 6 月毕业后分配到辽河油田参加辽河油田会战。时任 2271 地震队解释组长。承担地震勘探"多次覆盖新技术"在辽河油田的推广使用工作。当时推广的新技术只有 6 次覆盖、12 次覆盖，最多 24 次覆盖，野外采集数据是用国产的地震模拟磁带仪。当时非常向往，野外数据采集仪器能从模拟磁带发展到数字地震仪，室内处理能从磁鼓回放仪发展到计算机数字处理。到了 1974 年，燃料化学工业部物探局引进了海上地震船，利用我国自行研制的 121 计算机、150 计算机成功地处理出我国第一条数字地震剖面，效果比以前的模拟信号生产的地震剖面有明显的提高。1975 年，石油化学工业部领导高瞻远瞩，从美国引进了 1704 计算机，从法国引进了 338B 野外地震仪、震源车。从石油地球物理勘探局、辽河油田、大港油田、四川油田、胜利油田借调 300 余人在北京规化设计总院地质楼成立了"数字会战指挥部"承担消化、吸收从国外引进的地震勘探的新设备、新技术工作，从此拉开了中国地震勘探走向数字化的序幕。本人有幸被借调到北京"数字会战指挥部"地震数字处理验收组，负责引进地震处理软件的验收工作。在此期间，本人消化、吸收了美国 1704 计算机地震处理上百个软件的功能模块，在美国专家的培训下，很快掌握引进的地震数据处理技术。从此用这些引进设备处理我国陆上、海上大批的地震勘探资料，使地震勘探技术明显往前迈出一大步。在使用引进国外技术的过程中，虽然地震数据的处理水平有了大幅度的提升，但是仍然不能满足我国地震探区的复杂地质情况，比如四川盆地的静校正问题，辽河油田多次反射波的问题，我国西部大倾角地层"水平叠加"的偏移问题等。在引进的地震处理软件中没有解决这些技术难题。数字会战指挥部领导组织三个攻关小组，在引进消化吸收国外软件的基础上，研发新的软件功能，来满足复杂地区地震勘探的需求。数字会战指挥部下达攻关任务：辽河攻关小组负责攻关"消除多次反射波"的研究项目；四川攻关小组负责攻关"静校正技术"研究项目；大港攻关小组负责"水平叠加偏移技术"研究项目。任务下达1年后，三个项目的攻关任务都完成了。本人是辽河攻关小组"消除多次反射波"项目攻关组组长，我利用引进的美国1704计算机的语言，编制出消除多项反射波的地震处理软件，有效地消除了辽河探区，多次反射波的干扰，提高了地震勘探水平，被辽河局评为局先进科技工作者，受到领导的表彰。北京数字会战从1975年1月一直干到1978年6月结束。引进的设备和参加会战的人员分别回到石油地球物理勘探局、辽河油田、胜利油田、大港油田，四川油田。此后，中国石油的地震勘探技术，在石油地球物理勘探局的引领下，一直坚持走引进、消化吸收、再创新之路。

转眼之间，30多年过去了，看看今天中国石油东方地球物理勘探有限责任公司（简称东方物探）的辉煌，成功研发具有自主知识产权的软件、硬件产品 Geo East 地震数据处理解释一体化软件已达到世界先进水平，今天，中国石油地震勘探技术在世界上处领先地位，中国石油地震技术已成为地质家的"眼睛"，找油找气的利器！在中国石油国内八大盆地、海外五大合作区发现一大批油气圈闭，为中国石油国内外新增油气储量提供了核心技术支撑。中国石油东方物探陆上市场份额连续9年居全球第一，销售收入居全球物探行业第三位。中国石油地震勘探技术能赶超世界先进水平，得益于走引进、消化吸收、再创新之路。

2 中国石油遥感技术发展掠影

在改革开放之初的1978年，在神州科技的春天，在石油工业部领导的大力支持下，遥感这门最年轻的学科技术被引入到中国石油勘探开发研究院，1981年，该院在国内第一家引进了美国 I²S101 卫星遥感图像处理系统和600多幅 MSS 卫星遥感数据。本人有幸参加了卫星遥感技术的引进工作，并派往美国培训卫星遥感技术。1983年，中国石油勘探开发研究院成立了专门从事遥感技术及其应用的研究机构——遥感地质研究所，自此，这门新兴的学科和技术在这块沃土上茁壮成长，为石油工业的发展做出了显著的贡献。

"遥感"从字面上可以解释为"遥远的感知"；广义地讲，非接触的，远距离探测和信息获取技术就是遥感；狭义地讲，遥感主要指从远距离、高空以至外层空间平台上，利用可见光、红外、微波等探测仪器，通过摄影或扫描，传输和处理，从而认识到地面物质的性质和运动状态的现代化技术系统。

国际上卫星遥感技术的迅速发展，将人类带入到一个多层、立体、全方位、全天候对地观测的新时代。由各种高、中、低轨道相结合，大、中、小卫星相协同，高、中、低分辨率相弥补而组成的全球地对观测系统，能够准确有效，快速及时地提供多种空间分辨率、时间分辨率和光谱分辨率的对地观测数据。

卫星遥感技术集中了空间、电子、光学、计算机通信和地学等学科的最新成就，是当代高新技术的一个重要组成部分。

中国石油卫星遥感技术经过30多年的艰苦探索和实践，走的是引进、消化、吸收再创新的道路。

辩证唯物主义世界观认为，世界是物质的，物质世界是可以认识和改造的，我们科技工作人员的使命就是"认识世界"和"改造世界"。卫星遥感技术用于认识世界和改造世界在石油工业的发展中发挥了显著的效果。

20世纪90年代，中国石油天然气集团公司的领导提出"稳定东部、发展西部"的战略，并成立了新区勘探事业部，对我国西部地区勘探程度较低的盆地进行了新一轮的石油勘探工作，卫星遥感技术起到了勘探尖兵的作用，特别是在中国石油勘探最后一块处女地——青藏高原，开展一场较大规模石油地质调查工作中，卫星遥感技术充分发挥了它们的优势，遥感图像的获取不受恶劣环境和艰险地质条件的限制，在其他勘探方法难以实现的情况下，遥感图像具有宏观、准确、多时相、快速真实的特点，将青藏地区中生界广泛出露地表、地层展布特征、构造现象在遥感图像上展现得一览无遗。

青藏高原有"生命禁区"之称，这是海拔多在5000m以上，气候高寒，封冻期长达半年之久，空气中的氧气只有平原地区的一半，八级以上大风，每年刮200多天，多数是风雪交加，用"一年一场风从春刮到冬"民谣来形容它，恰如其分。为了充分发挥卫星遥感技术的优势，中国石油勘探开发研究院遥感地质研究所四次组队赴青藏高原，先后完成了青藏高原全区及羌塘、那曲、措勤等重点盆地的遥感地质调查和遥感地质解释工作。获得了大量详实的第一手资料，野外岩石采样6680块，完成了羌塘盆地大面积的中、大比例尺的遥感地质填图，作为特提斯构造域的一部分，青藏地区的海相中生代沉积盆地的含油情况如何是人们最为关切的问题。通过遥感地质调查，青藏地区的油气资源潜力是相当巨大的，尤其是羌塘盆地和措勤盆地，具有较好的油气生、储、盖地质条件，地下有数量众多的圈闭构造，尽管受新构造活动较为强烈，但作为活动环境下相对稳定的块体，新构造运动并没有造成盆地内沉积盖层的强烈变形，因此油气保有条件也较为有利。在羌塘盆地发现了以白云岩为储层的古油藏，充分说明盆地内确定有过油气生成、运移和聚集的历史。大量的遥感图像地质解释，野外地质调查表明，在青藏高原这块广阔的大地上，丰富的油气资源正等待人们去发现，预期在高原上总有发现大油田的明天。最早应用卫星遥感技术的人们将会感到骄傲与自豪！

在黄河三角洲孤岛油田会战上，卫星遥感技术再显神通。孤岛油田于1968年发现，1970年开始大会战，孤岛地处黄河三角洲，正是黄河入海口，由于泥沙的淤积，迫使黄河入海不停地改道，人们称这种现象为黄河尾闾摆动，河道变迁这种极不稳定的滩海环境造就了这里的荒滩、湿地，芦苇杂草丛生，荒无人烟。人云："人过不停步，鸟过不搭巢，蚊莽成群"，自然环境十分恶劣。这里又成为卫星遥感技术发挥作用的阵地，利用遥感技术对黄河三角洲地区开展卫星遥感监测，利用美国20世纪70年代、80年代大量的多时相的图像，监测研究黄河泥沙淤积的数量、动态、速度、规律。利用卫星遥感图像的处理技术、解释判读技术，对黄河三角洲地区进行地形图修测，制作出一幅幅1：5万比例尺的遥感修测地形图，每年提供2~3个时相，弥补了这里没有新的地形图，只有早已过时10多年前老的地形图的困难。经监测研究发现,那时黄河每年携带流沙 10×10^8 t 左右,淤积在入海口,每年新造陆地 34km^2,其造陆速度和地形变化之快是世界之最。1987 年,我带队向胜利油田孤岛油田会战的领导汇报了黄河三角洲孤岛地区卫星遥感技术的研究成果,提供了大量会战区域的遥感修制地形图和卫星遥感图像,油田领导非常高兴,立即决定与中国石油勘探开发研究院共同应用卫星遥感技术,从此卫星遥感技术在孤岛油田的开发中发挥了显著的作用。通过对黄河入海尾闾摆动、河道变迁规律的研究,在有的地区实现人工引导黄河入海的流向,引导黄河泥沙冲淤到油田开发井的井位,达到引淤造陆,变海上钻井为陆上钻井,大幅度降低了开发成本,用卫星遥感图像修测地形图,最新、最快、最真实,用于指挥生产,用于油田开发,降低了工程成本,据会战领导估计,卫星遥感技术应用可以降低数亿元的成本。可以说在孤岛油田会战的那些年,卫星遥感技术充分显示了高新技术的作用与威力。孤岛油田经过 30 年的大会战。产量达到 500×10^4 t,为国民经济的发展做出了重大贡献!

工程类科研成果要重视向生产力转化

丁树柏

在科研工作的整个链条上，主要包含四大环节：一是科研立项；二是科研项目的研发；三是科研项目的验收评审；四是科研成果的转化推广。据我多年的体会，勘探、开发类的科研成果转化推广比较顺利，而工程类的科研成果转化推广有难度，主要原因是成果的内涵和形式有很大区别。勘探、开发类的科研成果以科研报告的形式体现，研究成果中的理论、技术、方法和工艺等可以以报告形式表达清楚，油田企业比较容易推广使用；而工程类的科研成果往往是样机、实验室中的配方、中试产品，这些成果还要经过认真地科技成果转化，研究人员必须与企业密切合作，实现产研结合，要经过中试、放大变成工业化产品，才能变成生产力。我举一个亲身经历的例子，说明工程类科技成果必须经过工业化转化才能变成生产力。

"石油钻井顶部驱动装置"（以下简称"顶驱"）是由电动机上部驱动钻具，取代柴油机带动钻机转盘的一种新装置，具有上下启动灵活、操作安全方便、生产效益高等优点，它是21世纪钻井三大技术装备之一，代表着钻井工艺技术和机—电—液一体化石油专用设备的最高水平，由于产品的科技含量高，制造难度大，长期被国外垄断。随着中国石油国际化战略的实施，大批钻井队参与海外钻井工程的投标工作，在投标中，钻井队是否配备"顶驱"成了能否中标的重要条件之一。

1987年，中国石油勘探开发研究院石油机械研究所按中国石油天然气集团公司科技发展部的指示，开始调研"顶驱"；1989年1月该所成立项目组开始研发"顶驱"；1991年1月，中国石油天然气集团公司科技发展部正式立项，批给科研经费500万元用于研发"顶驱"。项目组全体科技人员发扬大庆精神，立志赶超国际先进水平，在充分调研国外先进技术的基础上，科技人员刻苦钻研，大胆创新，机、电、液多学科密切配合，发挥团队合作的精神，奋力拼搏7年，终于研发设计出具有自主知识产权的"顶驱"。

1997年12月，中国石油天然气集团公司科技发展部组织对"顶驱"科研成果进行评审验收，李天相老部长担任评委会主席。1999年，该项科研成果被评为中国石油集团科技进步一等奖。不久，按照中国石油天然气集团公司（以下简称集团公司）领导的指示，此研究成果转给中国石油宝鸡石油机械厂推广生产，宝鸡石油机械厂制造出了几台"顶驱"提供油田使用，由于此成果过没有经过认真的科技成果转化工作，生产出的顶驱与国外产品相比，存在很大差距，不受油田欢迎，油田不愿意使用，仍然依赖进口。随着中国石油国际化战略的快速推进，集团公司规划部每年收到油田打报告购买国外"顶驱"数十台。时任集团公司规划部主任江夕根和科技发展部副主任孙宁要求中国石油勘探开发研究院研发的"顶驱"实现产业化，以取代国外进口。本人当时任中国石油勘探开发研究院副院长，主管工程一路，接受了这个任务。规划部江夕根主任指定我任"顶驱"产业化领导小组组长，于2003年

1月5日正式立项。在集团公司和勘探院领导的亲切关怀下，在多位老专家的支持下，我把当时负责研发"顶驱"课题组的全部科技人员抽调出与北京石油机械厂（简称"北石厂"）工程技术人员联合，组成"顶驱"产业化攻关组，指定北石厂厂长刘广华担任组长。项目启动之初就制定了明确的指导思想，利用中国石油勘探开发研究院自主的知识产权，选择国内、国外最好的供货商，全球采购，在北京石油机械厂设计、制造、组装、调试出世界一流水平的"顶驱"，总结成一句话："利用中国石油人的智慧，加上全球最佳元件资源，打造"北石顶驱"的奋斗目标，首先制造出三台样机，集机、电、液于一体的交流变频顶部驱动钻井装置：DQ70BS（图1和图2）。

图1　"北石顶驱"专家组讨论工作

图2　"北石顶驱"专家组研究工作

攻关组启动之日起，攻关组科研人员以只争朝夕的拼搏精神，不怕吃苦，废寝忘食，每天工作十几个小时以上，困了在办公室打个盹，饿了就吃方便面，以惊人的毅力和敢于创新的精神，用三个月的时间，设计、绘制出"交流变频顶驱"整套工业化图纸，用55天时间建成了 700 多平方米的顶驱组装厂房，从最基础的元件采购，到顶驱的组装调试，仅用 1 年零 10 天，便完成了三台 DQ70BS 顶驱的生产制造，实现了当年立项、当年开工、当年出成果的目标(图 3)。2004 年 1 月 15 日，通过了集团公司科技发展部组织的专家测试评审，专家组一致认为北石顶驱达到了三个一流：综合性能国际一流、顶驱的配置国际一流、顶驱的外观国际一流。专家测试评审后立即发送新疆等油田现场进行钻井生产，接受考验。半年后，三台样机分别在新疆霍尔果斯地区霍 001 井、高泉 1 井以及巴基斯坦 SPA-2 井承担钻井作业，在经过了严峻工况的现场考验后，顺利完成了任务，得到了油田用户的充分认可和高度评价。用事实宣告了，北石顶驱产业化的成功，结束了顶驱配置依赖进口的历史，对中国石油钻井装备制造业具有重要意义，也标志着科研成果有效地转化成为现实生产力！以中国石油长城钻井公司为首的各大钻井公司纷纷与北石厂签定购买"北石顶驱"的合同。曾出现供不应求的好局面(图 4)。

图 3　"北石顶驱"生产调试现场

图 4　北石厂厂长刘广华与长城钻井公司签定购置合同

经过半年多北石顶驱的现场作业，已经证明了北石顶驱技术先进，质量可靠，美国Rowan公司决定购买北石顶驱。美国Rowan公司在美国纽约上市，该公司拥有37台海洋钻井平台，18台超深井陆地钻机，年营业额28亿美元。其钻井总量在美国排行第5，是美国钻井服务和钻机制造最强的公司之一。Rowan公司决定购买北石顶驱，这标志着我国自主知识产权的钻井装备研制已经具备了参与国际竞争的能力和水平！这是中国石油装备制造业重大历史性突破，也是中国石油勘探开发研究院科技成果研发，转化成生产力成功的典范！美国Rowan公司定购中国石油北石顶驱"签约"仪式在北京人民大会堂隆重举行。中央电视台、人民日报、新华社、央视国际、中国石油报等十几家媒体进行了报道。人民日报2004年12月10日头版报道了"签约"仪式(图5至图7)。

人民日报

RENMIN RIBAO

今日16版(华东、华南地区20版)

人民网网址:http://www.people.com.cn
http://www.peopledaily.com.cn

国内统一刊号:CN11-0065
第20607期 (代号1-1)

人民日报社出版

2004 年 12 月
10
星期五
甲申年十月廿九
北京地区天气预报
白天 晴间多云
降水概率0%
风向 北转南
风力 二、三级
夜间 晴转多云
降水概率20%
风向 南转北
风力 一、二级
温度 8℃/-2℃

我钻井重大装备首次出口美国

新华社北京12月9日电 (记者徐松)中国石油天然气集团公司北京石油机械厂（简称北石）9日与美国罗恩公司签订供货协议，向该公司提供由中国自主研发、代表钻井工艺技术和机电液一体化石油专用设备最高水平的顶部驱动钻井装置。这是中国钻井重大装备首次出口美国。

负责研发课题的中国石油科学技术研究院副院长丁树柏说，顶部驱动钻井装置是当今石油钻井工程界的重大前沿技术之一，迄今为止，世界上仅有几家公司能够生产顶部驱动钻井装置。此次美国罗恩公司定购北石顶驱，是拥有自主知识产权的国产顶驱首次出口，标志着中国自主知识产权的钻井装备研制已经具备了参与国际竞争能力和水平，直接进入了国际石油钻井装备的高端市场，是中国石油装备走向世界的良好开端。

美国罗恩公司总裁大卫·拉塞尔表示，经过多次实地考察与分析对比，北石顶驱技术先进，质量可靠，是所有厂家中最好的。罗恩公司愿与北石建立钻井装备方面的长期合作。

业内专家认为，北石顶驱在设计上采用了代表当前世界上顶驱发展方向的交流变频驱动技术，具有速度控制与转矩控制自动转换的优异性能，特别是上位监控系统能实时直观地给出机、电、液各系统的工作状况，具有电控系统的监控、互锁功能以及自我诊断和保护功能，可以有效防止误操作造成的故障。整套系统机、电、液信息一体化的控制技术，具有相当高的自动化程度，可以满足不同工况对转速和扭矩的要求。

据了解，北石顶驱已分别在新疆霍尔果斯地区霍001井、高泉1井以及巴基斯坦SPA—2并承担钻探作业,其良好的性价比以及稳定可靠的运行性能和完善的维护、保养服务受到了用户的高度评价。

图5 人民日报头版报道

图 6　丁树柏副院长在与美国 Rowan 公司　　　　图 7　美国 Rowan 公司定购中国石油
签约仪式上讲话　　　　　　　　　　　　　北石顶驱签约仪式现场

　　到 2014 年 6 月统计，"北石顶驱"共生产销售 500 台，以满足国内外钻井业务，平均每台售价 1000 万元人民币，销售产值已达 50 亿元人民币，而且销售量还在稳定递增，"顶驱"产品的种类更加齐全，品质不断提升。

　　图 8 是美国 Rowan 公司用购买的"北石顶驱"在美国得克萨斯州打井现场。2005 年 6 月，中国石油勘探开发研究院副院长丁树柏率团回访 Rowan 公司，听取"北石顶驱"现场使用情况，Rowan 公司评价很高："'北石顶驱'性能稳定，检修周期短。"

图 8　"北石顶驱"在美国应用现场
（左 1 是丁树柏，左 2 是美国 Rowan 公司钻井现场监督）

　　这是中国石油勘探开发研究院工程类科技成果转化成现实生产力的一个成功的例子。它说明工程一类的科技成果，要经过科研成果转化才能变成生产力。

创新、学习、坚持、勤奋是
造就优秀成果的四大必要条件

石广仁

从 1963 年大学毕业至 2000 年退休，我在石油工业计算机应用的岗位上坚守了 37 年；从退休以来，我继续从事石油工业计算机应用已 15 年了。可以说，52 年如一日地在计算机上"我为祖国献石油"。

由于大庆油田的发现，石油工业引入计算机是我国工业界采用计算机最早的部门之一；由于我是石油工业计算机应用的第一代人，所有独立研制的软件都是国内首创或国际首创。

时代在前进，我国科技工作越来越与国际接轨。我就不舍近求远，下面内容仅基于退休后 15 年的工作，因为这是我石油科技生涯中收获最大的时期，尤其是近几年来进入高峰期。具体地说，这 15 年成果体现在科技写作(均为我一个人所写)：期刊论文 36 篇(唯一作者、第一作者各半)，其中国外 9 篇；专著 5 部(唯一作者)，其中英文 2 部(国内出版 1 部，获国际书评；国外出版 1 部)。这些成果都是在方法研究、软件研制及实际应用三结合的基础上取得的。

关于科研方法的经验与教训，我有四点体会：(1)创新是科研人员的天职；(2)学习是创新的基础；(3)坚持是攻克难点的关键；(4)勤奋是完成课题的保证。最后还对科研管理提出两点建议，仅供参考。

1 创新是科研人员的天职

科研人员的任务性质可分两大类：理论与实践，或称谓科学(science)与技术(technology)。技术(technology)与工程(engineering)实际是同义词，均指科学的应用。因此，创新有两大类：新理论的提出；新技术的研发。创新是指做了前人没有做过的工作。因为立题的目的是为了创新，所以创新是课题的生命、科研人员的天职。

(1) 如何确定一个想法或成果是否创新？

人们身处于一个发达的信息时代，"秀才不出门能知天下事"已成事实。只要用关键词(keywords)在网上对著名的期刊文章、大学毕业论文、公司产品及专利进行搜索，除了阅读摘要外有必要时还要看全文，就基本可以确定一个想法或成果是否创新；若网上无老资料，可去图书馆借阅；若网上看不到全文，可请图书馆去购买。

(2) 我的两个成功例子。

[例 I] 根据他人提出的生产问题确定自己的研究题目(以"与温度全相关的超压模型"为例)。

在盆地的沉积过程中，超压的发生与变化，不仅是重要的地质事件，而且也是引发钻井事故的客观主因之一。2004 年，Bolås 等在石油地质国际权威期刊 AAPG Bulletin 上发表论文指出[1]："世界上极大多数盆地模拟系统的超压史尚未达到实用水平，主要表现在超压史的模拟结果现今值在井的多数深度上（尤其是低孔高超压地带）明显地偏离实测数据"。故我抓住这个重要问题，展开了广泛而深入的文献调研，远至 1971 年 Smith 在数学地质国际权威期刊《Mathematical Geology》（从 2008 年起改名为《Mathematical Geosciences》）上发表的文章[2]，所查阅的资料约达 100 篇。调研发现：关于超压模型，多数与温度不相关；极少数虽与温度部分相关，但孔隙流体的密度和黏度仍与温度不相关。于是我将建立"与温度全相关"的超压模型作为自己的研究题目，经过两年的艰苦工作终于获得成功，2008 年在《Mathematical Geosciences》上发表了文章[3]（3 人审稿），这是世界上第一个"与温度全相关"的超压模型，并分别成功应用于塔里木盆地库车坳陷克拉 2 井和依南 2 井，模拟的超压史现今值接近于实测数据（井下压力测试仪），即平均相对误差绝对值分别约为 3% 和 5%。

　　［例子Ⅱ］　根据自己研究过程发现的问题确定自己的研究题目（以"蒙皂石转化伊利石的溶解沉淀模型"为例）。

　　在盆地的成岩过程中，蒙皂石向伊利石转化，引起岩性的变化，影响岩性发育史。这不仅是重要的地质事件，而且蒙皂石的脱水往往产生超压，而超压是引发钻井事故的客观主因之一。我在 2000 年采用化学动力学模型计算蒙皂石向伊利石转化史的应用研究中，发现该模型的模拟结果明显地偏离实测数据，其原因是该模型存在两个缺点：两个参数（频率因子和活化能）取为常数；成岩史只与地温相关。故我抓住这个重要问题，展开了广泛而深入的文献调研，远至 1955 年美国普林斯顿大学 Frank-Kamenetskii 的专著[4]，所查阅的资料约达 100 篇。调研发现：关于蒙皂石向伊利石转化，除了上述的 1993 年 Huang 等在黏土矿物国际权威期刊《Clays and Clay Minerals》上发表的化学动力学模型[5]外，还有 2003 年 Fowler 和 Yang 在地球物理国际权威期刊《Journal of Geophysical Research—Solid Earth》上发表的溶解沉淀模型[6]，但该文偏重理论研究，既缺系列的计算公式，又无实例。经过两年的艰苦工作，我将 Frank-Kamenetskii 模型和 Fowler-Yang 模型集成为一个新的溶解沉淀模型，从而克服了化学动力学模型的两个缺点，即：将两个参数（频率因子和活化能）视为随地层变化的参数对；成岩史既与地温相关，又与沉积压实相关。2009 年在《Journal of Geophysical Research—Solid Earth》上发表了文章[7]（4 人审稿），这是世界上第一个完整而实用的溶解沉淀模型，并成功应用于塔里木盆地塔中 4 井：①模拟的蒙皂石史现今值接近于实测数据（X 射线衍射仪），即平均相对误差绝对值为 4.45%；②还指出在蒙皂石向伊利石转化的动力中，地温占 56.5% 而沉积压实占 43.5%。

　　由上述的两个成功例子可见，题目来自于实际，创新来自于调研。

2　学习是创新的基础

　　在石油工业计算机应用中，凡是计算结果要直接用于科研生产的课题都属于多学科综合研究课题。这就迫使计算机应用人员（尤其是方法软件人员）不仅要不断地更新本专业（如数学物理、计算方法）的知识，而且还要学习与课题有关的石油专业知识。这样才能不断改进方法、获得创新的主动权。所以，学习是创新的基础。

　　以上述的例Ⅰ为例，学习的内容是：（1）进一步学习固体和流体两相流动的基本压实模型(包括质量守恒法则、达西定律、力平衡方程),并以此为基础导出新的"与温度全相关"的超压模型;(2)进一步学习并分析库车坳陷的压力实测资料[如周兴熙等(2002)写的书[8]《塔里木盆地库车油气系统的成藏作用》],必要时还直接向有关专家请教。

再以上述的例Ⅱ为例,学习的内容是:(1)进一步学习各种描述蒙皂石向伊利石转化的化学动力学模型(考虑热效应)和溶解沉淀模型(考虑沉积压实效应),并以此为基础导出新的"既考虑热效应、又考虑沉积压实效应"的溶解沉淀模型;(2)进一步学习并分析塔里木盆地的黏土矿物资料[如赵杏媛等(2001)写的书[9]《塔里木盆地黏土矿物》],必要时还直接向有关专家请教。

3 坚持是攻克难点的关键

一旦难点被攻克了,就变成了亮点,也就是有了创新点。可攻克难点绝非易事,非坚持不可,决不能打退堂鼓,坚持就一定会胜利。所以,坚持是攻克难点的关键。

在攻克难点的过程中,往往失败。这时,必须在方法、软件及应用三个环节中确定哪个环节出了问题。这三环节有机联系,相辅相成,其中应用环节是检验成败的唯一标志。一旦应用出现问题,首先检查软件是否符合方法;如不符,就得修正软件。如果软件正确,就检查方法是否反映实际问题;如不反映,就得修正方法,再修改软件。这种查错工作既耗时间又伤脑筋,必须有"不获全胜决不收兵"的革命精神。

以上述的例Ⅰ为例,两个难点的攻克是:(1)寻找孔隙流体的密度和黏度与温度相关的公式,找到后放入超压方程时又要注意求解这个偏微分方程组的稳定性和收敛性问题;(2)寻找骨架流速公式,只找到1篇参考文章,且公式的表达不完整,在我推导出一个完整的公式(与孔隙度、沉积速率相关的骨架流速公式)后请文章作者(瑞士专家)审查,他回答:"我不是数学家,但你公式的物理概念是正确的",于是我将公式放入超压方程,经计算证实公式是正确的。

再以上述的例Ⅱ为例,三个难点的攻克是:(1)将 Frank-Kamenetskii 模型和 Fowler-Yang 模型集成为一个新的溶解沉淀模型,还要注意求解这个偏微分方程的稳定性和收敛性问题;(2)将两个参数(频率因子和活化能)视为随地层变化的参数对,采用最佳化方法求解这个参数对;(3)采用例Ⅰ中的骨架流速公式,使成岩史与沉积压实相关。

4 勤奋是完成课题的保证

科研人员的工作内容可归纳为两类:难点的攻克,工作量的完成。这两类工作内容反复交替着,周期地进行:一个难点攻克后,紧接着面临大量的工作量;工作量完成后,又转入下一个难点的攻克。如此循环往返,直至课题完成。每个周期中科研人员必须全身心投入。可见,创新来自勤奋,如期完成也来自勤奋。所以,勤奋是完成课题的保证。

人生活在社会,活着就要为社会做贡献。除了自己的专长外,没有其他本领去实现"我为祖国献石油"的理想,所以每天起早摸黑地钻研业务。在攻克上述的例Ⅰ两个难点和例Ⅱ三个难点的过程中,每个难点攻克都需要数周或甚至数月的时间,经常是连走路、吃饭、睡觉都想着解决问题的方案。完成工作量的所需时间比攻克难点更长,为了赶进度有时不得不在办公室过夜。得益于自己有个始终病不倒的好身体,一年 365 天都扒在办公室的计算机上，尽管如此，但手头干的活总是自己计划中半年或一年前就应该完成的。我是参加过大庆和胜利石油会战的一兵，"活着干，死了算"的豪言壮语一直铭记心间。

参 考 文 献

[1] Bolås H M N, Hermanrud C, Teige G M G. Origin of Overpressures in Shales: Constraints from Basinmodeling[J]. AAPG Bulletin, 2004, 88(2): 193-211.

[2] Smith J E. The dynamics of Shale Compaction and Evolution in Pore-fluid Pressures [J]. Mathematical Geology, 1971, 3(3): 239-263.

[3] Shi Guangren. Basin Modeling in the Kuqa Depression of the TarimBasin (Western China): A Fully Temperature-dependent Model of Overpressure History[J]. Mathematical Geosciences, 2008, 40(1): 47-62.

[4] Frank-Kamenetskii D A. Diffusion and Heat Exchange in Chemical Kinetics[M]. Princeton, New Jersey, USA: Princeton University Press, 1955.

[5] Huang W L, Longo J M, Pevear D R. An Experimentally Derived Kinetic Model for Smectite-to-illite Conversion and its use as a Geothermometer[J]. Clays and Clay Minerals, 1993, 41(2): 162-177.

[6] Fowler A C, Yang X S. Dissolution/Precipitation Mechanisms for Diagenesis in Sedimentary Basins[J]. Journal of Geophysical Research—Solid Earth[J]. 2003, 108(B10), 2509: I3-1-I3-14.

[7] Shi Guangren. A Simplified Dissolution-precipitation Model of the Smectite to Illite Transformation and Its Application [J]. Journal of Geophysical Research—Solid Earth, 2009, 114 B10205.

[8] 周兴熙, 张光亚, 李洪辉, 等. 塔里木盆地库车油气系统的成藏作用[M]. 北京: 石油工业出版社, 2002.

[9] 赵杏媛, 杨威, 罗俊成, 等. 塔里木盆地黏土矿物[M]. 武汉: 中国地质大学出版社, 2001.

（2015 年 12 月）

对科研管理的一点建议

——发挥同行专家的作用

石广仁

同行(peer)专家是指多年或近年内从事同样或同类工作的那些专家。在西方发达国家，同行专家参与的评审活动有四类：（1）国家级的立项审查(同行专家 4~5 人，审查全部材料)——审查意见(实名)全部转给申请人，一票否决(如不按审查意见进行修改)；（2）权威或著名期刊的文章审稿(同行专家 3~4 人，审查全文)——审稿意见(匿名)全部转给作者，一票否决(如不按审稿意见进行修改)；（3）著名出版社的出书审稿(同行专家 5~10 人，审查全书目录、各章摘要、部分章节全文)——审稿意见(匿名)全部转给作者，一票否决(如不按审稿意见进行修改)；（4）学术圈的评奖(学会/协会的同行专家委员会)——有些奖规定被评人自荐，也有些奖规定被评人不自荐，最高得票者获奖，结果通知获奖者并公布于众。这种评审方式的好处是：评价结果较精确、可靠，可避免粗糙、误断；以通信形式进行，可节省大量人力物力资源。因此，我们可以在立题、检查、结题、评奖这"四步曲"中逐步将现有的"以会议为主"方式改为国际上通用的"以通信为主"方式。

此点建议仅供领导参考。

（2011 年 10 月）

科学方法论的地球物理案例

刘雯林

1 应用地球物理科学的发展

（1）地震是世界上最残暴，破坏性最大的自然现象之一，有关地震灾害的描述都是极其悲惨的。多少年来，科学家们都在研究地震现象，寻求与地震斗争的方法。与此同时，许多卓有远见的科学家，对于通过地震研究地球内部情况，抱有莫大希望。俄国科学家加里清（1862—1916）就曾形象地预言：地震是短暂时间内点燃的灯，它给我们照亮了地球内部，看到那里发生了什么。这个伟大的科学预言便产生了人类赖以寻求石油天然气能源的勘探地震学。

（2）恩格斯在"自然辩证法"中指出：科学的发生和发展，从开始起，便是生产所决定的。随着人类对地下矿藏的需求，逐渐形成了一门横跨物理学和地质学的边缘学科——地球物理学。这门科学是运用物理学的原理和方法，来研究地球的科学，方法有地震、重力、磁力、电法等，这些方法在找油找气中都发挥了重大作用。

（3）从1955年开始，在广袤的东北大平原，一开始就采用先进的重力、磁力和电法综合地球物理勘探新方法，划分区域构造轮廓，圈定沉积盆地范围，预测中新生代沉积岩厚度，并发现了高台子—萨尔图重力高带和大同镇电法隆起，用少量地震剖面找到了局部构造，1959年9月26日钻探了松基3井，发现了大庆油田。

（4）同样是1955年开始，在辽阔的华北大平原采用地球物理新方法寻找地下石油构造。最初是选择重力、磁力和电法高幅度异常钻井，从河北、河南钻到山东，从华1井钻到华7井，都钻在了缺失古近系生油岩的凸起上，没有一口井钻到油层。科学抽象的结果必然形成科学概念，概念的形成标志着人们的认识从感性向理性实现了一次质的飞跃。华北石油勘探从感性向理性认识上的飞跃，出现在1960年，总结以往的科学实践，一改钻探重力和电法高幅度异常的做法，在重力、磁力圈定的东营凹陷内，选择了重力和电法显示的低幅度异常，在那儿安排了一个地震队，做了700km二维地震，发现了凹陷中央隆起带上的东营构造，1961年4月钻了华8井，钻出了工业油流，继而在1961年9月23日，在该构造上钻的营2井、喜喷日产555t高产工业油流，这还是我国第一次见到这么高产的油井，这就是胜利油田的发现。从此，拉开了华北石油勘探的大幕，利用地球物理方法寻找石油构造，通过钻井，相继发现了大港、辽河、渤海、冀中、濮阳、冀东等油田。

2 第一个案例——复杂断块油田勘探地震研究

（1）研究课题的选择都是紧密结合生产需求的。当年没有立项，没有奖金，只有生产需求，还有一群不求名，不求利，一心热衷于研究问题的学有专长的人。1964年，大庆石油勘探队伍南下，到华北进行石油大会战。石油勘探伊始，就碰到了石油构造被断层断得七零八碎，人们形容东营凹陷的破碎程度，形象地说："一个盆子摔在地上，又被踩了几脚！"因此，摆在勘探家面前的科学难题，就是怎样才能查明这一个个含油断块，使钻井钻准油层？石油工业部北京石油科学研究院王纲道总工程师和蔡陞健地球物理学家到油田，组织来自全国各地的地球物理学家，加上我们这些从北京地质学院、长春地质学院、北京石油学院地球物理系毕业的年轻人，开展了科学研究，创造性地发明和发展了一套复杂断块勘探地震新方法。用今天的眼光看这些方法，尽管显得有些土气，但其先进理念却达到了现代先进的或正在发展中的技术的科学水平。为了能用现代科技词汇理解50年前的技术创新，我用现代地球物理最新词汇诠释了当年的技术内涵。

① 解放波形——改造光电照相记录地震仪，使记录下来的反射波保持振幅，突出地震标准反射层的波形特征，在断层两侧能识别出同一个岩层的反射波来，以便于识别出断层。在现代地震数据处理中，已发展成为保持振幅或高保真处理技术。

② 面积组合——系统地调查了地面不均匀物作为二次震源，产生的干扰波，这些次生干扰波从四面八方进入地震排列，被记录下来。1968年的这次大调查，前无古人，后无来者。在以往只在测线方向上采用直线组合接收的同时，第一次提出了在垂直测线方向上，也要进行组合接收，从而组成了面积组合接收。当时设计的面积组合，垂直测线方向上的组合检波器个数和组合距离都要比沿测线方向上的组合大，沿测线方向上回到室内再组合一次，以弥补野外采集时组合的不足。如今，在塔里木库车山地地震采集中，采用垂直测线方向横向大组合，成功改善了山地地震的信噪比，已成为山地地震的一项重要新技术。

③ 干涉带对比——来自地层产状不一的复杂断块反射波干涉在一起，使解释人员面对如此复杂的波形不知应该怎么办，放弃不用这个波？不甘心！用它吧，不知怎么对比。利用模型研究和实际地震记录分析，提出了干涉带对比方法，从干涉带中识别出一个个断块反射波，使断块得到了正确解释。如今，地震数据经过计算机偏移处理，已能自动进行干涉带分解了，比当年的干涉带人工分解对比要先进多了。不过，还是不应该忘记当年的技术创新曾为复杂断块勘探立下的汗马功劳。

④ 曲射线画剖面——利用东营凹陷北部东辛油田和胜坨油田8口钻井的地震测井，建立了地层速度的连续介质数学模型，称为"华北统一速度"。采用水平连续层状各向异性介质曲射线原理，对反射波进行手工深度偏移，使断块反射归位到准确位置上去，提高了钻井准确性。这就是我国最早的深度偏移，1964年开始推广应用。此前，一直采用直射线画剖面，使断块反射向上倾方向偏移过了头儿，设计钻断块高点油层的钻井，结果却钻到前面一个断块下降盘的低部位水层中去了，我用近似公式估算这个水平位置误差为 $\Delta X = 2\alpha t_0^2$，ΔX 是水平距离(m)，α 是地层倾角[(°)]，t_0 是地震反射时间(s)。到20世纪末，地震已经完全数字化了，由于采用的是直射线时间偏移，采油厂在钻开发井时，又遇到了这个问题：设计钻断块屋脊高点油层的井，却钻到前面一个断块低部位水层中了。如今，现代叠前深度偏移技术正在推广应用中。

⑤ 断层解释模式——由于当年二维地震采集技术简单，使用的是24道光点照相记录地震仪，中间放炮，最大炮检距300m的小排列，单次覆盖，断层面对下面地层反射的屏蔽作用很强，地震剖面信噪比很低，手工画出的深度剖面上的反射层像火柴棍，断断续续，以

致都把断层画成90°直立断层。后来，钻井多了，专门作为一个研究课题，对直立断层两侧的成对儿井进行了分析，发现两口井钻遇的是同一条断层，在地震剖面上把两口钻井的断点连接起来，所有断层都是按45°角倾斜的。随后，用超声波物理模型验证了断层面屏蔽产生的挂面条儿断层现象。综合实际地震剖面，模型实验和钻井断点资料，总结出断层解释方法：紧贴断层上盘反射终断点，按45°角画断层面。断层解释模式的建立，彻底改变了华北地区的断层解释。

⑥ 断点平面连接——把二维地震剖面解释的断点投影到测线平面位置图上，断点平面连接方案可以有多种，是多解的。例如，在二维测网一个闭合圈内，假如每条侧线上发现一个断点，就有7个断层连接方案。复杂断块构造地震作图，可能是一人一个样儿，一年一个样儿，有的断层平面上像水稻田，有的像毛毛虫，究竟谁对呀？为了解决这个问题，研究了很多办法：根据地震剖面上断层的相似性在平面上连接断层；对控油断层进行断层面平面作图，通过综合多条断层解释成果修正单条剖面断层解释方案，使剖面断层解释趋于合理；对切割断块的小断层，利用钻井提供的油水关系，油层压力测试资料划分断块；在三维小三角形测网工区，把地震剖面上横向归位距离相近的反射段画入同一个断块，等等。如今，三维相干分析技术使断点平面连接变得简单了，就像一张地质露头图，使断层在平面上的分布一目了然。

在20世纪60年代，胜利油田的地球物理学家们完成的上述研究工作，较好地解决了复杂断块油田的勘探地震方法问题。著名的东辛油田，东营构造最初只是一个简单的穹隆背斜，辛镇构造是一个只有2条断层的断鼻。应用上述方法后，共解释断层198条，划分断块174个，指导了钻探部署，探明了地质储量2.4×10^8 t，建成年产油能力216×10^4 t。并相继发现开发了胜坨、永安、郝现、滨南、纯化等大中型油田。

（2）随着复杂断块油田的钻探，发现二维地震有着无法克服的缺陷：二维地震只能使断块在剖面方向上归位，无法使来自剖面侧面的断块归位到正确的位置上去，而是留在剖面内捣乱，误以为是剖面正下方的断块。在闲聊中，有人提出搬家想法，把侧面来的断块反射搬到它应该在的剖面中去。这个好思路启发人们想到，可以用"十字测深"的原理解决这个科学问题。于是，油田的地球物理学家们通过研究，设计了一种小三角形测网地震采集系统，三角形边长300m，测网每个交点都是炮点，双边接收，排列长度600m，三个方向测线夹角都是60°。对同一炮点，三个方向的炮记录上同一反射做视倾角矢量交会图，确定该反射来自哪个方向、哪个位置，多么深，然后把该反射用手工搬家到它最靠近的那条剖面中去，就完成了断块反射三维空间归位。这实质是手工两步法三维曲射线深度偏移，于1966年开始应用，1978年曾在我国第一次参加的美国地球物理学家协会年会上发表，引起震动。

（3）科学研究的基本方法是实验观察，地球物理学也不例外，我们就是用数学模型正演去观察现象，发现规律，求证方法，寻找科学问题的解决办法。勘探复杂断块油田，单纯从几何地震学角度研究问题，能力总是受到限制，正像用几何光学解释不了窄缝衍射现象，必须使用物理光学一样，要想深入认识小断块反射的物理特征，需要从波动理论入手，开展物理地震学研究，才能从中找出解决问题的办法。在地面放炮激发地震波，地震波按球面波前向地下传播，碰到一个小断块，按照物理学中的惠更斯原理，小断块上每一个小面元受到入射波激发，都将成为一个新震源，向地面发回反射波，所有面元的振动陆续到达地面，被地震检波器记录下来，就是我们在地震记录上看到的反射波。在 1967 年到 1968 年间，没有现在这样好的计算机条件，只能靠拉计算尺、查科纽卷线，用手工计算面元振动的叠加，手工绘制小断块反射振幅、到达时和波形图。制作不同倾角断块反射干涉模型，是把不同断块反射振幅的子波写在纸条子上，按到达时差拉动纸条子叠加出合成波形的。为了模拟实际脉冲波形的衍射物理特征，应用傅里叶数学变换原理，先计算几个单频正弦波的积分，再把它们叠加在一起，得到的小断块脉冲波的衍射花纹要比正弦波衍射花纹平滑。从大量正演模型总结出小断块的物理地震学反射特征是：小断块的反射波是连续反射，主体部分振幅强，向两边变成绕射波，振幅逐渐减弱，振幅衰减到主体振幅的 1/2 处，是断点。断块越小，振幅越弱。李庆忠院士把小断块反射特征精辟地概括为"一个主体，二个尾巴"。利用这些物理特征，指导了当年实际地震资料的解释，提高了解释精度。同时，也为绕射扫描叠加偏移提供了物理基础。

通过小断块波动方程正演模拟认识到，既然地面地震接收到的反射波是小断块上所有面元发出的绕射波的叠加，那么，如果我们对每个面元的绕射波，按照绕射双曲线把振幅叠加起来，不是也就恢复了小断块上每个面元的位置和强度，使小断块成像，得到归位了吗？于是，我们提出了绕射扫描叠加法，并以此为课题，用模型对方法进行了系统分析，运用了小型国产 10 万次计算机，计算出数据，再用手工绘图，进行分析。这就是我国最早的积分法偏移，完成于 1973 年。又选择过辛镇和郝家复杂断块油田的 2 条剖面进行了试验，剖面上小断块反射得到清晰显示，构造顶部原来的反射空白带也得到清晰成像，填补了空白。

1974 年 5 月到 11 月，应用国产 150 万次计算机，对胜利油田商河西地震资料进行了绕射扫描叠加试验。当年，还没有数字地震仪，用模数转换仪器把模拟磁带记录转换成数字记录，输入计算机进行处理。通过偏移归位，发现了许多高产断块，经过钻探，探明地质储量 $5400 \times 10^4 t$，建成年产 $40 \times 10^4 t$ 的油田。这是我国第一块面积二维模拟地震数字处理，证明了解决复杂断块构造问题的出路是偏移归位，要实现偏移归位就必须使用计算机进行数据处理，从而促进了计算机引进、数字地震采集和数字处理的快速发展。这次科学实践是石油工业部卓有远见的阎敦实总地质师组织的，具有举足轻重的作用！

（4）二维偏移归位虽然取得了明显地质效果，地球物理学家们在科学技术面前永远没有满足，永远有追求，认识到要认识地下这个复杂的三维世界，最终还是要靠三维地震。我们首先做了一个小断块三维模型，对三维梳状观测系统的测线间隔距离，三维两步法绕射扫描叠加进行了实验，证明了方法的可行性。然后，为了让人们能够接受，以与当年高密度二维地震相当的工作量，精心设计了野外三维采集观测系统：2 线 3 炮 48 道正交观测系统，用 2 台 24 道模拟磁带地震仪组成 48 道接收，纵向覆盖 4 次，横向覆盖 1 次，面元 $37.5m \times 50m$，测线距 300m，道距 70m，炮线距 225m，炮点距 100m，最大炮检距 1800m，面积 $30km^2$。试验区选择在胜利油田广利地区，该区已勘探了 20 年，二维构造图非常简单，仅有 3 条断层，没有发现圈闭，只是平缓的单斜，断断续续钻了 17 口井，有 7 口是油井，成功率 41%，弃之不舍，食之无味，无从下手。做了三维地震后，解释断层 31 条，断块 23 个，最小断块仅有 $0.02km^2$，发现了一个复杂断裂背斜构造，半年钻了 39 口井，钻遇油层

34 口井，成功率87%，开发了新立村油田。这是我国第一块领先世界技术水平，应用效果显著的三维地震，于1973年研究、设计，1974年初施工。查文献可知，美国于1972年发表了一个由48道接收线和48炮炮线组成的十字排列，单次覆盖面积仅2.6km²，法国也只发表了一个窄线束的宽线地震，就是我们现在在山地使用的宽线二维地震技术。遥想当年，我在技术报告会上介绍三维地震研究成果，会下有人说，他们就是发表一篇论文而已。有谁会想到，如今已覆盖了所有油田，成为油田勘探开发的基本观测方式。如果说需要总结经验的话，第一块三维地震从1974年初开始采集，1979年开始处理，到1985年应用于钻井，前后历时11年，是因为缺乏计算机和解释工作站，大部分时间处于等待和人工操作中，限制了科研工作者的能力，幸好他们还有积极进取，坚持不懈的研究精神！良好的科研条件是使研究工作正常运行的基本保证。

在研究塔里木盆地轮南潜山岩溶油气藏分布的时候，开始应用三维地震可视化技术，发现在可视化平面图上出现与数据采集系统相关的条带波纹状振幅变化，有人要做地质解释，这是我第一次发现采集系统设计不合理，留下的"采集脚印"，它将干扰三维地震的正确解释。从此力挺加大横向覆盖次数，使原来横向覆盖次数只有1~2次覆盖，增加到6~8次覆盖，从而使纵横向叠加效果接近，改变了以往把所有好处都给了沿测线方向的数据，而不顾垂直测线方向上数据死活的做法。到如今，三维地震已由第一块三维地震48道接收增加到数千道，最高7680道，面元由37.5m×50m缩小到平均20m×20m，最小10m×10m，成像道密度由2133道/km²，增加到平均20×10⁴道/km²，最高达128×10⁴道/km²，大幅度提高了三维地震精度。在塔里木盆地碳酸盐岩岩溶区获得了指示岩溶的串珠反射，为钻探提供了准确井位。在冀东油田获得了古近系地层反射，重新认识了断层、断块。克拉玛依油田自1955年利用二维地震钻探克—乌大断裂带构造，发现油田以来，断层上、下盘就没有得到过反射，高密度三维地震如今也获得了令人耳目一新的反射波。地震投资的95%用于三维地震，中国石油地震在石油工业中的贡献率，与钻井、测试、采油和集输炼化相比，占到48%。国际上三维地震的贡献率为46%。

（5）自地震方法问世以来，寻找石油构造就成为它的看家本事。应用地震方法研究油层，问题则要复杂得多。石油勘探开发的需求，越来越需要对储层横向变化做出预测了。1978年，胜利油田的纯化镇—梁家楼浊积砂岩河道和水下扇砂岩钻到油层，再钻井又空了，如何在钻前查明油层的分布成为有待解决的科学问题。于是，我们开始了储层横向预测技术的研究。利用地震子波与岩层速度和密度之间的褶积模型，对地震道进行反演，把常规界面型反射剖面转换成岩层型测井剖面，就实现了从钻井出发，对储层进行横向预测的目的。我把这种反演叫作合成声波测井。研究一开始，采用确定性子波反褶积做反演，试验结果，根本得不到与实际声波测井相似的结果。此路不通，就改换另一条路走，一共试验了4种方法，最终选择了一个最佳方法，利用最小二乘法，直接对地震与测井反射系数求解反子波，做地层反褶积，按反射系数公式进行递推反演，预测了纯化镇—梁家楼浊流河道与水下扇砂岩储层的分布，提出了7口井，获得了成功。从此，揭开了利用地震反演进行储层横向预测的序幕。

地震研究构造对分辨率要求不高，进入地震预测储层的时代后，地震分辨薄储层的能力就一直成为困扰地球物理学家的科学难题。根据褶积模型，地震道等于地震子波与反射系数褶积加上地震噪声，只要想办法求子波，利用子波设计一个反褶积算子，做反褶积，消除子波的影响，就得到了高分辨率的地层反射系数系列，这就是理想的确定性子波处理。为了检验它的应用效果，我用已知子波与已知反射系数褶积，做了一个模型地震道，然后对已知子波计算反褶积算子，对模型地震道做反褶积，结果与已知反射系数答案完全一致。接下来，对模型地震道加上 10%的地震噪声，再用上述子波反褶积算子对带噪声的模型地震道进行反褶积，结果与已知反射系数答案对比，面目全非。这样小的噪声，就能使理想的确定性子波处理失败，证明这种方法没有实用价值。经过系统实验，最后提出了一种确定性与统计性方法相结合，多道双边零相位化子波反褶积方法，经实际的地震数据验证，既提高了分辨率，又提高了信噪比。

3　第二个案例——油气田开发地震研究

（1）多学科综合产生边缘性新学科，新学科的发展是建立在单学科进步的基础之上。地震为石油勘探准备石油构造，到了油田开发阶段，就不再用地震了，只使用钻井信息，研究储层特征，进行小层对比，建立油藏地质模型，开展油藏模拟，制订开发方案，进行开采了。构造图也是用钻井数据来制作。当油气田地质情况复杂时，人们就又想起了面积上密集覆盖的地震信息，或许能帮助分析井间油层的变化，于是，地震开始与油气田开发结合，产生了开发地震边缘学科。开发地震充分利用针对油藏的地震观测方法和井震结合的油藏信息处理技术，通过地震与钻井油藏信息紧密结合，对油藏特征进行静态描述和注采动态监测，提高油气田开发效益。自 20 世纪 90 年代开始，中国石油勘探开发研究院金毓荪总工程师每遇开发项目，必组织多学科综合研究，推动了开发地震技术进步。该院地球物理所一直致力于发展开发地震技术，先后在塔里木盆地东河塘油田开发概念设计和开发方案设计，吉拉克凝析气田开发方案设计，冀东油田高 104-5 断块油田开发，川中大安寨油田滚动勘探开发、东海平湖油气田开发、新疆小捌砂砾岩裂缝油藏描述等 50 多个项目中开展了地震油藏描述应用技术研究，包括油藏构造形态，边界、厚度、连通性、孔隙度、渗透率及裂缝发育带预测。冀东油田高 104-5 断块，根据开发地震先后钻开发井 53 口，均钻遇油层，使当年年产量占到整个冀东油田的 1/4。川中大安寨石灰岩裂缝油藏，发现于 1958 年，1976—1991 年年产量一直徘徊在 $7×10^4$ t 左右，单井平均日产 2t，钻井成功率 51.4%，利用开发地震技术使钻井钻遇油藏成功率提高到 86.7%，单井平均日产量提高到 7t，年产量提高到 $20×10^4$ t。

（2）开发地震虽然取得了显著效果，却一直受到地震方法固有分辨率的限制，只能描述 10m 以上的厚层或砂层组，满足不了油气田开发描述薄层或单砂层的需求。中国石油勘探开发研究院的地球物理学家们提出了地震、测井相结合的理念，把地震横向预测能力与测井纵向识别薄层能力结合在一起，提高了地震描述薄油气层的能力。埕岛油田是一个浅海大油田，在勘探阶段曾经集结了国内多所著名大学和院校，采用了最新理论和技术不下 10 种，进行了精彩的描述和预测，堪称勘探项目的典范。到了开发阶段，面对分布极其复杂的新近系馆陶组曲流河薄层砂岩油藏，90%油层厚度小于 10m，油田开发总工程师却不知如何下手开采它，找到了我们。我们应用地震测井联合反演，实现了地震信息约束下的测井油层非线性内插，描述了油藏在地下三维空间的分布，指导了开发钻井部署。截至

1999 年底，共钻开发井 208 口，钻遇油层成功率 100%，钻遇 3m 以上厚度油层的预测符合率达到 92%，成功地开发了这个大油田。在中国砂岩油藏剩余可动油的分布中，河流相砂岩占到 51.5%，开发好这部分油藏，唯一的出路就是用好地震油藏描述技术。老河口油田桩 106 开发区块，于 1987 年钻井发现油层，1988—1994 年钻井 14 口，全部钻空。1996 年，应用地震测井联合反演描述油藏，至 1998 年钻开发井 143 口，钻遇油层成功率 100%，钻遇 3m 以上厚度油层的预测符合率高达 92%。

（3）应用于油气田开发的地震测井联合反演，是一种模型反演方法。首先要用声波测井内插，建立初始三维速度模型，制作地震正演模型，去与实际观测三维地震逐道对比，利用二者误差修正初始三维速度模型，再制作地震正演模型，与实际观测三维地震逐道对比，如果仍有误差，再用新的误差修正上一次修正过的三维速度模型，制作新的正演模型……如此迭代下去，直至地震正演模型与实际观测三维地震道误差最小为止，修正后的三维速度模型就是反演结果。模型反演迭代收敛与否，收敛快慢，取决于初始三维速度模型的精度，换句话说，也就是声波测井的精度。由于声波测井探测岩石的深度范围有限，受黏土矿物成分，钻井泥浆浸泡时间，井壁垮塌情况影响要比其他测井严重，不一定都能与岩层有很好的对应关系，导致用声波测井建立的初始速度模型精度很低，也曾遇到过初始速度模型完全不对的情况。中国石油勘探开发研究院的地球物理学家，从 1994 年应用地震测井联合反演伊始，就提出了测井重构技术，最初是以震电效应为理论依据，建立了用电阻率测井换算声波测井的计算公式，后来又用交会图法把电阻率转换成声波测井，从而使反演方法得到成功应用。在裂缝储层预测中，由于声波测井不能反映裂缝孔隙度，只反映岩石基质孔隙度，我们就用测井求得的总孔隙度反算成声波时差，重构反映裂缝的声波测井，使地震测井联合反演能够用于预测储层裂缝发育带。

（4）查汉语词典，"工艺"是将原材料加工成产品的工作方法和技术，"技艺"是富于技巧性的工艺。地震测井联合反演是专为开发地震增加的一个新技术，"技艺"性很强，不是简单的"工艺"操作，操作不当，就会成为纯测井内插，没有发挥地震横向预测的约束内插能力，失掉了不同观测方法的联合意义。只要操作得当，权衡好地震与测井二种信息的使用，就能反演出两口钻井之间的河道砂岩油层，哪怕两口钻井都没有钻到该油层，而是钻在了河道两侧的岸上。

（5）时间推移地震，又叫四维地震，是监测油气田开发过程中，油气藏随时间的变化，调整注采方案，加强油藏管理的一门科学。我国老油田采用长期注水开发，水置换油引起的速度变化仅为 4%。国外研究者曾提出一个经验法则，只要油层速度有 4% 的变化，时移地震就能监测到油藏在开发过程中的变化。我怀疑这个法则，油藏物理性质这么小的一点儿变化，地震能监测到吗？陆上地震信噪比又比海上地震低。中国石油勘探开发研究院的地球物理学家们关注到大庆油田和胜利油田的水驱岩心和声波测井分析数据，发现长期注水冲刷，使油藏的孔隙度、渗透率和泥质含量发生规律性变化，注水还会使压力增加。我把这些变化换算成速度，分析了注水冲刷和水置换油的综合效应，可使长期水驱引起的速度变化，从注水井增压冲刷带的 20% 到压力前缘带的 6%，在水驱前缘油水边界上速度变化已高达 15%，这项研究成果在国际地球物理界尚未见到过报道，给我们在老油田应用时移地震寻找剩余油展示了光明前景。

4 用科学方法论创新实用技术

（1）科学研究无处不在，要随时留意研究领域内的一切事物，对任何一项成果，都要做例行而详尽的察言观色，重大发现往往出现在不经意之间。速度分析是地震数据处理中的一项重要技术，早年的速度分析，是用 4 个共中心点地震道组成一个 24 道速度分析道集进行处理的。当年我第一次拿到一个速度分析成果时，发现道集记录上的反射波同相轴倒转了，近道时间大，远道时间小，完全不同于正常反射波近道时间小远道时间大的双曲线形状，如果用正常双曲线去扫描这个倒转同相轴，无论如何是求不到速度的。不看不知道，一看吓一跳，原来速度分析中还有这么大的问题。经理论分析，并用倾斜地层的速度分析数学模型证明，原来是倾斜地层使反射波同相轴倒转，产生了错误图像，造成速度分析失效。经对地震模型分析，提出了分共中心点道集速度分析方法，显著提高了深层倾斜地层速度分析精度，并发表一篇论文推广应用。

（2）科研工作者要选择经典著作精读，要加强基本概念的学习，学以聚之，日积月累。阅读论文，要问以辩之，勤于思考。一本国际继续教育教材中，介绍了稀疏脉冲反褶积，用一个子波与测井反射系数褶积，制作合成地震道，经用稀疏脉冲反褶积后，得到稀疏脉冲序列。再用那个子波与稀疏脉冲序列褶积，得到新的合成地震道，新合成地震道与原合成地震道对比，完全相像，就说是稀疏脉冲反褶积结果能代表地层反射系数，对吗？我就认为不对！地层本来是薄互层，怎么能用少量稀疏脉冲代替呢？仔细对比反褶积前后的脉冲序列，稀疏后的脉冲也不是都能在原密集脉冲序列中找到。此例表明，不同的脉冲组合，用同一个子波褶积得到的合成地震道，波形可以完全相似。反之，同一个地震道，可以代表不同的脉冲组合的地震响应。用不同数学参数做稀疏脉冲反褶积，可以得到一系列不同的稀疏脉冲序列。这是一个多解问题。在一次地球物理专题讲座会上，当别人推崇稀疏脉冲数学算法最有发展前景时，我在报告中就以上述分析为理由反对。这是发生在 20 多年前的事情了，最近几年，许多人又在热衷于使用这种算法做反演，进行储层横向预测，值得探讨。许多人读别人的文章，总是爱顺着人家的思路，被人牵着鼻子走，去"虚心"地学习，而没有按照自己掌握的基本原理、基本概念，动手做做模型，计算一下，做做分析判断，不是做学问的办法。Robinson 的《地球物理信号分析》一书，堪称名著，我读到一个压制有色噪声的数学算法，感到很好，就作为研究生考核题目，让听我课的研究生开卷答题，做模型证明，结果证明该数学算法没有实用价值。我觉得应该这样读书，要自己动手做一做，看一看行不行，有没有什么办法可以做好。

（3）科学研究要与时俱进，紧密结合油气勘探开发生产实际需求，熟悉并深入分析地质目标的特征和科学问题，研究地球物理理论、方法和技术，不断改进和创新，提高解决科学问题的能力，提高实用效果。

油气沉积学研究的思考

顾家裕

  油气沉积学是沉积学的一个分支，油气沉积学的研究方法必须遵循沉积学的科学性和实践性，但也有其独特性。油气沉积学不但要研究一般沉积学所研究的原理，沉积过程，沉积物的性质和特征，沉积动力、环境及沉积改造，更重要的是研究沉积过程和环境对油气的生成、运移、储集和保存中的作用和意义。

  油气沉积学是一门既重视理论又非常依赖于实践的学科，只有把理论与实践紧密相依，是以理论指导实践，实践丰富和完善理论的一个多反复的升华过程，最终才能达到创新和认识更贴近真理的目的。

  为了达到油气沉积学的创新和认识一个事物而更贴近现实真理的目的，其研究人员的品质和知识是十分重要的，研究的结果好比一个人要过河，则品质和知识就好比是船和桥。对于油气沉积学的研究，不同的研究学者有不同的起点和切入点，但要达到上述目的，下面的基本要求是不可缺少的。

1 油气沉积学研究者的基本素质

  （1）掌握油气沉积学的基本理论和实践的知识。

  理论是前人学习工作中所得到的认识，对在哲学原理的指导下并在实践中得到反复证实的知识进行了系统的总结和升华。没有理论的实践是盲目的实践，没有实践的理论是空洞的理论，是水中月、镜中花。因此，首先要通过大量学习前人总结的理论来武装和丰富自己的头脑，对于沉积学理论要有一个较为系统的学习，了解其基本的概念、原理、成因、过程、分类、各类沉积特征和模式及其沉积相之间的相互关系。同时，对已学到的理论要到实践中应用，不会应用的理论是没有用的，也是没有生命力的，曾经有一位老师在课堂上对全班16位学生生动详尽地讲了沉积学中有关河流阶地的理论，问全班同学听懂了吗？大家齐声回答"听懂了"。三天后该老师带了原班的学生去钱塘江边实习，站在江边有一块平坦的麦田里，老师问："同学们我们站在什么地方？"同样，同学们异口同声"我们站在麦田里"，老师反复提示要从沉积学的角度思考，大家还是摇头，而终不得其解，最后老师生气地说"站在阶地上"，这时全班同学如梦初醒，唉！一声叹息。这是一个实际的事，说明只在理论上了解，仅停留在前人的知识层面是不行的，只有当自己真正在实践中能融会贯通并用理论解释实际中碰到的问题，这些或这样的知识才是自己的。所以，对沉积学而言，必须有一个在野外严格、反复训练的过程，通过野外实习，与大自然接触中不但增加知识，用活知识，而且可以磨炼性格、强健身体。在野外要做到"三勤"，即腿勤、手勤、头脑勤，仔细认真地观察、认识和分析并记录每一次观察、每一块标本、每一种沉积现象，不放过任何一个细微的信息，并给予成因的解释，培养自己观察能力、认识能力、分析能力和综合的判断能力，由现象进入本质。同时在野外要收集大量的标本并仔细记录，为室内分析做好样品的准备。

（2）除业务能力以外，研究者本身的素质在研究的过程中具有重要作用，同时，也是研究能否成功的极其重要的关键，作为一个重要课题的研究人员，每天要进行艰苦的脑力劳动、思考大量的问题，会时时碰到一些难以琢磨、甚至无解的问题，会使你长期陷入苦想，还会遇到各种各样难以忍受的痛苦。因此，要求每一个研究者必须具备对专业有坚强的信念和爱好，永不服输的品格，正是马克思所说，在知识的问题上来不得半点虚假，只有那些不畏艰险，在崎岖小路上勇于攀登的人才能到达光辉的顶点，具备善于动脑，观察细微的不同与差异的眼光，现在的口头语常说"细节决定成败"可能就是此意吧！善于和敢于提出和发现各种问题并想办法给予解决的决心、能力和精神，才能达到创新的目的。当然，沉积学的研究不是一个个体能完成的任务，而是依赖于众人的努力和集体的力量，因而，必须具有谦逊待人、虚心求教，团结同事、合作共赢的品德，否则将一事无成。另外，外语是帮助研究者实现价值和成功的手段，为你思想敞开了一扇大门，吹进和煦的春风，可开阔眼界、丰富知识，在学习外国的经验中得到你想象不到的意外收获。上述基础在以后的实例分析中都得到了证实和应用。

2 几个油气沉积学研究的实例

2.1 关于塔里木盆地东河砂岩沉积学的研究

1989年12月30日东河1井开钻，1990年7月7日在5763~5765.06m井段，槽面油气面积已达70%。随即取心两筒，获取含量油砂岩15.63m。7月11日对5755.4~5782.8m井段(厚27.4m)裸眼中测，ϕ11.11mm油嘴求产，日产原油389m^3，以后又进行了多井测试都获得高产，油柱最大厚度可达120m，从而发现了东河塘高产油田，为了便于研究和今后的工作，塔里木勘探开发指挥部决定对东河砂岩进行了全井段取心，为东河砂岩的研究工作提供了重要物质基础。东河塘油田的发现立即引起各级领导对东河塘这套砂岩的重视，并命名东河砂岩，且必须尽快发现东河砂岩的分布特征和规律，即必须回答这套东河砂岩的沉积相。为此，我们研究组立即奔赴东河塘钻井现场，观察岩心且取样。在观察岩心时发现这套东河砂岩总体呈灰白色，粒度粗细比较均一，而且成分比较单一、以石英为主，长石和岩屑很少。同时，把多次所取得的样品送北京中国石油勘探开发研究院实验中心进行多种项目的分析，与此同时，研究组查阅相关资料，特别是在同一轮台断裂带上相距32km的沙5井发现在薄层白云岩以下有260m的砾石层沉积，其中充满了沥青，这些砾石磨圆度好且呈扁平状、成分相对比较单一。两者联系起来，研究组头脑里已经形成一个粗糙的还不成熟的概念，这套东河砂岩可能是海相的，但由于证据还不足，不能公开说。随着分析化验资料的到来和大家从各方面汇集的资料分析以及国外有关文献的查阅和积累。东河砂岩的特征和相的归宿逐渐显现和清晰。

2.1.1 地震特征

东河砂岩是海侵初期的滨岸沉积，地震剖面上其底界为一个较大的角度不整合(Tg3)，可以与下伏寒武系、奥陶系、志留系和泥盆系呈不整合接触，向古隆起上超，并在较高的地方尖灭；其顶界(Tg2″)反射界面随地区不同反射特征也有较大差异。钻井资料表明，石炭系下部层具有向北超覆特点。在塔里木盆地北部由于东河砂岩段和生屑灰岩段之间的泥岩变薄,甚至缺失,因此,Tg2″波峰实际上就成为东河砂岩顶界的反射(例如东河塘地区)。而东河砂岩内部则为相对低频的空白结构。因此在地震剖面上只要有一定厚度还是比较容易识别。

2.1.2 岩石矿物学特征

受物源区、构造背景和沉积环境的影响,东河砂岩的岩石类型非常丰富,包括细砾岩、含砾砂岩、中砂岩、细砂岩、粉砂岩、泥质粉砂岩和少量泥岩等。根据颗粒成分划分,东河砂岩多为岩屑质石英砂岩,少量石英砂岩。根据大量薄片分析,东河砂岩成分成熟度普遍比较高,石英含量东河塘地区较高,一般为65%~90%,东河砂岩具有较高的结构成熟度,颗粒含量普遍大于85%,泥质含量1%~15%,胶结物含量在塔北为1%~7%,东河砂岩中的重矿物类型较为丰富。透明矿物有锆石、电气石、金红石、板铁矿、尖晶石、石榴子石、云母、绿帘石、重晶石、黝帘石。不透明矿物主要有磁铁矿、白铁石、褐铁矿及黄铁矿。重矿物组合中锆石(含金红石)、电气石含量高(合计约占90%),石榴子石含量低,多数小于10%;不透明矿物中钛石含量绝大部分高达90%以上。

2.1.3 砂岩结构特征

东河砂岩以分选较好—中等、略显正偏态为特征。东河砂岩分选较好—中等,总量都在90%以上,只有少量样品达到分选好的级别,且没有分选极好的样品点。在偏度上大量样品显示以稍正偏,部分对称,仅个别样品为负偏。

根据滚动组分、跳跃组分和悬浮组分的发育状况可以将东河砂岩累积概率曲线图划分为三段式和两段式。悬浮组分的粒径和含量代表着沉积物沉积时的水动力能量,故可以根据悬浮组分含量将其进一步区分为低悬浮型(<10%)、中悬浮型(10%~25%)和高悬浮型(>25%)。低悬浮型通常为单一跳跃总体的两段式。一般前滨—临滨上部沉积通常由双跳跃组分和悬浮组分三段组成。双跳跃总体的出现表明双向水流特征,沉积物受到两种不同方向水流的簸选,并在此种动荡水力条件下反复搬运、分选和沉积。

2.1.4 沉积构造

东河砂岩段沉积构造类型非常丰富,反映了复杂的水动力条件和沉积环境。根据成因可将其划分为物理成因、化学成因和生物成因的沉积构造。东河塘地区的层理类型较少,主要以斜层理、平行层理、小型槽状交错层理和均质层理为主。

(1)物理成因沉积构造。

高角度斜层理岩心中纹层厚1.0~2.1mm,层系厚约30cm,纹层的差异主要是粒级的微细变化形成的。纹层倾角达35°~38°,纹层面平直或稍弯曲,向上一般过渡为低角度斜层理或风暴层理。

低角度斜层理在东河砂岩中常见,层系厚5~10cm,纹层厚0.5~1.0mm,纹层倾角8°~12°,纹层中粒级变化呈反韵律,其中少量纹层可能受液化流动或滑塌影响而伴生褶皱构造。

平行层理在探井岩心中十分发育,纹层厚度变化大,一般0.5~3.0mm,平行层理厚度一般8~15cm,最厚达40cm以上;平行纹层主要由粉砂和细砂频繁间互而成,相对粉砂纹层较薄,细砂纹层较厚,但纹层粒级呈反韵律变化。

冲洗交错层理与平行层理稍有不同，层系界面和纹层界面平直，层系以低角度相交，倾角5°~10°，反映当时水动力较强，而且是往复水流所形成的层理。

其他层理类型包括脉状层理、递变层理、均质层理、准同生变形构造等。

（2）化学成因构造。

东河砂岩中典型的化学成因构造为钙质团块和斑点，通常呈瘤状、圆球状或扁平带状。在东河1井5839.60m及5837.40m等处分布较多。一般呈不规则团块状，团块穿越细纹层、与围岩界线比较模糊，滴稀盐酸较强烈起泡，可能是短时间水上暴露或成岩的标志。

（3）生物成因的构造。

生物扰动和潜穴在东河砂岩中也比较常见，潜穴形态多样，或垂直或斜交或平行层面，生物的扰动使层状砂岩呈现斑点状。虫孔内为黑色砂质充填，与周围沉积物界线明显，大量的垂直虫孔和生物扰动反映沉积时塔中地区水体较浅。

2.1.5　物性分析

在东河砂岩虽然埋藏深度达5500~6000m，但由于沉积环境有利，胶结物含量低，只是后期的快速深埋，孔隙度一般为12%~19%，平均达14%，渗透率1.0~1540mD。东河砂岩段存在两种孔隙，即原生孔和次生孔，但对两种孔隙哪个为主一直存在分歧。原生孔隙可分为两类：（1）未经胶结充填的原生孔隙，特点是孔隙分布集中，孔径为0.01~0.06mm，一般连通性较好，形态不规则；（2）由于石英加大使原生孔隙减小而形成的剩余原生孔隙，特点是孔径相对较小，一般为0.01~0.04mm，连通性较差，形态规则，多为三角形或四边形，边缘平滑。

通过上述研究和仔细分析，反复推敲，并与国外相关资料对比，研究组可以肯定地说，东河砂岩是滨海相海滩沉积，总体在海滩中分布于前滨和临滨，东河砂岩的分布是不等时的，是随海浸的不断向陆推进而分布于古隆起围斜部分的斜向沉积体。这时，问题应当得到解决，其实不然，有研究者不承认，特别是其中还有一些是人物，这直接影响了结论的应用。还有一位专业领导找我们谈心，希望我们放弃这个结论，"同意东河砂岩是风成的"。研究组承受着巨大的压力，再次对我们的研究进行检查和反复翻阅有关海相沉积的书籍，对基本问题进行梳理分析，我们坚定了信念和决心，认为我们的结论符合科学、符合实际，应该坚持。我们就跟那位专业领导说，"领导研究的结论可以宣传发表甚至应用，但我们的结论我们不能改，因为这是大家努力的成果，属业务范畴，在科学上可以允许多种观点的存在，并在争论中去接近真理"。那位领导见我们的态度如此坚决，也就不说什么走了，过后他们在一个杂志上发表了"关于东河砂岩风成说"的文章，塔里木勘探开发指挥部为了谨慎起见邀请了全国著名的沉积学专家刘宝珺和裘怿楠两位教授到塔里木勘探开发指挥部，对东河砂岩进行了全面的岩心观察和分析，我们研究组全程陪同。最后，两位一致认为东河砂岩是滨海相的海滩沉积。由于权威的结论，这场小小的争论得以暂告一段落。应该说沉积环境解决了，其分布规律是不言而预的。然而事情并未了结，围绕东河砂岩的分布又出现了不同的声音。在塔中4井出油后，有人认为东河砂岩是大面积分布，大约有几十万平方千米，且有人高兴地大喊：我们找到了一个储量比中东油气的总量还要大的油气田群。其实没有研究的空喊，其结果是给领导一个假象，以后在满加尔凹陷区也打了不少空井，特别是有人认为在塔中东面所谓的海湾内有东河砂岩，我们研究组专门为此去物探局第三勘探处翻阅了所谓海湾区的地震剖面并表态，"这里没有东河砂岩"，但无人理会，其结果是钻了一口井，可以想象其结果是落空了。

这个实际的例子给了我们一些启示：（1）在长期陆相油气勘探中形成的一套思维方式，在面对海相油气勘探中，不能被原有成熟的思想所固化，必须有新的思路和想法，要不断地接受新事物、研究新情况，从而提出新的认识和见解。（2）对出现的新事物不能毫无研究和深入调查，只了解其表面而下结论，结论产生于调查研究之后，对事物进行了详尽的而不是敷衍潦草的研究、分析，了解事物的内在联系而不只观其表象，只有这样才能得出比较接近于事物客观实际的结论，这才是科学的和有生命力的，并能指导实践的。（3）对事物的认识是一个长期的过程，不是一朝一夕就能完成的，一些所谓正确的认识也只是阶段性的，是有限的，但还要在实践中不断地修正和增加内容不断完善。

2.2　关于塔里木盆地库车坳陷克拉 2 井沉积相的争议

克拉 2 井在钻入 3528~3534m 发现两层古近系含气砂屑白云岩。在 1998 年 1 月下旬进行中途测试 ϕ6mm 油嘴求产，日产气 $27.7\times10^4m^3$，井口压力 47MPa。该井在 3568m 进入白垩系后测试日产气 $23.8\times10^4\sim71.7\times10^4m^3$，气柱高度 443m，控制天然气储量 $2840\times10^8m^3$，是塔里木盆地发现最大的气田。但在气田发现过程中，对于沉积相和储层的性质一直存在分歧，我们研究组根据白垩系砂岩形成的地质构造背景和沉积特征及储层性质认为，该套砂岩应该是辫状三角洲沉积的优质储层，但与某油田公司研究院存在很大的分歧，他们认为是属"冲积扇"沉积的中等储层。我们研究组详细研究了沉积特征、沉积相和储层特征。

2.2.1　沉积特征和沉积相

（1）沉积物比较粗，中砂岩和细砂岩占有相当的比例，可达 60%~80%，最高达 95%，部分可见砾岩，夹薄层浅灰色、绿灰色粉砂岩及绿灰色泥质条带，但泥质条带连续性差。

（2）成分和结构成熟度低—中等，一般为长石砂岩、岩屑长石砂岩和岩屑砂岩，石英含量 30%~50%，岩屑含量可高达 50% 以上，一般为 30% 左右，岩屑成分复杂，有沉积岩岩屑、火成岩岩屑和变质岩岩屑；分选性以中等为主、亦有一定量好的和差的；磨圆度都为次圆—次棱角状。粒度概率分布呈单跳跃两段式和单跳的三段式，其中滚动组分占 1%~5%、跳跃组分占 60% 以上，也含有相当高的悬浮组分。

（3）沉积构造以块状不显层理、大型槽状交错层理和斜层理为主，见平行层理、波状层理和极少量的水平层理；砾石成分复杂具叠瓦状结构，向上游倾斜、倾角 15°~25°，最大达 35°。

（4）辫状河道的主要沉积期是洪水期，因而沉积作用具有阶段性，河道具快速迁移性，砂体之间多次重复叠加，在滨岸区沉积物受波浪作用的改造，细粒物质被簸选而远离岸线，因此在滨岸地区砂体性质相似而垂向侧向连接，成为分布面积很大的砂体，而砂层之间只有薄层的泥质夹层。

2.2.2　孔隙类型及特征和储层物性特征

（1）孔隙类型及特征。

白垩系巴什基奇克组上部和底部、巴西盖组砂岩的孔隙类型主要有：改造粒间孔、粒内溶孔、颗粒溶孔、基质溶孔、晶间孔、原生粒间孔以及构造缝、收缩缝等。

① 改造的粒间孔。改造的粒间孔是原生粒间孔隙经后期酸性介质侵入溶蚀改造形成的

孔隙，是这套储层主要的储集空间，属混合成因的孔隙。a. 在铸体薄片中可见明显的方解石、(铁)白云石的部分溶蚀、强烈溶蚀和溶蚀残余现象。方解石(染色为红色)胶结物经溶蚀后，呈团块状或半自形零星分布或相间分布于红色(玫瑰红)铸体孔隙间。(铁)白云石(染色为蓝色或无色，晶形较好)由于为菱形晶体，所以溶蚀作用也有一定的优选性，使部分溶蚀边不是呈港湾状，而是使晶体形态特征更明显，以至于被认为未发生溶蚀，其零星分布或相间分布于红色铸体间的现象也更为常见，许多颗粒见粒内或边缘溶蚀现象。b. 碎屑颗粒边缘溶蚀特征明显，颗粒悬浮和特大孔、伸长孔常见。c. 将粒间孔隙和胶结物形态和分布特征比较，两者具有较强的相似性，粒间溶孔的体积等于胶结物体积或略大于胶结物体积，如果都为原生孔隙，与压实孔隙体积减小相矛盾。有一点必须指出，早期的碳酸盐胶结不特别致密，保存了一定量或相当量的原生孔隙，使孔隙水和酸性流体进入并产生溶蚀，使孔隙得以改造扩大；当胶结物含量较高时，溶蚀流体不易进入而孔隙度明显降低；当胶结物含量大于20%时，因孔隙水无法流动，酸性流体无法侵入，改造的粒间孔极不发育，面孔率几乎为零。

② 颗粒溶孔和粒内溶孔。颗粒溶孔和粒内溶孔也是主要的储集空间，颗粒的溶蚀部位为颗粒内部、边缘或全部溶蚀，粒内溶蚀主要为岩屑的筛状溶蚀和长石沿解理缝的溶蚀；颗粒边缘溶蚀在各类碎屑中均有出现，石英边缘的港湾状溶蚀、长石岩屑的溶蚀残余现象等；颗粒全部溶蚀主要是不稳定矿物长石等的溶蚀，表现为红色铸体内的铁泥质印模。颗粒溶孔是填隙物较高的层段的主要孔隙类型。

③ 基质溶孔。一般为一些较为细小的微孔，使基质显示不均匀的玫瑰红色，也主要见于填隙物高含量层。

④ 晶间孔。主要发育于溶蚀作用比较强的层段，长石岩屑的溶蚀，生成大量的分散的高岭石充填于粒间孔之中，形成晶间孔。该类孔隙在晚期(含)铁白云石胶结物中也可见到。

⑤ 构造缝。在砂岩中显得不那样重要，发育较少，开度一般也小于0.1mm，为白云质充填或半充填。构造缝由于使岩石的渗透率大大提高，使砂岩中酸性物质容易进入并对颗粒和胶结物产生强烈溶蚀，增加了次生孔隙的发育。

⑥ 收缩缝。主要发育于河道砂体底部滞留泥质碎屑边缘，分布较为局限，对于储集空间贡献不大。

(2) 储层物性特征。

对于储集岩，孔隙度和渗透率是最主要的两个参数，尤其渗透率是衡量砂岩储层渗流能力的关键。克拉2气田的储层总体上属于中高孔中高渗透和少量中孔中、低渗透储层，纵向上物性最好的层段主要分布于巴什基奇克组Ⅰ岩性段下部和Ⅱ岩性段中上部和巴西盖组，但巴什基奇克组Ⅲ段物性较差，这一特征在物性分布直方图上表现得较为明显。

巴什基奇克组第一岩性段(K_1bs_1)克拉2井未取心，从测井上看，物性较第二段差，巴什基奇克组第二岩性段(K_1bs_2)克拉201井的孔隙度分布在2.9%~22.4%，平均15.6%，渗透率0.027~1770.1mD，平均为115.3mD。对于库车坳陷白垩系来说，含气层段的储层物性明显好于不含气层段。对于白垩系在埋深将近4000m的层段平均孔隙度还可达15.6%、平均渗透率达115.3mD，应该说这是一套中高孔、中高渗透的优质储层。

从沉积和储层的特征清楚地反映了白垩系巴什基奇克这套沉积应该是辫状三角洲沉积

的优质储层。但当完成研究,上交报告成果时,某油田公司研究院坚持认为是属"冲积扇"沉积的中孔渗储层。不承认我们的结论。为此,我们又去塔里木现场,观测野外露头,追寻物源,并对野外露头重点区进行了仔细观察和记录,还取样分析,在室内请油田公司研究院的研究人员一起观察岩心,在观察岩心时我们专门一边观察,一边讲解,说明为什么这样的沉积物不是"冲积扇"沉积,讲述上述沉积的特征和储层的特征。同时从反面讲述了其沉积中没有发现冲积扇中应该有的典型的沉积现象"筛余构造"和不可或缺的"泥石流"的沉积,而且,若是冲积扇沉积则沉积物应该偏粗,有大量的砾石,并且应该发现冲积扇中的扇缘沉积,实际上,在所有的岩心中从来没有发现上述情况。在观察岩心时,当场油田公司研究院的研究人员是完全同意了我们的观点的,但当我们回到北京后,他们又否认了,坚持自己的观点而否定我们研究组的。一位年轻硕士生急得不得了,想请专家给他们打电话希望他们接受我们的结论,但我们的研究组一致认为,科学的问题不能硬性让人家接受,而需要时间,需要等待,同时,我们继续加强研究,把工作做细、做实,并写文章在有关杂志上发表。没过多少时间,总公司派储量小组去油田检查储量评价工作情况,对油田研究院对克拉2的沉积的储层评价并不满意,以其"冲积扇"及相关储层的认识,则储量是很难计算,在无奈之下,油田研究院改变了对白垩系这套砂岩储层的认识,改为"辫状三角洲沉积的优质储层",事情转变有点不合常理,为什么会突然改变自己的观点呢?我们不得其解。但不管怎样,事情总算有个结论。这件事说明,人们对基本概念和原理认识的重要性,如果你对"辫状三角洲"这个名词没有听说,也不了解其基本的特征,面对事物,就会茫然,而以自己原有的熟门熟路的东西对新的客观事物进行解释,必然会出现与客观事物之间的差错。而只有全面系统地掌握当前先进的理论的知识,并在实际中得到应用,才能对出现的一些原来不熟悉的事物和现象做出合乎实际的解释。同时,一些认识和结论在不被人接受的时候或有人提出反对意见时要虚怀若谷,虚心研究他们为什么这样想,他们的结论是否有合理性,同时,进一步加强自身的研究,以他人之长补自己之短,与对方积极交流自己的成果,说明自己的想法,不要以势压人,并耐心地等待对方的转变,或不转变也没有关系,科学的问题是个认识的问题和思想的问题,要允许百花齐放,提出自己的想法,学术的空气就能活跃,学术就会繁荣、科学就能进步,创新就会不期而至。

3 关于塔里木盆地生物礁

目前,对塔里木盆地的生物礁的存在已经是不争的事实,没有任何人怀疑,但在1997年当我们仅提出有存在地质异常体(可能是生物礁或火成岩)的时候遭到了强力的反对,当我们研究组在塔里木勘探开发座谈会上发言提出在塔中奥陶系中存在异常体时,有某局总地质师当场在座位上站了起来,冲上讲台拍着胸脯说"我可以保证,是火成岩而不是生物礁",当时因为我们自己仅从地震剖面上发现底平顶凸的反射结构而言,在塔中5井岩心中仅发现有滑落的生物礁岩体,其他也没有太多的证据,研究组也就没有说什么。会后我们研究组专门设立了一个小专题,研究塔里木盆地奥陶系是否存在生物礁。我们从野外入手,在三叉口—西克尔一带进行野外踏勘,我们在三叉口东部的山中发现了一个长达10余米,高3m左右的一个生物礁体,并进行了取样,同时在西克尔地区也发现了较连续生物礁体,是一个生物礁发育带,长有近百米,高大约2.5m,并发现在生物礁发育带有大量溶洞的出现并充填了一些热液矿物，如萤石等，当地人还在那里开萤石矿。在室内我们分两个方面进行工作：一方面，查阅国内外关于生物礁的全部资料，俄罗斯地区在奥陶系中以前是发现了生物礁的，甚至在寒武系中也发现有藻礁。与此同时，我们还与地质矿产部合作，对塔中地区5个地质异常体进行磁异常工作，发现5个异常体中有3个是无磁异常值的，而其中2个有很高的磁异常值，说明其中3个异常体不是火成岩体，可能就是生物礁。另一方面，对我们野外所采集的样品进行室内分析，发现生物礁中造礁生物的含量可达30%以上。造礁生物相互交织，形成具抗浪结构的坚固的生物骨架，能抵抗风浪，还有附礁生物附着于其骨架，避免风浪的侵袭而生长，又捕集海水中的灰泥和其他生物的遗骸。塔里木盆地中、上奥陶统中的造礁生物主要有海绵、苔藓虫、层孔虫、珊瑚、托盘类、蓝绿藻、管孔藻等。塔里木盆地中、上奥陶统生物礁中的附礁生物主要为角石、腹足类、腕足类、棘皮类、介形虫、海百合以及各类钙藻等，它们虽然不直接参与造礁，但残骸却是礁灰岩的主要沉积物来源。其中，海百合茎尤其重要，它们大量快速地生长于礁的侧翼，形成一个天然的生物屏障，减轻海流和风浪对礁体的冲蚀，起到保护礁体的作用，海百合碎屑堆积的棘屑滩又是生物礁生长的基础。通过野外、室内和磁性值的研究，我们已经掌握了塔里木盆地奥陶系确实存在生物礁的证据，因此，在1998年的塔里木盆地油气勘探大会上，研究组对盆地的碳酸盐岩的油气潜力分析作了大会报告，其中也介绍了塔里木盆地奥陶系确实存在生物礁的证据。随后又在中国石油勘探开发研究院的《石油勘探和开发》杂志上发表了"塔里木盆地奥陶系生物礁的发现及其意义"，说明了中国以往仅有在陕西渭河以北地区、浙赣交界地区和湖北地区发现奥陶系生物礁的报道。本文对塔里木盆地发现早、中奥陶世生物礁的系统报道，结束了塔里木盆地奥陶纪"无礁"的认识历史。地磁研究认为，塔里木盆地在奥陶纪处于南纬0°~30°的热带—亚热带气候环境。研究塔里木盆地奥陶纪生物礁中的生物组合和生物群落、生态环境，进行同位素测年和古温度恢复，可进一步佐证和修改由古地磁研究所确定的早、中奥陶世塔里木盆地所在的位置，通过研究礁体中沉积物的成分、结构和礁体结构、礁体发育演化过程、不同成岩场条件下礁储集体的演化，有可能创造和建立符合塔里木盆地特殊条件的礁体沉积模式和成岩演化理论，丰富以现代生物礁研究为基础的礁沉积学和储层地质学理论。众所周知，生物礁自身既是优质的烃源岩，又具有良好的储集性能，孔隙度高，可以作为优质的储集岩。同时，生物礁衰亡后，其顶部覆盖的泥膏岩是良好盖层，因此生物礁往往形成储量大、单井产量高的自生自储的油气藏，是油气勘探的重要对象。在塔里木盆地礁发育区，有大量热液通过断裂进入生物礁，形成大量高孔隙的萤石晶洞，增加了礁储集体的储集空间，塔中45井、塔中45-1井就是很好的例子。通过对塔里木盆地塔中和野外的调查、研究和分析，我们研究组在1998年的塔里木油气勘探开发座谈会上，报告了塔里木盆地碳酸盐岩油气勘探的潜力和方向，特别提出了塔中生物礁的情况，从此后对塔里木盆地存在生物礁的事实无人否定，塔里木盆地生物礁的发现已得到地质界、油气勘探界的高度重视，通过对构造运动、断裂活动、生物礁成岩作用和孔隙演化的研究，可以寻找更有利的构造环境、沉积相带和有利的成岩环境区，有可能为塔里木盆地台盆区的油气勘探开辟一个新的领域。事实证明，塔里木盆地生物礁滩的勘探已为塔里木带来巨大的财富，特别是近10年把生物礁和岩溶相结合，以生物礁为基础，通过各种溶蚀作用所形成的溶孔和溶洞。在塔中和轮南—英买力的斜坡带发现了油气勘探的新领域。

塔里木盆地生物礁的发现同样给我们很多启示：（1）研究工作者要对事物有一颗敏感心和好奇心，善于发现"蛛丝马迹"并一追到底，弄个明白，有不发现誓不罢休的"傻"劲。（2）凡是新的事物，由于超出常规的思维，一旦出现总会有人同意有人反对，这是很正常的，只要坚持有毅力、不放弃，勇于前进不回头，并不断增加事实的证据，把工作做细做实，不愁得不到理解和承认。（3）在掌握大量事实的基础上要展开想象的翅膀，进行科学的推断和预测。有一位哲人说过：想象比知识更重要。对沉积学的研究更是如此，现代沉积学可以进行面上的观察和时间的积累，但对古代沉积而言，你不可能进入地下进行全面的观察，只有进行点和面的观察，同时要用现代沉积的知识和沉积相序的规律进行科学的合乎逻辑的想象和推断，才能起预测的作用，即对油气勘探和开发有现实意义。

上述内容仅是科研组在20世纪末近10年的亲历，但这段研究时期给我们留下了深刻的印象和宝贵的经历，对我们一生都是宝贵的财富，从实际工作中学会工作，使我们认识了科研的艰苦性、复杂性和长期性，只有坚持、坚持、再坚持，探索、探索、再探索，才能增强才干，历练人生，在实际的工作中有所发现有所创新，才能对中国的石油事业起一些微薄的作用，年轻人在工作过程中成长、成熟、走向完美；老同志在工作中报效了祖国和人民，并在精神上有所满足和安慰。共勉之！

解决差异带来的问题是再创新的重要途径

马家骥

"工欲善其事，必先利其器"，装备作为工程技术进步的载体，越来越受到业界的重视，如何根据我国油气工业的实际需要，创新发展我国石油装备成为装备制造业相当重要的议题。下面仅以北京石油机械研究所有关攻关项目为例在此进行讨论。

1 根据基础条件的差异研发离心涡轮变矩器

参照美国技术制订的钻机标准 GB 1806—79《石油钻机型式与基本参数》，确定链条并车为基本型。链条并车时，美国钻机用动力机组中的液力变矩器为向心涡轮变矩器。

1.1 钻机用向心涡轮变矩器的研制

参照美国钻机用向心涡轮变矩器的情况，选择 DL18 型向心变矩器为基型，按照国产190 柴油机工作转速 1500r/min 设计生产了 YB-660 型变矩器。结构上还进行了重大改进，将输出轴左端的两个推力轴承更换为四支点轴承。将活塞环旋转密封更换为间隙密封，将由链条传动的齿轮泵改由齿轮传动。图 1 为美国国民器材公司液力变矩器结构图，图 2 为国产向心涡轮变矩器结构图。上述改动不但大大提高了传动效率，还延长了变矩器的寿命，但由于现场 190 柴油机长期工作在 1300r/min，不能发挥柴油机的功率，又研制生产了YB-720型变矩器。

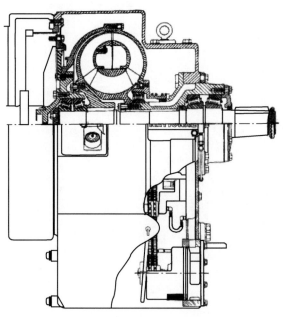

图 1　美国国民器材公司液力变矩器结构示意图

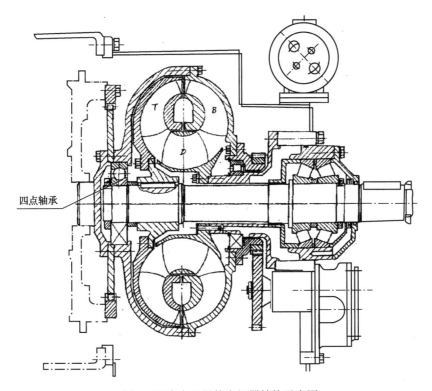

图 2　国产向心涡轮变矩器结构示意图

四点轴承

虽然解决了柴油机功率充分发挥的问题，但由于链条转速限制，向心涡轮变矩器依然没有在我国生产的链条钻机上得到应用。这个回合一耽误就是 6 年。

1.2　离心涡轮变矩器的研制

认真总结研制向心涡轮变矩器过程发现，任何一套装备中的部件研制，必须放在这一系统中去考察。

钻机动力机组中的变矩器是向机组后面的链传动传递动力，其功能既要保证动力机正常工作，又要满足其后链传动正常工作条件。对比中美钻机的动力机组可以发现，美国动力机基于发电基频 60Hz，是 1200r/min，通过向心涡轮变矩器后，输出转速刚好满足 1½in 链条（28 齿）的正常工作。而中国动力机转速是 1500r/min，为了满足其后 1½in（28 齿）链条正常工作，就只能改变变矩器的输出特性。

通过进一步调研，铁路机车用单级离心涡轮变矩器具有输出转速低的特点，能满足我国石油钻机转速的要求。

之所以美国钻机选用向心涡轮变矩器，除输出特性满足要求外，第二个要求当外部载荷为零时，变矩器输入功率也为零，这个性能刚好满足钻机起下钻手动上卸扣时，动力机组正常工作要求。

对比向心涡轮变矩器与离心涡轮变矩器的原始特性可以看出，当动力机组没有负载时，离心涡轮变矩器还吸收柴油机百分之百功率，必然造成变矩器过热使变矩器不能正常工作（图 3 和图 4）。

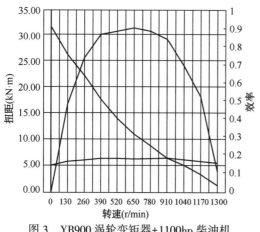

图 3 YB900 涡轮变矩器+1100hp 柴油机
联合特性曲线

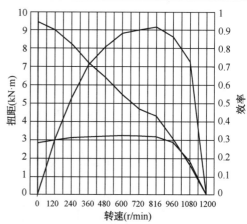

图 4 YB650 向心涡轮变矩器+550hp 柴油机
联合特性曲线

将离心涡轮变矩器用于石油钻机就必须解决这一难题，课题组提出并攻关研制了带充油调节阀的离心涡轮变矩器(图5)，在国内外首次将单级离心涡轮变矩器成功用于石油钻机的动力机组之上，使中国能成功制造出链条传动的机械钻机，进而完成了整个系列的研制与生产。不但满足了我国油气工业对石油钻机的需求，还出口到国外。

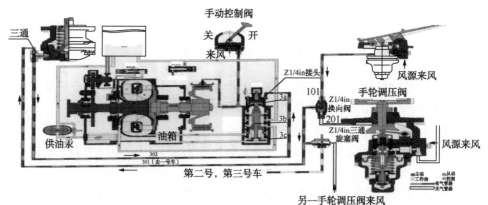

图 5 带充油调节阀的离心涡轮变矩器控制原理示意图

图 6 YB-900 型离心涡轮变矩器

为此，带充油调节阀的离心涡轮变矩器 YB-900 型(图6)于 1990 年 12 月获国家科技进步二等奖，填补了石油装备在获得国家科技进步奖方面的空白。

2 其他案例

(1) 针对生产条件的差异，研制带环型背钳的"顶驱"。

"顶驱"管子处理装备中的背钳夹紧、内防喷器控制和吊环前倾等三个功能均需要通过旋转密封实现。根据20 世纪 90 年代制造厂的生产条件，要完成这样的任务，困难很大。为此创新研制了带环形背钳的"顶驱"(图7)。此时,管子处理装置中只有吊环前倾功能需要通过旋转密封来实现。带环形背钳顶驱,具有结构简单、加工容易、运行可靠、操作安全的特点,而且省去了国外顶驱都必须配备的锁紧机构,受到用户的一致好评。该成果在北京石油机械厂产业化后,至今共有各种能力的顶驱414台提供给国内外用户使用,使我国成为继美国和加拿大后,第三个能生产顶驱的国家。

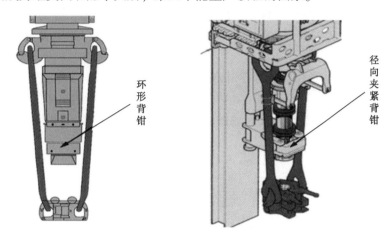

图7 带环形背钳的"顶驱"

(2) 针对工作对象的变化,研制了用于普通钻机的套管钻井技术。

由加拿大 Tesco 公司研制成功的套管钻井技术能减少钻井液漏失、提高井控能力并降低钻机非生产时间,而且也减少了计划外侧钻或卡钻的风险。采用套管钻井更换钻头由钢丝作业完成,既提高了作业效率,降低了燃油消耗,又保证了井筒安全,进而降低了钻井成本,因此该技术(包括套管定向井技术)的应用范围不断扩大。

该技术必须使用带顶驱的钻机(即套管钻井专用钻机)才能实现。课题组从普通钻机用转盘方钻杆的现实情况出发,将由液压驱动的套管夹持头创新设计为机械夹紧方式,实现了在普通钻机上进行套管钻井的任务,受到用户普遍欢迎。

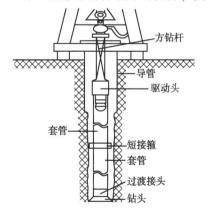

图8 普通钻机做套管钻井

3 小结

(1) 学习、消化、再创新是后来者超越竞争对手的"神兵利器"。

只要有成熟的技术可借鉴，不需要从头搞起。再创新就是站在巨人的肩膀上前行，发挥后知之明的优势，在设计上解决新问题，在性能上体现高要求。

(2) 解决差异带来的问题是"再创新"的重要途径。

① 硬件开发往往立足于单个部件或小系统的攻关，容易形成"照猫画虎"，可能会"事倍功半"。

② "消化"应将某产品看作复杂系统中的不可分割的一部分，了解整个系统的来龙去脉，特别是对使用环境进行对比，找出存在的差异，是完成再创新的重要的一步。

③ 再创新是针对差异，提出解决问题的措施，形成与学习对象有差别的技术，打造企业具有自主知识产权的新产品。

多学科结合的石油测井解释
与评价技术经验总结

欧阳健

  1961—1993 年，本人先后在胜利油田、海洋石油与塔里木油田等长期从事测井技术与油层解释工作。1994—1998 年到中国石油天然气总公司勘探局工作，现在中国石油勘探开发研究院专家室。1997—2003 年，组织与参加中国石油的低电阻与低渗透砂岩油层的测井解释攻关。近 40 年来所承担和负责项目在 1979 年、1993 年、2006 年分别获得石油部、总公司与"中油股份"的科技进步一等奖、二等奖与科技创新一等奖。

  1989 年参加塔里木石油会战以前，本人的技术研究工作主要是从生产技术进步出发进行，对勘探目标的地质研究欠缺。参加塔里木石油会战在油田地质研究院（综合石油地质研究机构）工作，并借鉴西方石油公司"多学科结合解释评价油层方法"（自己在海洋石油对外合作勘探中的亲身体会），本人的工作方法转变为"从勘探目标的地质规律研究出发，多学科结合研究油层分布规律、指导促进测井评价油层方法与技术发展"。20 世纪 90 年代以来，按此技术路线工作，并努力推动中国石油的测井评价油气层（藏）技术的进步，在勘探中不断取得可喜的成绩。

  积 50 年在测井评价油气层勘探的经验，本人有如下认识：（1）20 世纪 60—70 年代，测井开始发展的聚焦电测井（感应与侧向）及孔隙度测井（声波、密度、中子测井等）至今仍是测井技术最主要方法，它们一直在不断改进与提高；（2）无论采用何种新的测井技术都必须首先用勘探实践（岩心、试油、油藏地质规律等）进行检验与评价，并应针对勘探目标的具体问题与难点开展有效的应用；（3）针对当前低幅度—低阻油层（藏）与特低渗透的岩性油藏以及非常规致密油气层，在"岩石物理研究"基础上多学科结合研究油层分布规律并指导开展含油层电性质与评价油气层的方法与技术是"大石油公司"的核心技术；（4）需要指出，无论采用何种方法与技术，想要取得油气层评价有效的勘探成效，其前提是技术人员应大量消化目标区域内的地质、油藏、测井、取心、测试等资料，反复阅读与实践，尤其需从区域地质和单个油藏出发对测井响应规律的探寻要做到"孜孜以求"。否则，欲取得勘探成果只是空话。

1 多学科结合的石油测井解释与评价技术是石油公司的关键技术之一

  石油公司掌握区域的地质、地震、钻井、测井、测试等所有资料，多学科结合的优势是明显的。

  2000 年以后，中国石油针对中浅层低幅度油藏—低电阻油层与前白垩系低渗透砂岩油层开展了多学科结合的测井岩石物理研究与解释方法的攻关，取得较大进展。开展多学科结合测井评价砂岩含油层饱和度及其分布规律研究，并指导油层电性质与饱和度研究是测井评价油气层的主要方法和技术。

2010年以来，应用低渗透岩性油藏测井饱和度分布规律及相关"岩心刻度测井"技术在四川中部与青海柴西地区，测井解释了分布广泛的致密油气层(孔隙小于10%渗透率小于0.1mD)取得重要进展。

(1) 中国石油立足测井岩石物理研究的多学科结合的测井油气层(藏)评价成功典型实例：

① 渤海湾、松辽及西部的中、浅层低幅度—低阻油藏的精细勘探与老井复查，取得突出成果，累计发现高效的地质储量数亿吨。

② 在长庆、松辽等低渗透岩性油藏认识到生烃岩控制低渗透油层测井饱和度—电阻率的分布，因此按分区分层组建立油气层测井解释图版与标准，试油成功率在"十五"期间(2001—2005年)比"九五"期间明显提高8%~12%(统计上千试油层段)。显然，规模低对比度油层主要分布在生烃岩厚度薄的区域或生烃中心往上或往下距离较远的层组。长庆油田地质研究院开展油层压后的测井产能预测取得明显效果，其预测成功率可超过80%。

③ 塔里木盆地塔北的古近系、白垩系低幅度油气藏的测井岩石物理研究的饱和度评价与分布，开展"岩心刻度测井"多学科结合的描述。测井成功复查解释英买7井非目的层E—K地层35m厚的块状油气藏，为塔北油气勘探突破做出重要贡献，并对库车洼陷的勘探有推动作用。

库车山前克拉2气田取得大量岩心、测井和测试等资料，由于钻穿膏盐层后，钻井液矿化度提高，前两口预探井完井时皆换为淡水钻井液测井，及时解释气柱400余米的底水块状大气藏。之后，对高矿化度钻井液多口井开展"岩心刻度测井"的精细解释为地质提供可靠的油藏参数与依据。最终，地质综合研究用5~6口井，成功上交储量2500×10^8m^3。

④ 20世纪90年代以来，川东高陡构造石炭系气藏多学科结合的成功钻探与气藏描述，有效开展孔隙非均质分布的"岩心刻度测井"岩石物理研究，五百梯气田是其典型成功实例。中国石油天然气总公司勘探局组织储办(1995)对四川已投入开发的碳酸盐岩8个气田9个裂缝—孔隙型气藏，研究了容积法与压降法复算的储量，二者平均差1.5%。单个气藏相对误差皆在10%以内。

⑤ 构造油藏(储层物性较好)测井饱和度—电阻率分布规律研究。在毛细管理论指导下，用测井描述构造油藏中饱和度—电阻率的分布规律，并有成效地解释低幅度—低电阻油层(藏)，开展了浅层的黏土附加导电性研究、对中深层系统开展了淡水与咸水钻井液侵入不同饱和度含油层及水层的电测井影响综合研究等。

⑥ 特低渗透岩性油藏测井饱和度分布研究。大量观察长庆和吉林等油田的特低渗透砂岩的岩性油藏测井资料，其反映的油层饱和度主要受生烃岩对其充注程度决定，其油水的重力分异影响很小，它与生烃的强度、距油层远近与通道等有关。测井饱和度分布反映了特低渗透岩性油藏的原地充注特征。在此规律指导下，开展复杂孔隙类型的电性质综合研究(包括实验、数值模型——可考虑电各向异性等)，在长庆油田成功开展$\Delta\lg R$测井评价生烃岩有机碳TOC的源—储综合评价工作。

⑦ 应用测井反映特低渗透岩性油藏的原地充注特征指导四川中部侏罗系凉高山组与龙

岗地区沙溪庙组测井复查，解释了广泛分布的致密砂岩油层，开展 $\Delta \lg R$ 测井评价生烃岩，目前正由四川油田分公司研究。

⑧ 应用测井反映特低渗透岩性油藏的原地充注特征指导青海柴西地区生烃中心深探井（开 2 井、油南 1 井、南 14 井）的复查解释，该区上干柴沟组 N_1 与下干柴沟组 E_3^2 的湖相泥灰岩—混积岩测井复查解释累计厚度上百米致密油气层，原试油已获少量气，有待油田进一步落实。

（2）美国为代表的西方石油勘探开发中的"测井与油层评价技术"。

"测井与油层评价技术"主要被三个集团掌握：①实力较强、数目有限的石油公司；②咨询公司（较大的不多，小的多如牛毛）；③测井公司（大的仅有 3 家——斯伦贝谢公司、阿特拉斯公司与哈里伯顿公司，并具有垄断性质，电缆测井市场营业额 1992 年为 23 亿美元（据纽约证卷交易所年报），三家公司约占 93%、2005 年电缆测井营业额 58.32 亿美元，三家公司下降到 74%（据石油经济研究中心扬虹），其他小的测井公司很多，营业额占 26%，其中 Computerlog 公司（并入威德福钻井公司）占 10%，其余小公司如 W-H 能源服务公司、Group Plc 公司和 Smith 公司等电缆市场的营业额皆为 1%～2%。

西方"测井油层评价技术"可归纳为：

① 石油公司的技术（包括为其服务咨询公司），立足"岩石物理研究"开展多学科结合的油气层评价，同时，还发展独到技术，如 Shell 公司砂岩与泥质砂岩饱和度（黏土阳离子附加导电）实验技术、Exxon 公司烃源岩测井 $\Delta \lg R$ 评价技术、Amoco 公司全球拉张盆地异常压力的测井—地震预测技术。此外，它们对推出的测井新技术需进行科学实用性评价，以便有效应用。

② 测井公司主要发展单项技术与装备以及支持单项技术的物理方法与解释方法。至于解决实际问题的效果，正如他们处理、解释成果图上所申明的"解释结论不负法律责任"，西方大石油公司对其解释成果的态度（Exxon 公司的测井技术主管于 1982 年的原话）："测井公司解释结论仅供参考，油气层评价由石油公司自己做"。

2 技术推广——油气层评价技术的发展关键是队伍的培养与可持续成长

软件不是关键，它仅是工具，重要的是针对勘探目标的方法与技术及掌握它的技术人才，这些技术与方法都将会因不同地质条件而改进。

（1）中国石油培养人才的经验有待进一步提高。

1990 年后，中国石油的塔里木油田与冀东油田（自己无测井服务队伍），主要依靠地质研究院的测井解释队伍完成油气层解释与评价以及储量参数的研究。1996 年，由原中国石油勘探局组织各油田总结应用测井新技术以来的解释经验并提出"中石油的探井三个层次的测井解释技术要求"，即单井解释、精细解释与多井评价，之后，形成行业技术标准。由此，精细测井解释与多井评价皆由各油田地质研究院测井解释站（所）承担，测井公司已难胜任，各测井公司主要承担本油田的完井的单井解释即生产性解释。

目前，面对日益复杂的勘探开发目标，油田如何培养能开展测井岩石物理研究、多学科结合的油气层测井解释人才队伍就成为关键。中国石油不定期的短期培训班基本停留在"信息交流与概念传授"，实际能力培训只能在各油田实践中"师傅传徒弟"方式。这极不适应当前勘探工作的需要。

测井油层解释与评价是一个生产性很强的工作，它在勘探的关键时间段发挥作用明显（它受完井、试油等工程制约），否则，就会贻误战机，影响勘探效率。同时，测井多次精细解释对综合石油地质研究必不可少。因此，除了培养综合勘探能力强的学科带头人之外，提高油田一线油气层解释队伍的整体素质是生产之急，也是综合研究之需。勘探开发中对油气层解释水平直接有影响的地质技术人员，包括在各级地质研究院的测井解释站（所）、勘探所、开发所、油田勘探处（公司）、开发处、采油厂地质所等，如何形成不同层次、持续定期的培训机制，是油公司有关部门需要深思的问题。

油气层（藏）测井岩石物理评价是一个实践性的学科与技术，不能用攻关课题代替人才培养，当然，攻关课题可以促进和带动人才培养。

（2）Amoco 公司培养多学科结合的高级勘探、开发技术骨干的研究培训班。

美国 Amoco 公司从 20 世纪 70 年代以来，由研究中心（在 Tulsa）举办，坚持每年一期 10~12 名高级技术干部（来自地质、地震、油藏、开发等专业部门）参加为时一年的多学科结合、勘探开发一体化学习的"高级岩石物理研究培训班"。Amoco 公司对于岩石物理学的定义是：岩石物理学是多学科结合描述岩石特征、孔隙和流体系统的过程

通过以实干为主题的培训现场来的技术专家，可以把研究中心的技术转移到现场，同时把现场提出的难题反馈给研究中心。

举例：1994 年第 28 期研究培训班，为期一年，学员 12 人。学习各专业时间占 52%：地质学 12%、油藏工程 14%、测井分析 12%、地球物理 2%、项目与数据管理（计算机应用）12%。共有 70 项以上的新知识与技术，内容主要是 Amoco 公司的科技成果。另一半时间，无论参加者原来从事何种专业，每人独立选择具体区块亲自干——开展综合研究（即油藏描述），提出新的地质模式，进行开发方案的数值模拟，最终提出新的提高采收率方案。每个学员最后都会写出巨厚的研究报告及有分量的论文。

第 28 期研究培训班活动与教员：Amoco 公司专家 58 人、外请 16 人。室内研讨 83 次、综合研究 18 次、野外观察与研讨 4 次。Amoco 公司认为培训计划成功的关键在于：严格管理、现场选出有经验的优秀专家参加培训、与 Amoco 公司研究中心等有成果的专家结合，并把现场中的难点与问题反馈给中心、培训者以项目作为自己动手实践的对象。

Amoco 公司第 28 期（1994 年）培训班各学科学习内容提纲：

① 地质。岩石学、沉积、岩心描述、孔隙系统、岩石目录、储层评价、地层压力、储层非均质性、地球化学、生烃、烃运移、流体包裹体 GEOCHEM—有机地球化学数据库、层序沉积学、古生物学应用、构造地质、盆地模拟等。

② 地球物理。地震解释、地震探测、地震处理技术、VSP 解释、综合测井解释、地震的岩石性质、叠前偏移与反演、ILIS 系统（交互制约式岩性解释系统）、烃检测、横波速度、地质统计、油藏成像和特性描述。

③ 测井分析。理论、仪器操作、工作软件——Petcom 与 WDS、测井地质应用 GEOLOG、薄层状砂岩解释、低电阻油层、地层倾角与电缆式取样与测压 FMI、套管井测井与套管研究、综合岩心与油藏模拟研究、全球拉张盆地异常压力预测（软件 PRESGRAF——利用全套测井与地震叠前偏移（软件 MBS）的层速度预测地层的异常压力。

④ 工程。岩心分析、毛细管压力、相对渗透率、流体性质、润湿性、原油化学、孔隙压力检测、井孔稳定性、钻井与完井力学(短径水平井、旋转定向钻井钻柱震动分析、反旋转技术)、完井技术、压裂增产、压力瞬态分析、生产历史对比、油藏模拟、高压空气注射——地下燃烧、致密气层、煤成气 Coal De-gasification、独立流动单元、综合工作站。

⑤ 项目与数据管理。项目管理、统计学、计算机与新的网络应用培训、数据库应用、风险和数据分析/管理(RISK 系统——用于勘探评价的系统、GRISK——用于煤成气开发评价、MISI——全球评价系统)。

培训班参考书之一是由地质 AAPG、地震 SEG、油藏工程 SPE 与测井 SPWLA 四个学会于 20 世纪 90 年代联合编辑纪念 G. R. Archie(创立经典的测井解释饱和度模型的地质专家)《岩石物理应用文集》(由张一伟等编译,1995 年石油工业出版社出版)共 30 余篇文章,皆为多学科综合评价成功解决勘探与开发的实例。

3 建议(对中国石油勘探开发研究院再次建议—上次是 2007 年)

(1) 以中国勘探开发研究院为平台作为中国石油的多学科结合培训高级综合性勘探人才。

为了尽快提高中国石油组织各油田的攻关水平与推广前些年的攻关成果,避免"熊瞎子掰苞米"现象,建议以中国勘探开发研究院为平台,与各主要油田建立紧密合作关系,参考 Amoco 公司的培训班模式,分层次设计系统、实践性的科学培训计划。

(2) 人才培养必须落实在细节与动手能力上。

近 10 年来,中国石油低幅度油藏—测井低阻油层和低渗透岩性油藏的测井低对比度油层的解释已经取得了长足进步,但是,能全面掌握其技术的带头人屈指可数。需要把它分解为若干环节与实例,用不同方式促使基层的骨干提高,在实践中发现更多的油藏。现在看来,对特低渗透岩性油藏与非常规致密油气层中的高含油饱和度油层(分布规模较大)在某些地区都可能漏掉,这正是由于年轻技术人员缺少实践与系统培训之故。

油气层解释技术可分解为若干环节,例如:构造油藏与岩性油藏—致密油气层等的饱和度分布规律的理论与实例;油藏饱和度评价的多种方法(包括理论与实验方法)与有效实例;包括测井解释方法、毛细管压力方法(包括压汞与半渗透隔板法等的应用)、岩心分析法等;钻井液侵入不同饱和度油层与水层的机理与侧向、感应电测井的不同响应规律及相应解释方法——大量实例;泥质砂岩黏土阳离子交换能力与电化学束缚水性质与测井解释;裂缝性储层电各向异性与电测井响应及实例;"岩心刻度测井"精细解释的全过程,$\Delta \lg R$ 测井评价生烃岩有机碳 TOC 等。

上述内容需要在高层领导支持与规划下,综合研究机构统一组织、持久实施。

(3) 开展测井新技术针对性应用的评价与提出对策。

深入专业技术评价是一项更困难的任务,要求不仅对近、中期勘探目标的地质、储层岩石物理性质与需要深入了解,而且要对单项测井方法与理论要有较高造诣。测井方法主要包括电法、核测井、声测井等,从专业角度,它们之间如同隔行。例如,美国的电法测井研究带头者都来自电子工程系天线(电磁发射)专业。

针对当前主要的勘探对象,例如:非常规的低渗透岩性油藏与致密油气层、具裂缝—溶孔洞的碳酸盐岩油藏等，及山前复杂地质与工程条件的勘探等的测井技术与油气层评价，分类提出勘探、开发不同阶段的测井岩石物理方针与对策，包括平衡合理的技术政策与经济投入政策。

总之，"长期、持续建设中国石油测井岩石物理研究与油气层解释的精干队伍"是百年大计。同时，应针对主要勘探目标及时提出测井岩石物理技术政策，并对推出的测井新技术开展针对性评价研究。

参 考 文 献

[1] 欧阳健，等．塔里木盆地石油测井解释与储层描述［M］．北京：石油工业出版社，1994.

[2] 张一伟，等．油气藏多学科综合研究［M］．北京：石油工业出版社，1995.

[3] 欧阳健．测井地应力分析与油气藏［J］．勘探家，1999(1)：38-43.

[4] 中国石油天然气集团公司勘探局．渤海湾地区低电阻油气层测井技术与解释研究［M］．北京：石油工业出版社，2000.

[5] 欧阳健，李善军．双侧向测井识别与评价渤海湾深层裂缝性砂岩油层的解释方法［J］．测井技术，2001，25(4)：282-286.

[6] 欧阳健．油藏中饱和度—电阻率分布规律研究——深入分析低阻油层基本成因［J］．石油勘探与开发，2002，29(3)：44-47.

[7] 李长喜，等．盐水泥浆侵入形成低幅度—低电阻油层的测井识别与评价［J］．中国海上油气，2008(6).

[8] 欧阳健，毛志强，修立军，等．测井低对比度油层成因机理与评价方法［M］．北京：石油工业出版社，2009.

[9] 欧阳健．构造油气藏与特低—超低渗岩性油藏测井评价饱和度多学科结合方法与应用（Ⅰ）［J］．塔里木石油与天然气，2016，11(1).

[10] 欧阳健．构造油气藏与特低—超低渗岩性油藏测井评价饱和度多学科结合方法与应用（Ⅱ）［J］．塔里木石油与天然气，2016，11(2).

油田开发设计理念与思维

方宏长

1 油田开发设计理念与思维形成的历史

油田开发设计是油气资源勘探发现之后，油田准备投入开发之前早期投资建设决策的依据，也是油田投入开发之后，不同开发阶段需要做出重大调整的指导蓝本。油田开发设计是融合了地质学、油藏工程学、钻采工程学、地面工程学、经济学和政治社会学多种学科理论，针对油田实体的具体情况提出对有关油田开发知识的理解和论述，这套设计理念是一种系统化的科学知识应用，是关于油田开发客观事物的本质及其规律性相对正确的认识，是经过逻辑论证和实践检验并由一系列概念、判断、推理和计算表达出来的知识体系。这套理念体系极大提升了应用自然辩证法如何能动地指导认识油田、改造油田；极大地丰富了对各类复杂油层非均质性的认识和开发的应对策略；极大加强了对各个学科以致经济、政治和社会等领域形成一整套相互联系、相互协调、相互衔接的研究方法和管理体系。

油田开发设计理念系统是在世界各类油田漫长的开发历史实践中形成的，在未形成这套理念体系时，人们对油田的认识往往都是简单的，开发部署是盲目的，20世纪30年代以前，油田数目少，油藏埋藏浅，科技水平低，大部分发现的油田都分割成大小不同的区块，隶属于不同的资本家所管辖经营，根本不可能把一个油田进行完整的认识、解剖并制订合理的操作措施，以获取油田开发最大的效益和高的采收率。当时的基本理论就是"以井为单元""钻井越多，采油越多"，在这个理论指导下，必然就是井打得密密麻麻。整体去研究油藏合理开发的概念还没有形成。于1930年10月发现的美国东得克萨斯油田开发就很典型，该油田含油面积566km²，共打井30987口井，平均井网密度为2ha/井，结果是引起了油井产油量和地层压力迅速下降，边水迅速侵入。

20世纪30年代到40年代初，发现的油田埋藏深度不断加深，钻井费用也相应提高，加之经历过密井网吸收的经验教训，逐步认识到"在地质上能量上为统一体"的简单概念，随之设计和实施时放大了井距，按钻开油层厚度来限定油井产量的配额，以至提出了"稀井网开发"的理论。在这个时期，油田开发的基础理论之一对油层物理研究有了重要的进展，1934年R.D.乌索夫和M.马斯凯特在达西渗滤方程基础上，发展了对油层岩样测定渗透率；1936年，R.J.薛尔绍斯对流体PVT样品开展了一系列实验，首次导出了物质平衡方程式，成为油田开发分析和计算最重要的理论依据。

20世纪40年代到50年代，不少油田开展了人工注水开发，S.E.巴克莱和M.C.列维瑞特对水驱油等两相和多相渗流理论做出了重大贡献；1948年，苏联学者А.П.克磊洛夫对油田开发理论进行了大量综合研究，出版了《油田开发科学原理》，随后1962年А.П.克磊洛夫和П.М.别拉什、Ю.П.包利索夫等出版了《油田开发设计》，油田开发科学原理和油田开发设计理论才日渐走向成熟，特别是注水和注气油田二次采油方法实践的展开，认识到油田开发必须要从油藏整体上去研究和考虑问题，油藏地质学、渗流力学和油藏工程学有了飞快的发展，开发过程中努力采取各种调整措施扩大驱油波及体积对提高采收率至关重要。1949年，M. 马斯凯特就说过这样一段话，"困扰着石油生产的许多尚未解决的问题，除了它内在复杂性外，莫过于油藏的非均质性"。对油藏非均质性和开采过程中油水运动剩余油分布状况的研究，进一步认识到简单地提出"稀井网开发"也是不合理的。非均质性严重特别是多油层的油田，稀井网无法控制好油田的储量，这是导致储量动用程度低、采收率不高的主要原因。《油田开发设计》一书已经明确提出了划分开发层系的对策，第一批井可以按照比较稀的井网部署，第二批井应当在详细研究了第一批井获得油层的地质结构及物理性质之后再进行加密，这种程序或根据水驱"确定了形成死油的地方以后再行加密部署"，这种认识已经不是以前简单地回到"钻井越多，采油越多"初期认识上去，而是油田开发认识的发展和提高。

20世纪60年代到80年代，油田开发设计理念已步入辉煌发展的阶段，特别是中国大庆油田的发现和开发，它吸取了世界许多大油田的经验和教训，结合中国陆相储层的特点，独立自主发展了一套中国特色的陆相储层油田注水开发理论及设计理念。这套理念的特点是：

（1）从陆相储层具体油田实际情况出发去认识储层，实现了单油层对比研究，发现了油砂体和连通体，突破了大层段对比及笼统的平均概念。

（2）合理分组合划分开发层系，为油层实现比较均衡开采打下基础。

（3）选择合理井网，目标是力求水驱储量控制比较高，经济效果比较好。

（4）实现早期注水、内部注水掌握了油田开发的主动权。

（5）掌握油田开发过程中的油水运动规律，重视从内因和外因两个方面分析注水有利和不利的两个方面。

（6）实现分层注水、分层配产、分层测试、分层分析、分层措施、分层管理。

（7）建立起有步骤、分阶段地进行多次布井、多次调整、多次开采形成一套合理的开发程序。

大庆油田这套具有中国特色的陆相储层油田注水开发理论及设计理念确保了大庆油田 $5000 \times 10^4 t/a$ 稳产了27年，取得了良好的开发效果和经济效益。

从20世纪80年代到现在，围绕油田开发的各种技术有了飞快的发展，3D开发地震普遍得到推广应用，4D地震在世界上也已经问世，FMI成像及核磁等特殊测井技术成功地可以探测到储层裂缝和流体饱和度的分布。水平井、各种复杂结构井应用开创了油田开发新思路，大大提高了油井的产量、提高了经济效果。随着计算机技术飞速发展，数值模拟用来预测油气田开发的发展趋向已成为油气田开发家所掌握的重要手段，它是综合油气田内在和外在多种因素构成的复杂关系，以事物发展的规律为依据，演绎油气田的生命。

在这个时期，油田开发设计和评价已经认识到必须应用多学科综合研究，提出了油藏管理（Reservoir Management）全新的综合研究观念。以任美国休斯顿迈克尔（Michael）T. 霍尔布蒂能源公司董事长兼安大略顾问工程师（CEO）的霍尔布蒂（Halbouty）为代表提出了最佳协作的多学科互相渗透，共同协作的研究方式。新油气田开发研究以及在油藏开发生命期中所实行的油藏管理，都应最大限度地把物探、钻井、地质、测井、试油试采、采油、井下作业、地面建设、动态监测和其他有关各个学科协调起来，形成最佳协作的管理体系；采用经济有效的先进技术；制订和实施正确的油藏开发策略，并不断地完善和调整，取得最佳的经济采收率。

油田开发设计理念系统的形成、发展、创新、完善过程告诉我们，"理论的源泉是实践，发展依据是实践，检验的标准也是实践"。在一套比较成熟的理论指导下，由于不同油田的储藏相的不同、非均质性不同，流体性质不同，生产历史不同，社会、环境、经济等不同，各自的开发设计也应是不同的，比较成熟的理论体系是共性，各个不同油田的储藏及其各种表现出来的不同点是个性，在研究一个油田开发时我们的思维千万不可以固化，在油田开发设计理论系统指导下更多更深入去研究、掌握油田的个性才能有发展、有创新。

2 油田开发设计两大经典支柱

2.1 油田开发地质学

油田开发地质学是油田开发设计的基础，是地质学中一个独立的分支。它与勘探地质有相当的区别，勘探地质研究油藏的目的是围绕"生、运、储、盖、保"这些条件去做文章，从而去探寻油气的分布规律，找到新的油藏。研究的方法往往是以含油层段或地层组为单元去研究，着重于宏观的规律。油田开发地质研究油藏的目的是围绕"分布性、连通性、非均质性、流动性、驱动性、敏感性"这六方面特性去做文章，从而去认识油层、隔/夹层、油/气/水的分布规律，从微观上研究储层孔隙/裂缝的非均质性，了解油/气/水的性质和油层压力系统，了解储层岩性对水敏、盐敏、速敏、酸敏、压敏的影响，落实油田各层的储量，从而提出相应的对策去开发和管理好油田。研究的方法往往是以单层或流动单元去研究，着重于微观的规律。这些研究最根本和最重要就是要编制好油藏的地质模型，这个地质模型要真正反映地下油气层的实际特点。

油田开发地质学最原始的基础工作就是油层对比，过去国内外油层对比研究工作都是在大套层段对比进行的，所得出是储层组笼统的平均概念，这基本是勘探地质研究的工作方法，按现代的层序地层学研究而言，只能研究到准层序级别，对应为第四级沉积旋回。但这对于油田开发地质学而言，还是不足以反映油层的本来面目。因为分组分段大平均的研究方法会把分层的特殊性掩盖起来，大庆油田发现之后，在实践中发展了一套"旋回对比，分级控制"以小层为单元的对比方法正是突破大套层段对比的概念，由此发现了油砂体和连通体，为合理层系划分和井网部署奠定了基础，也为大庆油田后来提出走分层开采的道路奠定了理论基础。

2.2 油藏工程学

油藏工程学是属于石油工程学的一个分科，是贯穿于一个油田在不同开发阶段都需要高度综合研究的技术学科，油田开发地质学是它的基础，开发钻井、采油工程、地面工程、开发经济等学科是构成它高度综合评价的依据，对油藏工程学最直接的理论是油层物理化学性质、油藏的驱油机理及流体在储藏中的渗流规律，如何掌握这三个方面的特性和规律，关键是通过大量的实验、试验、观察、模拟和预测，从而提出一个油田的开发方针、合理的开发部署和调整措施。

油层物理的孔隙度、渗透率、饱和度通常归入开发地质学去研究，岩石的特殊物理实验如压汞实验、相渗实验、热传导实验全部归入油藏工程学研究，流体的常规与特殊物理化学实验归入油藏工程学研究。这些实验帮助我们认识储藏中的流体是稀油还是稠油以及它随着压力和温度的变化而变化的规律，这些性质、规律对我们决定采用什么开发方式至关重要。

生产试验和动态观察是油田开发设计必备的基础，它担负着认识油藏五大重任：

（1）油田的天然能量大小及其对产能、稳产、采收率的影响。

（2）油井不同地层系数对日产量、采油指数的影响，合理生产压差及其波及的范围。

（3）不同层系、井网组合所能得到最大的合理的产量和对采收率以及各种技术、经济效果的影响。

（4）不同开发阶段，油田生产动态特征及相应增产、增注工艺措施。

（5）各种驱替方式及各种提高采收率方法的适应性及其效果。

也只有这些实践，才最真实地反映出油田的生产能力、开发规律和合适的开采措施。当然，生产试验区或试验井组的选择要注意有代表性，要先于油田全面开发之前，以便先取得认识，起到先导作用。

油藏工程最终的任务就是要编制好方案，地质模型是基础，渗流理论和物质平衡理论、热力学理论是推理的依据，生产试验和动态观察是反映了自然运动的规律，是开启人对自然复杂运动有一个比较清亮的认识，是修正储藏地质参数的依据，人对不同方案的部署、钻井工作量、采油工程工作量的安排是人对油藏取得基本认识基础上综合社会、经济、合同、环境等多方面因素提出改造客观的主观愿望。由此可见，这是一个很大的系统工程：油藏的内在因素+人的外在因素+事物发展的规律将演绎出许多方案，究竟哪个方案好，最客观的是应用数学优化的方法去选择，优化的目标首先是在评价期内经济效果最优，其次是油田的采出程度最高。

从油田开发地质学与油藏工程学这两大支柱研究的内容和发展给我们一个很重要的启示："分组分段大平均的研究方法会把分层的特殊性掩盖起来"，过细研究，才能有所发展有所发现，才能拨开云雾见青天，只有认识了油层的各个部位及其参数变化，才有可能更深刻地认识油层的整体。理论和实践都是人们认识油藏和改造油藏不可分割的两个方面，不认识油藏的开发的规律，没有理论的指导，改造是盲目的。实验、试验、实践是检验理论的标准，没有实践证明的理论是空洞的，对于油田开发设计这样一个庞大复杂的优化系统，只有理论和实践紧密结合才能充分发挥人的主观能动性，优选出可供实施的最优方案。

3 各大学科在实践中发展和融合

近20年来，各种科学技术发展很快，对涉及多学科的油田开发设计必然带来很大的影响。

3.1 开发地震的飞跃发展

三维地震勘探技术是从二维地震勘探逐步发展起来的，是一项集物理学、数学、计算机学为一体的综合性应用技术，3D开发地震目前主要应用于开发初期查明构造形态、进行储藏预测，这已经成为热门的技术。3D开发地震的应用由于紧密地融合到地质、测井、油藏工程等多学科中，"九五"以来发展起来的地震测井反演新技术已经成为一门完整油藏描述和动态监测的新兴学科，其技术发展的特点是：

（1）应用高精度 3D 地震提高地震资料的反射品质，做好叠前时间、深度偏移处理，建立最佳速度模型，使构造准确归位。用相干体技术检测反射波的中断点，准确识别断层，相干体技术主要展示大断层，倾角检测用于识别小断裂。结合方差体及立体化手段对断层、层位进行了解释和追踪。并运用可视化模块，对解释的断层、层位在空间上的展布情况进行了分析，有效地验证了构造、断层解释的合理性。

（2）充分利用叠前信息、采用分频处理方法自动优选属性参数、建立最佳转换关系，使叠前属性对砂层解释具有更高的分辨能力，利用密集的三维数据实行地震测井联合反演储层，应用地层学精细划分地层层序，加强地震对测井内插的非线性约束作用。通过高分辨地震研究，提高地震分辨薄层的能力，为薄层油（气）藏精细描述创造了有利条件。

（3）建立孔隙度与速度的线性关系，用地震反演速度计算孔隙度等油藏参数。

（4）最新发展起来的时间推移地震监测技术，这项新技术对于重新认识油藏，寻找剩余油分布，确定加密井、扩边井部署具有重要意义。时间推移地震就是每隔一定的时间对油藏进行一次三维地震观测，对不同时间观测的三维数据进行互均化处理，使那些与油藏无关的反射具有可重复性，保留并利用与油藏相关的反射之间的差异来确定油藏随时间的变化动态。时间推移地震互均化（匹配）处理消除采集因素造成的影响，克服处理参数带来的差异。其基本道理是当油藏开采发生变化时，会引起盖层或围岩的波阻抗发生差异，从而使反射振幅发生变化。当油藏变化引起速度升高时，油藏底界反射或油藏下面的深层反射会出现上拉现象，反射时间减少。反之，当油藏变化引起速度降低时，油藏底界反射或油藏下面的深层反射会出现下拉现象，反射时间增加。速度的变化，将引起层间旅行时间改变，从而表现为频率变化。正是根据这种变化可用来监测油藏流体的变化，目前对于疏松的稠油油藏，采用热采方式（如蒸汽吞吐、蒸汽驱、火烧油层等）应用这一技术来监测流体前缘推进情况，已有成功的实例报道。

3.2 储层沉积微相分布及非均质性研究

油田开发的不同阶段，对储层砂体研究精细程度的要求也各不相同，早期评价阶段往往对大相、亚相的掌握比较重要，以免造成战略性的失误；到了油田开发中后期，油田提出了调整、挖潜、提高采收率等开发部署，对地层划分法与对比的要求也就越来越高，往往要注意对微相的研究，5 级微相、6 级微相以及单砂体内部的非均质特征是地质家重点需要研究的内容。这些研究有两个主要任务，一是建立储层砂岩体的几何形态，二是确定储层的非均质性和储层中潜在渗透的隔挡层，这两个主要任务对于开发部署成败至关重要。地质家想到的就是收集大量的储层相内各砂岩体几何形态和非均质性分布的定量地质信息建立数据库，用储层随机模拟使我们对储层有一个基本的认识，同时大力进行了露头平行研究，如 Philip Lowry 等学者发表的"河控三角洲体系三角洲前缘砂岩的特征研究"，定量描述了砂体的大小和几何形态，用以区分不同的砂体类型，他们发现，从厚度上看，分支河道砂体 90% 小于 18m，50% 小于 9m，20% 小于 3.5m；分支河口坝 90% 小于 30m，50% 小于 18m，20% 小于 7m；远沙坝 90% 小于 0.55m，70% 小于 0.1m。他们还根据各种砂体的宽度、长度以及宽厚比作了统计和归纳并找到了规律，在已知某分支河道砂体的厚度时，便可以对其宽度做出预测。我国对拒马河曲流河相沉积解剖、永定河辫状河相沉积解剖以及对滦平扇三角洲沉积体系露头详细解剖，对如何精细地预测井间砂体的几何形态和空间配置关系以及砂体内部的各种油藏参数，建立实用的精细三维预测模型都做出了很大的贡献。根据拒马河曲流河相沉积解剖进一步认识到侧积面、侧积层、侧积体是曲流河相的重要相标志；根据永定河辫状河相沉积解剖进一步认识到"落淤层"是辫状河相的重要相标志。通过这些解剖使我们再次认识到对一个沉积体系的判别和确定，一定要综合岩石学、流体动力学、岩相划分与组合、沉积体系配置与组合等多种判别方法相结合。建立地质模型是储层表征的主要任务，针对我国陆相储层的具体特点，人们普遍采用分两步随机模拟方法，即首先建立储层骨架地质模型，然后建立储层参数模型。储层骨架地质模型是储层砂体及砂体内部的结构要素在空间的排列方式。储层骨架地质模型表达了各储层单元、储集体的几何形态、规模以及相互之间的连通性和连续性，因此建立储层骨架地质模型的关键参数是不同类型砂体的形状、长宽比、砂体之间的连通方式。

储层参数模型主要是指储层的孔隙度和渗透率等连续性参数的空间分布特征，目前建立储层参数模型的发展趋势是更多地考虑地质体本身的结构特征，通过露头调查、同类沉积相对比、密井网解剖等方法获取地质知识库信息，采用一定的方法进行预测，主要方法有地质统计随机模拟方法、分形几何学方法、神经网络方法等。在储层预测中常用的随机模拟方法主要有：序贯高斯模拟、序贯指示模拟、截断高斯模拟、概率场模拟、分形模拟、布尔模拟、退火模拟、示性点过程模拟、镶嵌过程模拟等。这些方法都能从不同的侧面为油藏描述提供较逼真的特征，采用不同的随机模拟方法将影响最终的油藏描述精度。在滦平扇三角洲露头储层预测中，选用了序贯高斯模拟建立渗透率分布模型，利用布尔模拟、序贯指示模拟和截断高斯模拟方法分别进行沉积相的模拟，以比较其应用效果。通过比较发现，序贯指示模拟方法比较适合于滦平扇三角洲的沉积相模拟，在储层渗透率预测中，序贯高斯模拟比传统的普通克里格方法的应用效果好，更能够反映储层的非均质性。

3.3 数值模拟技术发展和运用

油田开发设计最终目标必须提供一个产量剖面，产量剖面是确定表征开发过程随时间变化情况的油、气、水数量指标，这个产量剖面是一个具体油田在某种开发方式下，采用某种开发部署及其相应工作量产生的综合效果。不同方案的产量剖面进行对比、优化是油田开发决策的重要依据。

在进行这些产量计算时，除了纯数学方面的困难之外，还遇到许多储层几何形态、岩性、物性和流体性质的表征和求解方法，在 20 世纪 50 年代前，产量预测主要还是靠水动力学方法计算，这种计算往往是把复杂的油层形态和参数简单化、均一化，如果我们提出的问题考虑的不同因素越多，分析求解就越复杂，计算所遇到的困难就越多，甚至实际上不可能用这种求解办法进行大量的计算。随后一些学者根据物理—数学基础看到电解模拟过程与在油层内渗滤过程之间相似性。拉普拉斯方程式实际可以采用电解物理模型来求解，虽然这种模型还不可能用来模拟复杂的多井渗滤区域问题，但在研究不完善的垂直井、斜井、水平井井底附近渗流问题时，电解模型还具有科学的实际应用价值。

20 世纪 50 年代末，从电解模型发展到电网模型，电网可以相当容易地重现任何形状的油层，电网由许多电阻构成并可以划分许多单元，由此可以得到各种电网比例尺格距离和任意的正交坐标系，利用电网上电阻的变化可以模拟渗透率和厚度及其各向异性的油层，电网模型也可以用来研究互相重叠具有水动力连通油层的渗滤过程，在50年代末60年代初，电网模型得到过广泛应用，但这种模型比较笨重和复杂。

1953年，布鲁斯、皮斯曼等着手将数值方法演变为相对高级的计算机程序，20世纪50年代期间开始了应用数值模拟方法求解"油层系统中非稳定态流动的实际处理"。

20世纪60年代之后，计算机技术飞速发展，数值模拟已成为油气田开发者所掌握的重要手段，在油气田开发经营过程中，无论是对油气田的动态分析或是评价油气田开发部署所采取的策略，越来越离不开数值模拟这门计算技术。

油藏数值模型的类型是根据油气田储藏特性及油藏工程师需要处理各种各样的复杂问题而设定的，油气田储藏特性和油气性质不同，选择的模型也不同。油藏数值模型的类型从一维到三维三相，从黑油模型到组分模型，发展很快，根据一些特殊性开采方式需要，现在还有其他许多类型的数值模型，如热采模型、注聚合物模型、化学驱模型、裂缝模型等。

利用油藏数值模型对油气藏动态进行预测，在近20年内其计算速度和功能在不断改进，新的模拟技术在不断发展，过去5万~6万节点都要上大计算机计算，现在40万~50万节点的模型在微型计算机就可以运算了。数值模型是以地质模型为基础，将地质模型粗化后转换为油藏预测模型，网格分得越细，网格节点越多，计算的精度越高，计算的工作量也越大。数值模拟至今始终受到两方面限制：

（1）受到对油藏认识的限制，目前所有的探测手段的分辨率还远远不能满足我们的要求，因此，我们使用数值模型方法对油藏进行研究所得到的结果还只能是相对的，或者说是半定量的，或者说或多或少是某种尺度上的平均的结果。

（2）受到计算机的限制。计算机处理的容量越大，计算速度慢、成本高。超百万节点模型运算在过去很难以实现。直到近10年来才有了飞快的发展，由于采用了并行处理技术加快了速度，使得过去采用串行处理技术难以实现的问题得到了解决。这些新技术包括：有区域分解计算理论；大型稀疏线性方程组的预条件求解技术；迭代加速计算方法；并行数据流结构设计及处理器之间的数据通信技术。尽管如此，大容量超百万节点模拟无论在硬件上还是软件上还不成熟，我们不可能不分油田大小，研究问题不分复杂程度，把数值模拟看作十分完美的技术。

用好数值模拟一定要从油气田实际出发，针对研究的问题多做些机理性的研究和预测，模型的选择不在于如何复杂和多大容量，关键能代表油气藏的特性；使用数值模拟时，如果要取得更符合实际的结果，油藏工程师和油田地质师要通力合作，都对油藏及各种参数有更深入了解这才是最重要的。对油藏了解得越深，提供的参数越接近实际，生产的历史数据拟合越好，用油藏数值模拟得到的结论才越接近实际。

3.4 水平井技术带来的效益

过去油田开发部署主要是考虑直井部署，从20世纪80年代起，应用水平井新技术开发油田开始兴起，到2000年底，全世界的水平井井数已超过了24000口，这其中绝大多数都属于美国和加拿大两国。水平井技术成功率达到90%~95%。我国从90年代开始，也有了比较快的发展，到2000年底，已钻了400多口水平井。水平井技术目前已相当成熟。

水平井技术是一项非常有潜力、有优势的新技术，它主要是泄油的面积比直井大得多，以一口水平段长 600m 的水平井为例，可以将水平段长度视同由许多直井点构成，直井的泄油半径 $R=150m$，泄油的面积 $S=70686m^2$；水平井的泄油面积则为一个 600m×300m 的长方形再加上 A 和 B 两个端点上半径为 150m 的半圆形面积所构成，该水平井的泄油面积 $S=180000+70686=250686m^2$，所以，该水平井的泄油面积为直井的 3.5 倍，特别是对于底水或气顶油层，若打直井开发，很容易形成水锥进，而采用水平井则十分有利，底水驱油不是锥进的形态，而是脊进形态，这样，水平井的水驱体积就要比直井大得多，自然，水平井有利于提高产量，有利于提高采收率。美国和加拿大的资料表明，水平井平均增加可采储量 8%~9%，水平井的稳定产能是直井的 2~5 倍，许多高渗透气藏超过了 5 倍。目前，在许多油田，水平井成为油田开发的主力。在北海的挪威地区，水平井产量约占 30%，在 Danish 的海上油田，应用水平井技术以及其他措施可望将最终采收率提高 3 倍。在沙特阿拉伯，利用水平井技术可望将采收率提高 5%~10%。特别有了 MWD 和 LWD 导向仪器，钻水平井过程中，随时可以根据导向的信息对钻井调整有关参数，确保安全、快速、准确打好井。我国水平井的水平段最长是南海东部公司的流花 11-1 井，为 1460m，一般水平井的水平段长 300~600m 比较多。水平井的花样也很多，有单支的，我国胜利油田临 2-1 单支"阶梯式"水平井，实现钻成两个油层水平段，水平段长分别为 191m 和 199m；还有双支和多支的，在国外双支和多支水平井工艺已比较成熟，在亚曼、叙利亚、委内瑞拉等国家的油田都钻过不少各式各样的多支水平井，对于提高低渗透油层和稠油油藏的产量起到很大的作用。如委内瑞拉的 Orinoco 稠油带，地面黏度大于 5000mPa·s，重度 8.4~10°API，地质储量 1200×10⁸bbl，采用常规技术是很难开发的，他们就是依靠多支水平井技术使这个稠油带能有经济地投入开发，而且预计最终采收率可以达到 20%。

水平井技术成熟和大规模得到推广应用，使得过去一些难以投入开发的低渗透油层、气顶底水油层、裂缝性油层、稠油油层和岩性油层以至许多非常规油气藏得到解放，低产可以变高产，死油可以变活油，给油田开发带来巨大的效益。油田开发的部署方式、开发的渗流规律和动态预测都为之一新，完全打破了过去固有的认识，开创了油田开发新的思路。

4 感悟和认识

油田开发设计是一门综合性的学科，也是实用的应用工程设计，反映了人对自然（油气田）认识的深度和广度，反映了人对自然改造的思维方法和决心，反映了科技进步的重大影响和作用。

（1）做过细的研究，从油田整体上去认识油藏。

油田开发设计的对象是深埋在地下的油气藏，它的结构、特性、类型、状态等千姿百态，变化多端，油气藏不同于金、铜、铁等固体矿床，而是有不同的压力系统、活生生会流动的矿床。再加之油气藏深埋地下数百至数千米，常人往往难以了解。因此，搞油田开发设计必须要从油藏整体上去研究和考虑问题，不能瞎子摸象，对油藏非均质性参数的复杂性应该做过细的研究，不能浮躁简单化搞平均主义，应该深入解剖，从表及里、由此及彼地了解它的成因和分布规律。

（2）要善于总结经验，理论联系实际。

世界上的油气田多种多样，再加之它的外部的、社会的、合同和条法的、技术的等环境变化，油田开发设计也是没有相同的，一个好的设计师很重要的是要善于总结经验，从经历过的油田开发事例中吸取经验和教训，善于理论联系实际，从大量的实践中提升为深刻的理论，使自己具有宽厚的开发模式，应用相关的理论和经验去指导自己的设计。那么，他对油田的特性、动态感知、对应办法等就更为敏感、更为有效，他就有可能更善于透过油田的表面现象抓到油田开发本质的问题，做出的方案设计不会因循守旧，不会由于脱离实际而造成决策的失误。

（3）油田开发设计是多学科协同研究的结晶。

油田开发设计涉及的任务、内容、经营目标和策略很复杂，它之所以复杂就是因为需要考虑的问题太多，地下的、地面的、技术的、经济的、社会的方方面面，油田开发设计的思维方法和决策艺术是从战略的高度去思考问题，全面的去统筹安排。因此，油田开发设计师最好多扩充自己的知识面，善于和别人合作，不能仅限于认识到油藏工程和油藏地质之间最佳协作的重要性，还应最大限度地把物探、钻井、地质、测井、试油试采、采油、井下作业、地面建设、动态监测和其他有关各个学科协调起来，形成最佳协作的设计体系；采用经济有效的先进技术；制订和实施正确的油藏开发策略，并不断地完善和调整，取得最佳的经济效益和社会效益。

（4）应用是创新的源泉，融合是创新的催生剂。

油田开发设计中需要应用许多高新技术，正是这种需要和应用，促进了科学技术不断得到飞快的发展，有新鲜的技术，油田开发才有生命力，开发设计才有新的思路、新的部署。高新技术发展的过程中由于不断融合了其他学科的理论，又催生出新的技术或新的理论，数学与地质学融合，发展了地质统计学；传统的地震学和测井、沉积学融合发展了开发地震学，三维地震属性反演技术，使得对地下储藏空间发布、储藏的断裂系统有了更清晰的认识，对于寻找高产区带和主力开采层位更具有信心。

工艺技术的成功和发展，往往也给油田开发带来革命性的变革，一次采油开发方式转到注水二次采油开发方式开发，采收率往往从不到10%提高到30%～40%，增加3～4倍；注聚合物三次采油开发方式开采，采收率比水驱又增加8%左右，三次采油许多新的方法也正在不断研究和探索，将来这些新的方法成功必将带来新的创举。水平井技术的飞快发展已经是举世瞩目，通常水平井的产量可为直井的3～4倍，成本只为直井的1.5倍左右。这些技术的成功和发展，也给油田开发带来革命性的变革，开发井网部署、开发方式都会引入新的思想，过去不敢为的可以敢为之，不能生产的油藏可以投入开发，低产可以实现高产。

找油思维与思路

吴震权　宋建国

石油和天然气藏是一种特殊的流体矿床。它是漫长的地质演化过程(通常从几百万年到几亿年)的产物。深埋于地层中的有机质在温度与压力作用下转化成油气,而后在特定的地质条件下由分散而集中并最终成藏。随着地壳的不断运动,已经形成的油(气)藏,又将再次发生变动和迁移。可见,油气藏的形成是一个极其复杂的过程,注定了找油(气)的高难度和高风险。

人类100多年寻找油气的实践,积累了大量的知识和经验,形成了较为系统的成油(气)和成藏理论,尽管目前还不够完善,不少问题还处在探索之中,但已为寻找油气提供了理论支撑。

找油(气)的前提,是要回答什么地方可能有油气(大到一个盆地,小到一个圈闭)。由于油气藏形成的过程发生在千万年乃至上亿年前的地壳深处,看不见,摸不着。要想知道哪里有油(气),找油人运用已有的知识、经验和智慧,对各种探测技术所得到的信息进行思维加工获得答案。概括来说,判断油气藏的存在,是地质家的知识(经验)、智慧(思维能力、创造力、想象力)和技术融合的结果。其中人是决定因素。

本文讨论的是人的找油(气)思路和智慧在油气勘探中的作用。

1　找油的科学思维

科学思维又称辩证思维。用辩证法去指导我们的实践,在道理上,大家都容易接受。但做到这一点并非易事。首先,因为人们的经验、掌握的信息量以及其他主客观因素的影响,在评价一个地区的含油远景时,往往容易发生主观认识和客观存在的脱节。其次,由于地质作用在全球的不同部位往往是不一样的,比如,同一类型的圈闭,如碳酸盐岩潜山,在甲地能形成大油田,而在乙地就不一定。勘探家在一个地区工作时间长了,就很容易把已形成的固有看法推广到其他地区去,于是片面性就产生了。最后,我们还很容易受到多种多样传统观念的束缚。比如,海相生油,陆相找不到大油田;小盆地找不到油田等。

由此看来,一个主观性、一个片面性、一个传统观念的束缚,就是我们不能自觉用辩证思维找油的三大障碍。要克服这三大障碍,有必要注意下面三点。

1.1　正确识别共性和个性

对立统一的规律是辩证法的基本规律。不同性质的矛盾共处于一个统一体中,相互依存,相互转化,推动事物的发展。人们对客观事物的认识也是按照这一规律不断发展深化的。

在找油的问题上,哪些是共性的东西,哪些是个性的东西,这很重要。全球有几万个油气田,就其形成的基本条件来说,大致相同,这是共性。但是,由于地质背景不同,形成油气田规模类型各异，这就是个性。在勘探中，不乏因只重视共性特征而忽视个性特征，或只注重个性特征而忽视共性特征，因而导致决策失误的例子。

过去几十年中，我们在侏罗系找到的都是些小油田，如民和盆地、潮水盆地、四川盆地、冷湖盆地等，形不成大气候。于是得出结论，中国的侏罗系"不够朋友"。

吐鲁番盆地也是以侏罗系为主要勘探层系的盆地之一。20世纪50年代至60年代，开展了较大规模的勘探，除发现了胜金口和七克台等两个小油田，对盆地油气地质条件也获得新的认识。吐鲁番盆地侏罗系的特点是地层厚度大，有几千米，水体规模广，有上万平方千米，生储油相带发育，有配套的圈闭等。正是由于有了这些新认识，才于80年代中期，重启勘探，在新一轮地震和深入评价研究的基础上，选择在台北背斜带上打了一口科学探索井，找到了鄯善油气田。

另一个例子是20世纪50年代初，当人们在北天山山前带发现独山子油田后，就以此为据，认为这个带的古近系—新近系背斜都有可能形成与独山子相似的油田。于是对其他几个背斜进行钻探，原以为十拿九稳，结果大部分都落空了。

这是因为当时人们只看到了它们的共性（都是古近系—新近系背斜，都在天山山前），而没有看到相似事物的个性的方面，如生油与储油条件及其配置以及后期保存情况等。

所以我们要注意在共性中识别个性，同时要注意不能用个性取代共性。

1.2 避免思想绝对化

由于各种传统观念的束缚，使我们在认识一个问题上往往容易绝对化，头脑中的"非此即彼"是根深蒂固的。不承认有"过渡状态"。

比如，关于油气生成。20世纪50年代，美国的施密斯和苏联的维别尔在两个不同的地方研究现代海相沉积，发现"微石油"，提出第四系浅层生油说。20世纪70年代，法国的蒂索提出干酪根热降解模型，认为生油层中的有机质须经历不同的热演化阶段并达到成熟程度才能形成大量石油。经过我国学者研究，发现我国尚有不少未成熟石油。柴达木盆地古近系—新近系石油大多是未成熟的，成熟的油气还有待勘探。这一认识，极大地拓宽了找油的视野。

恩格斯在《自然辩证法》中有这样一段话："辩证法不知道什么绝对分明的和固定不变的界限，不知道什么无条件的普遍有效的非此即彼。"他承认一定条件下存在过渡状态，告诫我们思想不能绝对化。对我们冲破思想禁锢探索未知领域意义重大。

1.3 倡导运用科学思维

前面提到的对我国侏罗系盆地的认识和北天山山前带古近系—新近系背斜带的勘探这两个例子，一个是以一般代替特殊，另一个是以点代面。两者都是我们在考察客观事物过程中认识上的停滞。我国战国时期思想家荀况称之为"蔽"。他在所著的《荀子》中的一篇专门论述认识论的《解蔽》中说："凡万物异，则莫不相为蔽"。又说："凡人之患，蔽於一曲，而暗于大理"。这两段话的大意是世上的事物都是不相同的，且都被一层表象所掩盖。不幸的是人们常被这些表象所蒙蔽，使认识停留在一点，而看不清事物的全貌。

为什么人们的认识会停留在某一点上呢？我们知道，在考察事物的过程中所得到的局部认识，并不一定都是错的，而是错在常常把局部的认识扩大到整体。这又是为什么呢？我们认为在很大程度上是由于这个局部的认识迎合了人的主观希求，当然除此之外可能还有其他因素的影响。由此可见，人们要想正确认识客观世界，必须同时改造主观世界，方能实现主客观的统一。

如何改造我们的主观世界？孔子用他一生的言行，为我们做出了典范。他以治国利民为宗旨，讲学修德，学不厌，教不倦，使他五十岁能"知天命"，七十岁达到"从心所欲，不逾矩"。他之所以能够达到如此高的境界是和他好学、善学分不开的。他不但从书本上学，还重视向他人学、向社会学。他主张"知之为知之，不知为不知"，要多看、多听、多思，学以致用，同时又强调"谨言慎行"一丝不苟地做好每一件事。这种态度和精神是我们培养科学思维不可缺少的。

他律己极严，每天要"三省吾身"。他一生践行"四毋"（毋意、毋必、毋固、毋我），就是不要自以为是，不要专横跋扈，不要顽固守旧，不要唯我独尊，等等。联系我们当前的实际，这四方面的表现非但存在，而且更加"丰富多彩"。严重危害我们的事业。

2500 多年后的今天，我们重提"四毋"，是因为它对当前的现实太具有针对性了。孔子用它以修身立德，终成完人，我们用它是为了从中吸取精神养分，苦练内功，更自觉地用好科学思维，在科学实验中，永远沿着一条正路走下去，使我们的研究成果，经得起实践的检验。

2 关于找油的思路

1958 年，美国石油地质学家 P. A. Dickey 说过这样的话："我们常用老思路在新地区找到石油，但有时也用新思路在老地区找到石油。不过，我们很少在一个老地区用老方法找到更多的石油。过去，我们有过石油已被找尽的想法。其实，我们只是找完了思路。"

通过我们自己这几十年的勘探实践，这个外国人的经验之谈被证明是很有道理的。一个正确的思路，对找油成败至关重要。

所谓找油思路就是研究怎样找油，沿着什么线索去找油。

回顾过去 160 年世界范围内找油的历史，油气勘探思路大致经历了三次认识上的飞跃。

2.1 找油思路的第一次飞跃——从油苗到背斜

从 19 世纪中叶到 19 世纪 80 年代的 30 年是根据油苗找油的时期。油气勘探的全部内容就是调查油气苗然后挖井（钻井）采油。这 30 年的找油实践，揭示了地面油气苗的分布与背斜构造之间的成因联系，为背斜聚油说的建立和运用地质学的知识指导找油准备了条件。

1885 年，I. C. White 系统阐述了背斜聚油原理。背斜说的创立是找油思路的第一次飞跃。它为全球石油勘探注入了巨大的动力，到 20 世纪 50 年代，世界大部分油气田都是在背斜说指导下发现的，使世界石油年产量超过 5×10^8 t 。

背斜说作为找油的思路，主导油气勘探长达 60 年之久（1890—1950 年）。时至今日，背斜构造作为一种重要的圈闭类型，仍然是我们首先注意的目标。

背斜说在理论上的贡献不仅是揭示了一种重要的圈闭类型，更为重要的是最早提出了油气成藏问题的构想，促使石油地质学作为一门独立的分支学科从地质学中脱胎出来。1917 年，美国石油地质家协会（AAPG）的成立，是世界油气勘探史上具有里程碑意义的事件。

背斜说的建立和石油工业的发展，促进油气勘探新技术的出现。1927 年，法国人在佩谢尔布龙油田上取得了世界上第一条电法测井曲线，开创了地球物理探测的先河。其后不久，美国人在得克萨斯州巴伯山盐丘首次获得地震反射剖面，从而扩展了人们找油的视野，从依据地表背斜构造钻探，走向覆盖区深部寻找可供钻探的背斜圈闭。

2.2 找油思路的第二次飞跃——从背斜到圈闭

背斜说在世界油气勘探史上的地位是毋庸置疑的，但它毕竟是在特定条件下形成的，难免存在局限性。随着勘探领域的拓展和勘探程度的提高，背斜勘探的成功率有所下降，在一些构造稳定区，久攻不克的例子屡见不鲜。与此同时，越来越多的非背斜油气田被发现，早在 20 世纪 20 年代初到 30 年代，美国就已发现不少非背斜油气田，如胡果顿大气田和东得克萨斯大油田，都是受地层圈闭控制的。A. I. Levorsen 于 1936 年提出了"地层圈闭的概念"，包括地层圈闭和岩性圈闭。可惜由于背斜说找油的思路已在多数人的脑子里根深蒂固，再加上当时背斜构造钻探成功率还不是很低，以致没有得到足够的响应。1954 年，A. I. Levorsen 又发展了地层圈闭的概念，在他所著《石油地质学》一书中进一步明确指出："对于任何一个能够储存石油的岩体，不管其形状如何，都可称为圈闭，其基本特点就是要能够聚集和储存石油和天然气。"这一表述立即为多数找油的人所赞同，可以认为这是圈闭说取代背斜说的开始。

圈闭说并没有排斥背斜说，而是把它作为一种重要的圈闭样式纳入圈闭分类体系。此后，石油地质家又进一步将受构造作用形成的油气圈闭统称为构造圈闭和不受构造作用形成的圈闭(包括地层、岩性、水动力等圈闭)统称为非构造圈闭以及由两者相互配合而形成的复合圈闭。

从背斜说发展到圈闭说是找油思路的第二次飞跃，其重大意义在于使人们从背斜说的禁锢中解脱出来，拓宽了找油的视野，为油气勘探提供了一个广阔的天地，找油的人可以充分发挥自己的想象力，而这种想象力正是不断发现新油气田的源泉。

从 20 世纪 60 年代开始，世界油气勘探进入大发展时期，勘探热点由西半球向东半球转移，由陆地向海域转移。勘探活动遍及除南极以外的各大洲，世界原油产量到 1980 年突破 30×10^8t。

这一时期也是石油地质学大发展的时期。在 20 世纪 50 年代建立起来的以油气藏为核心的石油科学体系的基础上，融进了地质学的有关分支学科，如地史学、古生物学、构造地质学、沉积学、岩石学、地球物理学、地球化学等各学科的最新成果，形成了石油地球物理学、油气有机地球化学、地震地层学、岩相古地理学、储集层沉积学、油区构造地质学等与油气勘探有关的专业学科。

在此期间，对石油地质学发展产生重大影响的有两件大事：一是板块构造学说的兴起，使含油气盆地研究从地质描述发展到成因解释，提出盆地成因分类(Bally，1980；Kinston，1983)；二是烃源岩地球化学研究取得了突破性进展，建立了干酪根成烃理论(Tissot，1969)。

这一时期(1960—1980 年)，也是勘探技术飞速发展的时期。由找背斜发展到找各类圈闭，其实质是将寻找构造圈闭扩大到寻找非构造圈闭和各种复合圈闭。勘探和识别这类圈闭的难度促进了勘探技术的发展。如果说背斜找油时期的地震勘探技术着重于提供储层构造形态变化的信息，那么到了圈闭说找油时期则更加重视储层内部岩性结构的变化，从而促进了地震勘探技术的大发展。20 世纪 60 年代，地震数字记录取代了磁带记录，被认为是地震勘探技术的一次革命，一系列新技术如电子计算机用于地震数据处理，偏移技术用于构造成像，AVO 技术用于储层预测，工作站代替了手工解释等。地震技术不仅能用于寻找构造圈闭，而且能用于发现地层圈闭、岩性圈闭。特别是三维地震的出现为识别地下复杂地质构造提供了最佳观测方法，是继数字地震技术之后又一次技术革命。在此期间，测井技术也迅速发展，在短短的 20 多年完成三次跨越：20 世纪 60 年代中期数字测井代替模拟测井；70 年代初期数控测井代替数字测井；80 年代末出现成像测井。

需要指出的是，1979 年发展成熟的合成声波测井技术解决了地震层序与测井资料之间的层位对比问题，为地质、地震、测井三者进行综合解释创造了条件，得以将地震的横向结构优势与测井的纵向高分辨率优势有机地结合在一起，通过反演技术进行目的层的岩性、岩相和储集性能的横向预测，为油藏描述奠定了基础。

2.3 找油思路的第三次飞跃——从圈闭到含油气系统

早在 20 世纪 60 年代，我国石油地质家从陆相盆地油气分布特征出发，提出了"成油系统"概念。认为"成油系统是各时期统一的与油气运移、聚集过程联系在一起的油源层、储层、盖层、圈闭等成藏要素所组成的整体"。这一概念后来发展成为"源控论"，认为油气藏受控于生烃凹陷，并在生烃凹陷周围呈环带状分布。

到 20 世纪 70 年代，西方学者（Dow，1974；Perrodon，1980；Demaison，1984；Uemishek，1986）相继提出"含油气系统"概念，与 10 年前我国提出的"成油系统"相比，后者得到了有机地球化学最新技术成就和研究成果的支持。80 年代末到 90 年代初，L. B. Magoon 和 W. G. Dow 发展了"含油气系统"概念，并在实际应用和规范化等方面做了卓有成效的工作。1995 年，美国石油地质家协会正式出版了《含油气系统——从烃源岩到圈闭》一书，标志运用"含油气系统"的思路指导找油时期的开始。

含油气系统的找油思路可以概括为：通过油—源对比和其他相关技术确定有效烃源岩的分布或指出可能存在的新的烃源岩；通过对烃源岩的评价，计算生烃量和聚集量，对含油气系统的油气运聚效率做出定量评价；确定油气运移的主要方向和可能的通道；对油气运移方向和运移通道上的圈闭进行评价，择优钻探。实践证明，含油气系统提供了一个综合分析和运用各种资料信息预测油气藏的科学思维方法，将寻找圈闭的工作置于最有利的背景上，为发现油气田开辟了一条捷径，是继圈闭说之后，油气勘探思路的第三次飞跃。

含油气系统是在全球油气勘探程度总体上进入中高阶段的产物。圈闭的多样性和隐蔽性、储层的复杂性和多变性比以往任何时期都更加突出。油气勘探技术为适应这一需要正以更快的速度发展。于 20 世纪 70—80 年代开始提出，90 年代成熟应用的层序地层学和盆地模拟技术为油气系统的研究提供了新的内容和方法。三维地震技术的发展和应用使地震技术提供的构造和储层信息在数量和质量上都达到前所未有的水平。最新一代测井技术（成像测井）的应用使薄层、薄互层、复杂岩性及裂缝油气层的解释、评价水平达到新的高度。

含油气系统是当前世界油气勘探的主导思路。含油气系统模拟技术融汇了石油地质学及其相关学科的全部理论、方法和成果，以含油气系统的知识体系为基础，应用盆地模拟技术、可视化技术，直观地再现油气藏的形成过程和分布，是近年来发展最快的技术领域。这一技术主要应用于油气资源评价和勘探目标的优选，代表石油地质综合研究的技术前沿，是油气勘探目标定量评价技术体系的核心，预计将成为全球油公司勘探的核心技术。

纵观160多年的全球找油历史，是一部不断实践、不断认识、由低级向高级、螺旋式发展的历史。人们从找油的实践中积累认识，当积淀到一定程度就会产生认识上的飞跃，形成新的找油思路和新的勘探技术，从而推动油气勘探进入一个新的时期。在这个新的时期，找油领域不断扩大，新的勘探技术也相继出现，并推动勘探进一步发展。随着油气勘探的发展又孕育更新的找油思路和相应的技术，将油气勘探不断推向更深更广阔的领域。

进入21世纪，我国油气勘探在一些非常规储层分布区，发现大面积连续分布的油气聚集，如鄂尔多斯盆地石炭系—二叠系的致密砂岩气(苏里格大气田)及三叠系延长组的致密砂岩油。这类非常规油气藏其实质是储层孔隙度和渗透率均低于常规储层的下限，油气被束缚在极小的孔隙中。对油气运移起主导作用的是毛细管力而非浮力。导致这类储层中的油气藏无统一的油、气、水界面和压力系统。其所以能形成大面积连续聚集是由于储层和生油层广泛接触形成一个互相包容的共同体。

这类非常规油气藏的发现，对传统的"圈闭控油说"是一个挑战，它可能开启另一个新的找油思路。

3 有关找油思路的几个案例

[案例1] 油源研究要贯穿于盆地勘探的始终——酒西盆地青西油田的发现。

酒西盆地的油气勘探始于20世纪30年代后期，从老君庙油田和鸭儿峡油田等的发现，到90年代发现青西油田，历经约半个多世纪，勘探上的成败得失多与油源相关。

（1）根据油苗和地面构造打井首获成功。

酒西盆地是祁连山前最西端的一个中新生代盆地，面积约2700km²，自南而北依次为南部背斜带、中央凹陷带和北部单斜带(图1)。基底为下古生界变质岩，生油层为下白垩统深湖相泥岩，主要储层为新近系中新统河湖相砂岩，构成下生上储和自生自储等两套成藏组合。

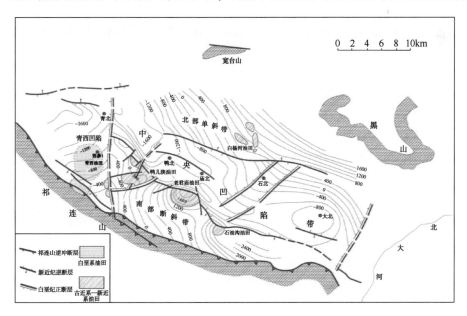

图1 酒西盆地油田分布图

1939 年根据地面油苗和构造，在南部背斜带中段的老君庙背斜上钻井获得成功，发现了古近系—新近系的老君庙油田。20 世纪 50 年代在同一构造带上扩大钻探，又相继发现了石油沟和鸭儿峡两个油田。尽管加深钻探但未发现下白垩统生油层，但当时认为油都打出来了，难道会没有生油层？加之受海相生油岩通常呈大面积分布现象的影响，认为盆地内的生油层应有广泛分布，因而在此后的勘探中对油源问题没有给予足够的重视。

（2）缺乏生油条件导致中央凹陷带钻探失利。

自 20 世纪 50 年代中期开始，盆地勘探重点逐步转向中央凹陷带。该带地表为巨厚砾石覆盖，重力资料解释沉降较深，推测有较厚的中、新生界地层沉积，具备生、储油条件，勘探一上手，就指向局部构造。

20 世纪 50 年代中期至 60 年代初期，先后钻探庙北、鸭北、石北等潜伏构造。结果除石北外，其余均缺失下白垩统生油层。凹陷内古近系—新近系储层减薄变细，未见油气显示。资料研究揭示，早白垩世湖盆规模很小，烃源岩厚度不大，其主体位于北部单斜带东部，仅局部延伸至中央带。从整体上讲，中央带是古近系—新近纪—第四纪沉积凹陷，不具有生油条件，是钻探失利的根本原因。

中央凹陷带钻探失利使我们开始懂得，陆相生油岩与海相生油岩相比，最显著的特点是前者的分布严格受控于凹陷，分布相对局限。有无生油条件是能否开展油气勘探的前提，生油条件好坏和发育规模决定含油气远景和勘探方向的选择，勘探一上手就必须弄清楚。不仅新盆地如此，像酒西这样一个已发现油气田的盆地，在新区带上开展勘探也必须如此。

随着中央凹陷带作为酒西盆地最重要的生油凹陷的认识被否定，人们的注意力转向盆地西部的青西凹陷。

（3）追寻生油凹陷，发现青西油田。

青西凹陷最初被认为是中央凹陷带向盆地西部的延伸。20 世纪 50 年代中期，位于南部背斜带西端、紧靠该凹陷东侧、最被看好的青草湾构造钻探失利，遂对其生油条件打上了问号。

20 世纪 50 年代末期，在鸭儿峡油田古近系—新近系油层下面，发现了志留系潜山油藏，其上覆以厚度不大的白垩系泥质岩。从 20 世纪 60 年代初开始，潜山油藏的钻探成为当时的重点。随着钻探向西南方向发展，白垩系逐步加厚。20 世纪 70 年代初发现了下白垩统边缘相砂砾岩沉积，取心含油，试油获工业油流。这是一个背靠潜山、面向青西凹陷、以冲积扇为载体的白垩系原生油藏，为青西生油凹陷的存在，提供了证据。

青西凹陷东侧，以近南北向的白垩纪同沉积断层与南部背斜带西端相对接；南界为北西向的北祁连逆冲带；北界为北升南降、近东西向的红柳峡断层；面积约 500km²。为了进一步落实凹陷的生油潜力，20 世纪 70 年代后期，在凹陷较深的部位钻参数井——西参 1 井，该井揭露下白垩统暗色泥岩逾千米（未钻穿），其中云质砂岩夹层溶孔发育，饱含油，试油在未进行任何措施情况下，每天间歇喷油约 10t。至此，青西作为酒西盆地主力生油凹陷得到肯定。钻探和研究结果还揭示，青西凹陷和南部背斜带共同构成一个含油气系统。前者生成的油气，沿后者的轴向，由低向高、由西向东，依白垩系岩性→志留系潜山→古近系—新近系背斜的序列，运聚成藏，最大运移距离超过 20km（图 2）。初步评估，石油资源量约为 3×10^8 t，除在南部背斜带已转化为探明储量外，还有一半留在青西凹陷及其周边地区，是寻找白垩系原生油藏的新领域。

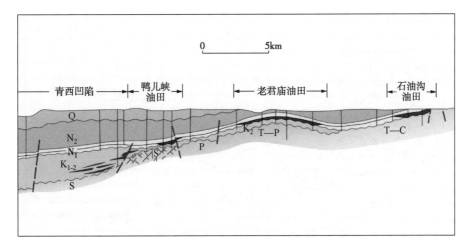

图 2　青西生油凹陷——南部背斜带石油运聚模式图

在钻探西参 1 井的同时，地震勘探也在凹陷内开展，根据油气向上倾方向运移的规律，探测范围向南部祁连山推覆带及其前缘地区延伸。进山测线显示推覆体之下存在白垩系构造，20 世纪 80 年代初，在窟窿山高点之上部署风险探井 2 口，在断层下盘的下白垩统砂砾岩中获得强烈油气显示，日喷油逾百吨，初步显示这是一个具有一定规模的油田。进入 20 世纪 90 年代，在三维数字地震的基础上完成详探并进入开发。与此同时，钻探向凹陷内部发展，在推覆带前缘又发现了柳沟庄岩性油藏。形成一个由推覆体下伏构造油藏和其前缘的岩性油藏组成的复合型油田——青西油田。

青西油田的发现，是追寻生油凹陷带来的成果。酒西盆地今后能否再有新的发现，主要取决于对青西地区下白垩统成藏条件及其资源潜力的深化研究。

青西凹陷是酒西盆地最重要的油源区，到目前已提供盆地 95% 以上的石油探明储量。但对它的认识仍然比较粗浅，有些问题还要进一步通过工作加以落实。例如有效烃源岩的厚度，由于凹陷中心尚无一口井钻达基岩而一时无法弄清；又如凹陷与周边的接触关系，特别是东缘，长期以来被认为受控于一条南北向的白垩系同生断层，即所谓的"青西断层"，其实这条断层并未得到足够资料的证实。今后在研究和部署上，不妨将鸭西（包括鸭南）与青西凹陷，作为一个整体来对待。相信随着认识的深化，将会带来更多的发现。

［案例 2］忽视生油凹陷评价的苦果——潮水盆地勘探的教训。

潮水盆地是河西走廊较大的中新生代沉积盆地，也是新中国成立以来最早开展油气勘探的少数地区之一，面积约 6000km²。自南向北依次为窨南凹陷、窨水凸起和庙北凹陷（图 3）。

（1）首钻窨水背斜受挫。

盆地勘探经历了由凸起到凹陷的过程。于 1950 年投入钻探的窨水背斜，位于窨水凸起中段，地面出露白垩系，根据附近的青土井中下侏罗统有油苗产出，推测窨水构造下面应有这套地层，获得油气的可能极大。但出乎意料的是第一口探井在井深 830m 就进入基岩，目的层缺失，另两口井也获得同样的结果。其后，同一构造带上的浅钻资料进一步说明，窨水凸起带上普遍缺失中下侏罗统目的层，而古近系—新近系和白垩系又是河流和滨浅湖相沉积，缺乏生油条件，于是勘探转向盆地南部的窨南凹陷。

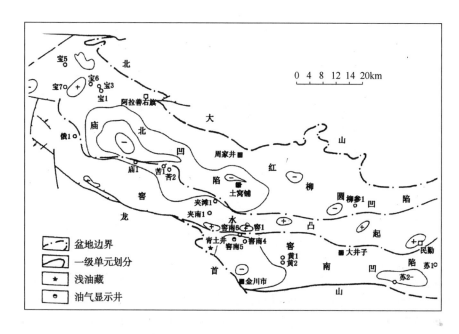

图 3　潮水盆地构造区划图（据玉门油田）

（2）窨南凹陷勘探的失误。

窨南凹陷面积约 1500km²，已有的资料说明该凹陷有中下侏罗统生油岩且有过生油过程，从窨水凸起转移到这里是必然的选择。1956 年开始进行以查明局部构造为目的的电法、地震勘探，发现窨南构造。该构造是发育在凹陷北侧断阶上的一个宽缓鼻隆，面积 20 余平方千米，解释沉积岩厚约 3000m，与西侧的青土井浅油藏属同一断阶，这些有利条件，使其成为转入凹陷后首选的钻探目标。部署探井 2 口，其中窨南 5 井于 1960 年 6 月钻遇中下侏罗统，并发现油气显示。接着，地震在凹陷中部发现了黄毛石墩和油籽洼等潜伏构造，电法解释凹陷深处沉积岩厚度可达 6000m，推测应有较厚的生油岩分布。

黄毛石墩构造面积 20 余平方千米，地震解释基岩埋深约 3500m，窨南 5 井的油气显示，使人们对该构造信心倍增，紧接着钻黄 1 井，事故报废后，再钻黄 2 井，没有想到，该井于 1207m，较预计提前 2000 多米进入基岩，目的层缺失。造成如此巨大误差的原因是将基岩面的多次反射，误认为中下侏罗统顶面。

几乎与此同时，寄于最大希望的窨南 5 井，试油结果却令人失望，虽经反复措施，最终仅产少量水。窨南 6 井钻探结果，中下侏罗统仅厚约 200m，较预计减薄约 800m，未见油气显示。

接二连三的挫折，使勘探一时失去方向，于 1961 年底下马。

窨南凹陷这一轮勘探，未能达到预期的目的，其失误在于忽视凹陷的整体评价。20 世纪 70 年代，我国在大量找油实践的基础上，总结形成一套适应陆相盆地油气勘探的科学程序，即定盆—定凹—定区（带）—定点—定层，其中定凹是核心，也是基础。潮水盆地勘探转入窨南凹陷时，这一套包含"五定"内容的程序尚未形成。但在此之前，窨水背斜遭遇的挫折和凸起上其他构造的钻探结果，已经给人们提出了一连串的问题：中下侏罗统在凹陷中的分布范围多大、沉积中心在哪里、受什么因素控制？生油层和储油层的优劣及分布状况以及二者的配置关系怎样？等等。这些问题其实就是"定凹"的核心内容。它提醒人们，只有首先搞清这些问题，才能在此基础上进行凹陷的整体评价，优选出最有利的勘探区带，为钻探目标的准备指明方向，从而使勘探不走或少走弯路，将勘探风险降到最低。

令人遗憾的是，当时没有这样去做，而是反其道而行，一进凹陷就去找构造。以致钻探失利后，非但油没有找到，地质问题也说不清道不明，陷勘探工作于欲罢不甘的尴尬境地。

（3）两度重上勘探。

窖南凹陷是潮水盆地最大的凹陷，前一阶段勘探的失误，有因勘探思路导致部署失当的问题，也有勘探技术落后和经验不足的问题。进入 20 世纪 80 年代，我国油气勘探技术、理论水平和经验都有了质的提高和更多的积累，因之再上潮水，又被提上了议事日程。80年代中期和 90 年代后期，两度重上勘探。在二维数字地震复查的基础上，先后在油籽洼构造上钻探井一口，在 2500m 左右钻入基岩 20m 后发生井漏，井筒钻井液几乎漏完，无油气产出；另在窖南 5 井附近钻检查井一口，井下地层与窖南 5 井对比良好，但相当于后者的试油井段，未见油气；在庙北凹陷的富民构造上钻井一口，以了解侏罗系的发育情况及其生油条件，于 1700 余米提前钻遇基岩（花岗岩），原解释的中下侏罗统，又系多次反射造成的假象。

潮水盆地的勘探，从 1950 年到 1997 年，共历 47 年，四上三下，时断时续，至此，终于告一段落。

纵观潮水盆地勘探，1950 年上窖水凸起，1956 年转向窖南凹陷，20 世纪 80 年代中期和 90 年代后期两度重上，总的说来是必要的。在此过程中出现的某些失误，受当时主观和客观条件的限制，有些是难以避免的，不可苛责。值得吸取的教训，主要是勘探思路始终没有跳出局部构造的框子。在近半个世纪中，盆地内所钻的井几乎无一例外地全部打在局部构造上，没有钻过一口真正意义上的定凹井。地面勘探的目的就是找构造，找到构造匆忙上钻，碰了钉子仓促下马，过了一段时间感到还有问题，又再次上马，造成时间与资金的巨大浪费。

坚持科学的勘探程序，谈起来道理易懂，做起来并不容易在勘探中，该做而未做的事例并不鲜见。其根源说到底，不在于水平，而在于缺少科学的思维方法和严谨的科学态度。本文重提潮水盆地的勘探，意在供同行借鉴。

［案例 3］鄂尔多斯盆地找油思路的演变与中生界大油区的发现。

鄂尔多斯盆地是我国三个克拉通盆地中最稳定的一个，面积 $25 \times 10^4 km^2$。早古生代为陆表海，晚奥陶纪整体抬升，缺失上奥陶统、志留系—泥盆系和下石炭统。经长期剥蚀，形成一个广泛分布的不整合面，其上覆盖石炭系—二叠系含煤地层。

进入中生代，在晚三叠纪形成一个临近祁连—昆仑海的大湖盆，其后又整体抬升，侏罗系不整合覆盖在上三叠统延长组之上。

这一演化过程导致油气在地层中的分布是上油（中生界）下气（古生界）。是我国唯一的既有油又有气的克拉通盆地。

1907 年，在延长钻成我国陆上第一口油井——延 1 井。该井深 70m，产油层为上三叠统延长组砂岩。日产油 0.2t，后又加深至 81m，日产油 1～1.5t，以捞油方式，继续生产。1934 年成立延长油矿。

有计划的石油勘探始于 20 世纪 50 年代初(图 4)。从找油思路演变看，大致经历了以下三个阶段：

(1) 在油苗附近找构造圈闭，未获得重大突破(1950—1969 年)。

这一时期，勘探领域为中生界，主要在三个地区展开：

① 以延长油矿见油井为中心逐步扩展至延长和延川。钻探发现上三叠统延长组油层物性很差，岩心致密坚硬。虽然多口井见油，但形不成工业产量。于是找油向盆地西部边缘转移。

② 盆地西部边缘属宁夏境内，是一个逆冲构造带，地表出露背斜，断层发育，多见油苗。钻探发现马家滩、李庄子、刘家庄等几个侏罗系小油田，成效不大，又向盆地北部伊盟隆起转移。

③ 伊盟隆起位于内蒙古境内，发现大面积分布的白垩系油砂。

1964 年，以乌兰格尔长垣为重点，部署三条地震、钻井大剖面。共钻浅井 290 口，探井 10 口，仅在井下见 40 多处油气显示，没有形成工业油流。勘探工作不足两年，未见成效，又返回盆地西部马家滩。

回顾这一阶段的勘探历程，不难看出这 20 年找油是以油苗附近的构造圈闭为首选目标。找油的思路陷入"沿边钻，捡鸡蛋，找到鸡蛋就打钻，见了出油点就围着钻"的怪圈。1970 年长庆油田在全盆地产油仅 $2×10^4$t。

(2) 从寻找构造圈闭转向岩性、地层圈闭，发现侏罗系古地貌油藏(1970—1979 年)。

沿盆地边部寻找构造油藏，没有取得突破，找油工作又转向盆地内部。

鄂尔多斯盆地中生代的构造走向是一个从东向西倾斜的大单斜层，地层倾角不超过 1°。地表有黄土和沙漠覆盖，沟谷纵横。面对这样的地表和地质条件，1970 年开始的长庆石油会战，考虑到交通和水源条件的限制，采取了钻井大剖面的部署。以环河为轴线实施"丰"字形钻探，效果非常显著，很快发现侏罗系延安组油层以及侏罗纪古河道的分布。其中规模最大的甘陕古河由盆地西南向东北延伸，并汇集其他支流。下切的古河道沟通了产自延长组的油源，石油沿不整合面运移至古河道两侧的砂体，形成侏罗系古地貌油藏。

在这一认识的指导下，相继发现马岭、元城、樊家川等侏罗系油田。

与此同时，钻探揭示，在盆地南部存在一个晚三叠纪近海大湖盆，其中延长组优质生油层的分布面积已超过 $5×10^4$km²。

这一巨大油源区的发现，为今后在盆地内部找油指明了方向，从而结束了过去 30 年寻找主战场的被动局面。

(3) 进入生油坳陷，寻找三角洲前缘砂体，发现安塞、西峰、华庆等大油田(1980 年以来)。

进入 20 世纪 80 年代，围绕延长组的生油坳陷，开展大规模油气勘探，发现在湖盆的东北、西北及西南有三个物源区，形成三角洲及其前缘砂体。在总体为低渗透的背景上，局部发育有高孔、高渗透带。储层和烃源岩交互叠置，形成自生自储的岩性油藏。

1983 年首先发现安塞三角洲大油田，塞 1 井获日产 60t 的高产，一举打开了延长组勘探新局面。其后在湖盆的东北、西南及西北部先后发现安塞、靖安、西峰和姬源等大油田(图 5)。

最近 10 年，找油思路又突破三角洲前缘，深入湖盆中心，在华庆地区发现重力流砂体为储层的大油田。

这30年，长庆油田在三角洲找油思路的指引下，从三角洲前缘深入到湖盆中心，累计探明石油储量近 $27×10^8t$。2011年生产的石油和古生界的天然气按油气当量折算已突破 $4000×10^4t$，如包括陕西延长石油有限责任公司当年 $1200×10^4t$ 的产油量，鄂尔多斯盆地当前年产油气当量已突破 $5000×10^4t$，超过了大庆油田，成为我国陆上最大的产油气区。

为什么一个有百年以上勘探历史的盆地，只是在最近的20多年能有突飞猛进的进展，除与工程技术的进步密切相关外，在找油思路上的演变更是成功的关键。

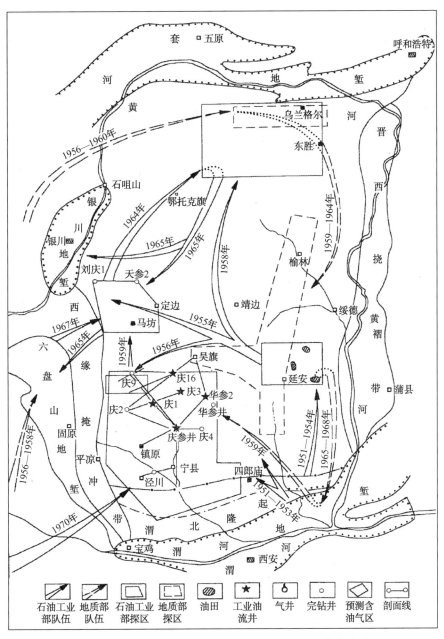

图4 鄂尔多斯盆地找油思路变化图(1950—1970)(据长庆油田)

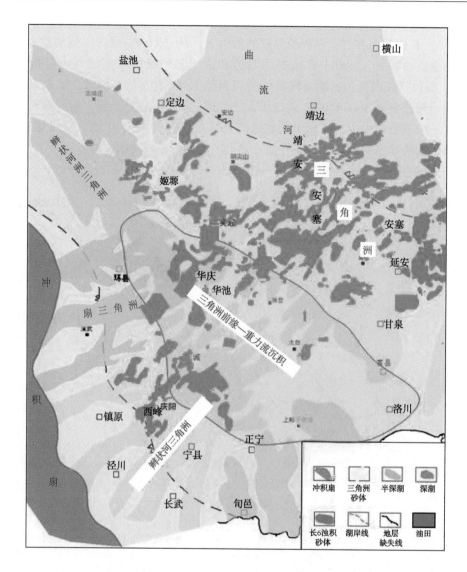

图5　鄂尔多斯盆地延长组沉积环境油田分布（据郭彦如）

参 考 文 献

［1］傅诚德．世界石油科技发展趋势及展望［M］．北京：石油工业出版社，1997.

［2］邱中建，等．中国油气勘探［M］．北京：石油工业出版社，1999.

［3］吴震权．宋建国．世界油气勘探思路的演进及对我国陆上油气勘探的启示．石油工业科
　　技论坛第5期［M］．北京：石油工业出版社，2003.

［4］王根海．石油勘探哲学与思维［M］．北京：石油工业出版社，2008.

［5］莱复生．石油地质学［M］．北京：地质出版社，1975.

［6］Magoon L B，Dow W G．The Petroleum System－from source to trap［J］．AAPC Memoir
　　60，1994.

油气勘探若干理论与实践问题的再认识

——学习科学方法论的思考

王文彦

1 概述

近年来，科学方法论及其在石油工业中的应用，受到普遍关注[1-6]，反映人们就认识问题、解决问题向更深的层次探索，对开启智慧潜力，提升思辨能力和创新水平，无疑具有深远的意义。

油气从生成到聚集是一个极其复杂的系统，能观性与可控性均很差，采用观察、实验、模拟等方法，均有其局限性，勘探工作在很大程度上依赖"猜想"和"预测"。因此，勘探家的思辨能力起着十分重要的作用——"油气存在勘探家的脑子里"。

我国著名科学家钱学森院士倡导"大成智慧学"，认为地学研究具有双重思维形式，即逻辑思维（量智）和形象思维（性智），前者属客观，后者属主观。

美国人 B. W. Beebe 在 *Philosophy of Exploration* 一文中也提到，勘探地质家要在油气田发现之前，就要有个想象，这种独有的特殊地位，是其他专业人员所不具备的。将严谨的科学和工程实施与判断、经验、思路和直觉融合在一起，就是我们所说的石油勘探艺术。

我国古代思想家在探索宇宙间万事万物之理，对主观与客观世界的相互作用，亦早有深刻的阐述——"天人合一"之道。

古今中外思想家和科学家，在认识论、方法论方面提出相似的论点不是偶然的，它反映的是人类共同经验与普遍智慧的理性表达。

现今油气勘探，主要依据是 5 项石油地质基本条件：即烃源、储层、盖层、圈闭和运聚匹配，由大及小优选目标，也就是定盆—定凹—定区（带）—定点—定层的过程。

评估勘探成效，就新区而言，要视其是否在勘探初期或早期发现主要油田和储量；就成熟区而言，要视其能否发现新层系和新类型。大庆油田和渤海湾油区的发现历程，堪称成功典范，而长庆油田可谓"后起之秀"。

本文所述多为亲历，借此温故而知新，谈些粗浅认识，以期对后继者有所借鉴参考。

2 发现源于关注"异常"，从局部分析到整体综合——近海湖盆的认识过程

"近海湖盆是最有利的陆相生油凹陷"这一论点，始见于 1977 年，并为业内人士所接受与应用。从 20 世纪 50 年代以来，我国松辽盆地、渤海湾盆地、苏北盆地中、新生代地层中，陆续发现海相化石分子和海绿石矿物。在化石组合中，虽以陆相淡水至半咸水生物占优势，多为介形类、叶肢介、腹足类、瓣鳃类、鱼类、藻类和植物等，湖相生物特征十分

明显，但也发现某些海生广盐性属种，如管栖多毛类、有孔虫类、鱼类等。根据生物种内变异加强，畸形个体发育等特点，说明与正常海水中生活的类型不同，已失去指相意义，但也能反映这些湖盆在发展历史上曾与海水有过联系，甚至受到海水的浸漫。

客观地讲，上述现象在一个时期并未引起勘探家们足够的重视，究其原因：一是海陆之争对局部地区找油并无实际意义；二是为捍卫陆相生油理论的"纯洁性"，采取了"视而不见，见而不究"的回避态度。相反，科学的发现，往往就是从关注"异常"现象开始的，就是从"弄懂两边，站在中间"开始的。

特别应当指出，20 世纪 90 年代，处于我国大陆腹地的鄂尔多斯盆地，也就是我国陆相生油理论[1]的发源地，在上三叠系延长统内（华池地区），发现空棘鱼类和丰富的疑源类化石，经权威机构鉴定[2]，均属海源生物化石。

为探究湖盆与海的关系，依据还原法则，用古地理法恢复了二叠纪至新近纪海陆分布状况，图1至图7表明，准噶尔盆地上二叠统、鄂尔多斯盆地上三叠统、松辽盆地下白垩统、渤海湾盆地古近系—新近系均属近海湖相沉积。

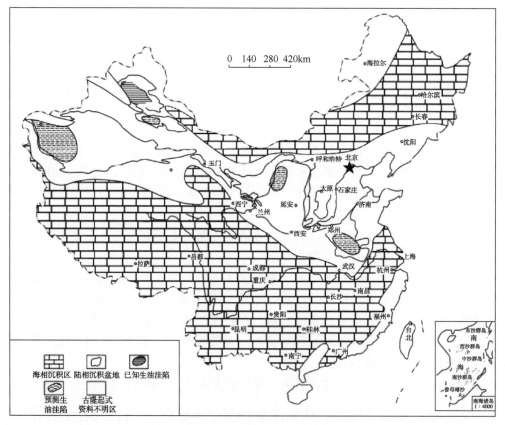

图 1　中国二叠系陆相生油层分布示意图

❶　《中国陕西北部和四川白垩系陆相生油》，潘钟祥，美国地质协会学报，1941.
❷　空棘鱼类为南京大学刘冠邦发现，经中科院古脊椎与古人类研究所宋敏教授鉴定；疑源类化石为边立增发现，经中科院南京地质古生物研究所尹磊明研究员鉴定。

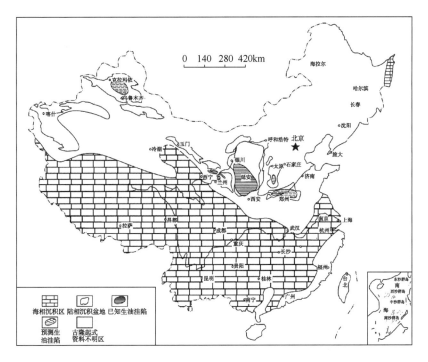

图 2　中国三叠系陆相生油层分布示意图

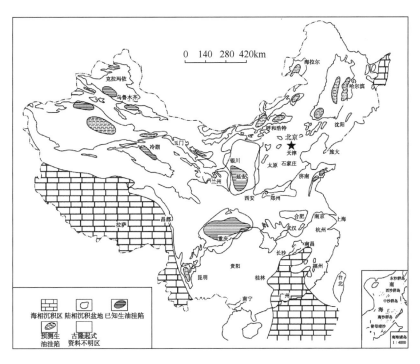

图 3　中国侏罗系陆相生油层分布示意图

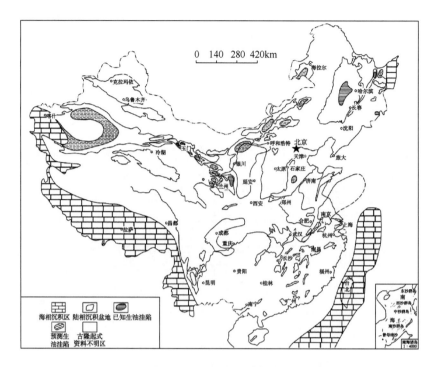

图 4　中国白垩系陆相生油层分布示意图

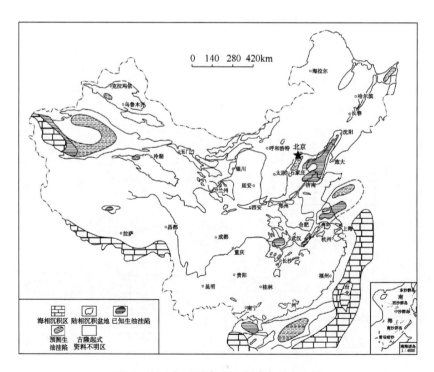

图 5　中国古近系陆相生油层分布示意图

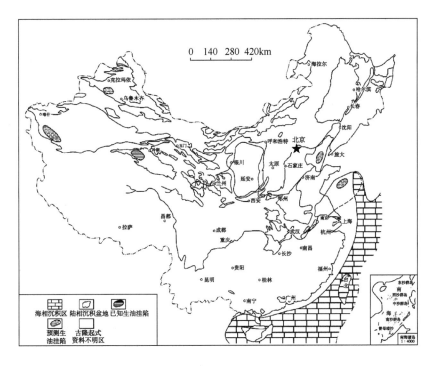

图 6　中国新近系陆相生油层分布示意图

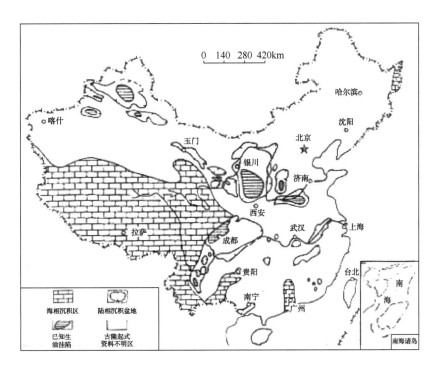

图 7　中国上三叠统陆相生油层分布示意图

由于海浸发生在湖盆的发育阶段，因而对生油层系的形成产生有利的影响：濒临海洋的湖盆是陆表水汇集场所，水源充足，水体富含生物营养；受海洋气候影响与调节，有利生物繁殖发育。据有机地化研究❶，近海湖盆烃源岩的有机质丰度、类型均优于内陆湖盆，与海相生油层相近。

根据上述近海湖盆目前已发现的石油地质储量，约占全国总储量的90%，充分说明近海湖盆在油气勘探中的重要地位。因此，搞清不同地质时期沉积剖面中海浸层位、有机质类型、生烃潜力及其对油气生成的贡献，以及湖岸线与海岸线的分布和关联程度，是盆地与凹陷分类评价的重要基础。

3　明确大方向，选准突破口——两个油区发现的差异

生油深凹陷控制油气分布(源控论)是我国陆相盆地油气勘探最基本的理论依据。一个新区勘探，首先要明确的大方向，就是生油凹陷的位置——定凹，已成为找油的一条铁律，然而，事实并非都如此。

3.1　一个新油区的快速发现—南阳油田

南襄盆地勘探是在江汉油田会战期间(1969年7月至1972年7月)进行的。由于备战形势紧迫，实行了快找(储量)、快拿(产量)、快建(地面工程)"三快"方针，和边勘探、边开发、边建设的"三边"政策。会战规模之大、上得之猛、期望之高是前所未有。因此，勘探工作如按常规程序是难以满足的。

南襄盆地面积17000km²，由南阳、枣阳、襄阳三个凹陷组成(图8)。勘探一上手，根据仅有的重力图和少量地震剖面，同时在三个深凹陷处(重力低)钻探，以确定有无生油层，结果排除了襄阳凹陷和枣阳凹陷，而定在南阳凹陷的南1井，揭示了古近系—新近系厚度大，红黑层相间，有一定生油条件，继之由此往东，在更接近深凹陷区钻探了南2井，发现古近系—新近系暗色地层厚达千米，生油层十分发育，这一发现极大地增强了人们的找油信心。与此同时，地震工作也在深凹陷区加紧进行，在发现的沙堰鼻状构造上定了南4井，取心见荧光显示，紧接着，根据地震构造草图和剖面，发现了东庄和魏岗两个背斜构造，于是分别钻探了南5井和南6井，两井均发现油层，南5井提捞日产油2.9t，南6井自喷日产油72.2t，从而发现了南阳油田。

南阳凹陷的勘探从"三选一"定凹开始，就十分明确的以追踪有利生油区为主要目标，在工作部署上，打破常规程序，突出一个"快"字，历时仅14个月，只打探井4口(其中南3井工程报废)，就取得重大突破，成为新区勘探快速发现油田的范例。

3.2　一个老油区的迟到发现——长庆油气田

鄂尔多斯盆地面积37×10⁴km²，石油开采始于1907年，中国大陆第一口油井(延长一号井)即诞生于此。该井井深81m，产层为上三叠统延长组，日产油1~1.5t。

新中国成立以来，勘探工作以素有"磨刀石"著称的延长组为主要目地层，重点在以下四个地区：

(1)陕北"三延"(延长、延安、延川)已知含油区周缘；

---

❶《松辽盆地的生油特征及烃类演化》，杨万里等，石油学报，1980.

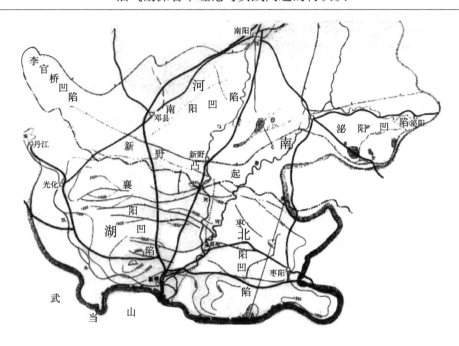

图8　南襄盆地构造区划及油田分布图

（2）南部渭北隆起的四郎庙、马栏等构造；

（3）宁夏"西缘断褶带"，寻找物性较好的油气聚集带；

（4）内蒙古伊盟隆起（巴得马台地区白垩系砂砾岩中含大面积油砂）。

上述勘探格局，历经几上几下，反复迂回，前后延续20年，只在盆地西缘找到几个小油气田（马家滩、李庄子、刘家庄等）。至1970年全盆地年产石油仅20487t。

20世纪70年代初，强化了"三线"地区找油力度，油气勘探出现了重大转机，在部署的探井大剖面中，有些接近盆地南部延长组油源区的井，相继发现了油层：庆3井日产油27.2m³，从而发现了陇东地区第一个侏罗系油田（华池油田）；庆1井日产油36.3m³，发现了盆地中最大的侏罗系油田（马岭油田）。产层均为延安组底部砂砾岩层，油源来自下伏层延长组。

本轮勘探最重要的成果，就是证实盆地南部存在一个面积达$5.4×10^4km^2$的延长组生油坳陷区，从而结束了长达20年寻找主战场的徘徊局面（图9）。

进入20世纪80年代，围绕生油坳陷区开展了更大规模的勘探活动。与延长组主力烃源岩沉积建造同时，湖盆的北东、北西、南西方向，发育有三大物源体系，形成以三角州前缘水下分流河道砂体和沙坝为主的储集体，在总体为低孔、低渗透的背景上，局部发育有高孔、高渗透带，储层和烃源岩的交互叠置，形成自生自储岩性圈闭的油藏或构造—岩性复合型油藏。

1983年首先突破了安塞三角州，塞1井获日产59.86t的高产，一举打开了延长组勘探新局面。到目前已发现有安塞、靖安、西峰、姬塬等亿吨级储量的大油田（图9）。

延长组三角州形成的油田勘探，已经成为盆地石油储量增长的主角，也是全国储量、产量增长最快的地区。2010年全盆地产油已达$3015×10^4t$（含延长油矿$1190×10^4t$），若加上

古生界天然气产量 $211×10^8 m^3$，油气当量已超过 $5000×10^4 t$，居全国各油区之首，成为我国石油工业发展的后起之秀。

鄂尔多斯盆地中生界复杂岩性油藏的勘探实践，极大地丰富了我国陆相盆地成油理论，为勘探隐蔽性油气藏提供了宝贵经验。

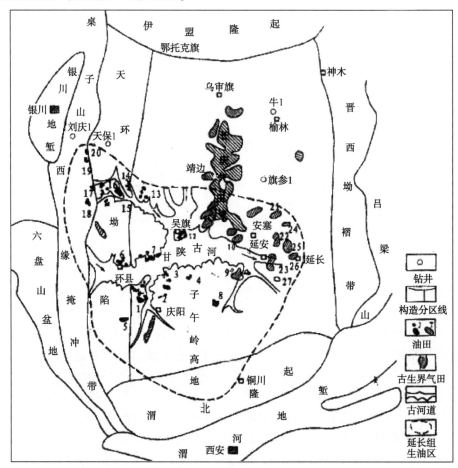

图9　鄂尔多斯盆地油气田分布图

4　按照实际情况决定工作方针——辩证思维在找油中的应用

辩证思维的应用，是依据不同时间、地点、条件，对具体问题做具体分析、具体对待，而不是一成不变，照搬硬套。自然界没有完全相同的盆地，也没有完全相同的油气藏，研究本地区找油的特殊性，是创造性思维的灵魂。

4.1　延长油矿找油的重要启示

当今油气勘探以地震方法为核心技术是毋庸置疑的，但在某些地区也有其局限性，如黄土高原的切割地形。地处陕北的延长油矿，则因地制宜，根据地面条件复杂、地下构造简单、含油气层系多、分布广泛、局部富集等特点，独辟蹊径，探索出一套地质—地表油气化探—非地震物探综合找油方法，以及相适应的勘探程序，取得非常好的勘探效果，综合异常区的钻探成功率达 76.5%，而成本只有二维地震的 1/10，三位地震的 1/100，成果令人十分鼓舞。

延长油矿从实际出发，在油气勘探、工程实施和经营管理诸方面，都创造出有别于其他油田的做法，从一个低产、低渗透油层中，年产出石油近 $1200×10^4$t，实可谓百年老矿创造了奇迹！其主要措施：

（1）突破了"三边"（村边、河边、路边）地形局限，极大地提高了"地下资源的面积利用率"；

（2）大力推广丛式井，从修一条路打一口井，发展到修一条路打一组井，开发一块面积；

（3）强化压裂作业规模，掌握了一整套特低渗透油层注水开发技术；

（4）国家"以油养油"的扶持政策，是实现转折的关键。

回顾对延长组油层潜力的评价，很长一段时期认为是"处处有油，处处不流"（康世恩语）。曾任油矿总地质师的杨毅刚，在油矿年产尚不过几万吨时（1975 年全矿年产仅 $3×10^4$t），口出"狂言"谓"延长可以达到年产 $100×10^4$t"，被人称为"杨疯子"，生动地说明人们在认识上，主客观间的巨大差距，而现实也充分说明，主观能动性的巨大作用。

2004 年，中国石油勘探开发研究院专家室吕牛顿教授曾尝试应用翁文波院士的预测模型，对延长油矿原油年产量基值的发展变化进行了计算，预计 21 世纪 30 年代峰值产量可达 $1370×10^4$t，最终采出量为 $7×10^8$t（图 10，数据所限，仅供参考）。

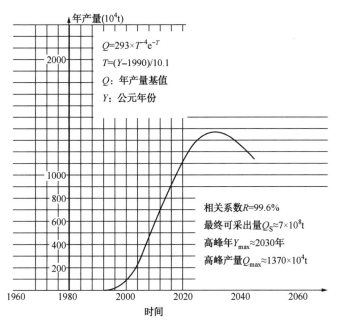

图 10　延长油矿原油产量预测图

4.2　一个被忽视的找油方法——近地表油气化探

近地表油气化探是建立在油气微渗漏理论基础上（烟囱效应），直接检测与烃类有关信息的方法。

众所周知，陕参1井是我国陆上第一大气田——长庆气田的发现井，该井位于林家湾构造(后经钻探证实为非构造圈闭)，产层为奥陶系马家沟组顶部针孔白云岩，1989年6月经酸化压裂，日产气$13.9×10^4 m^3$。

鲜为人知的是，早在此一年前，通过该构造的区域化探剖面(M102)检测发现，重烃、ΔC(碳酸盐增量)、土壤热释汞、壤气汞等化探指标，均有明显异常反映(图11)，特征明显、配置合理，异常宽度达16km，是一个典型的多指标地球化学综合异常，分析烃类来自深部，预测为一含气构造。

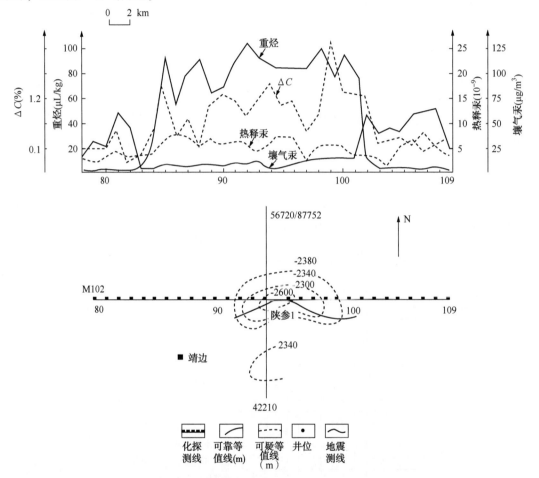

图11 鄂尔多斯盆地林家湾构造区域化探剖面图

遗憾的是，上述资料及其所做的准确预测，并未得到应有的重视。

此外，1990年为配合航空遥感在塔里木盆地进行的实验研究，曾做过一条从轮南至塔河边的南北向地面化探剖面，烃类指标在已知油田上方均有异常反映，如轮南油田(T5 15-19)、桑塔木油田(T5 01-07)，特别是T1 07-16异常段，即以后钻探证实的吉拉克气田(图12)。

上述例证表明：一种勘探手段是否有效，只能通过实地验证，才能做出正确的判断，在此之前，轻易地否定或肯定都是草率的。

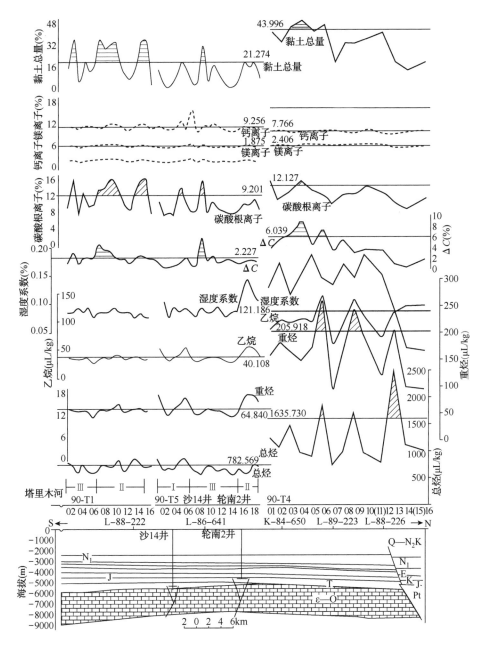

图 12 塔里木盆地轮南—塔河化探剖面图

5 科学与民主——正确决策与可持续创新的保证

科学与民主对创造性思维的作用，论述已经很多。就油气勘探而言，其实质就是实事求是认识地下情况，以包容心态对待不同意见。由于工作中的好大喜功、急于求成的功利路线；对不同学术观点，采取打压政策；在缺乏科学论证和客观评估的情况下，急于上马，造成决策上的失误和经济损失，是不乏例证的。伴之而生的则是随风附势、报喜不报忧，甚而弄虚作假等学术不正之风，其危害之深远，也是不可低估的。

5.1 "裂缝说"与"悲观论"

四川盆地的油气勘探，自1957年起，即由龙门山山前带重点转向了川中地台。经过地面连片详查和细测，共发现平缓背斜24个，并对其中重点构造进行了钻探。

1958年3月10日、12日和16日，先后在龙女寺构造2号井凉高山组(Jt^5)和蓬莱镇构造1号井大安寨组(Jt^4)喷出原油，日产分别为16t和70t，南充构造3号井(Jt^5)不到2h，就喷油189t。这一重大事件，震动了全国，也极大地提高了在地台找油的信心。

1958年11月，石油工业部抽调全国力量进行大会战，开始先在上述3个构造上钻探20口关键井，以便为大规模会战提供更详实依据，结果很不理想，出现不少干井，少量油井都是低产。以著名石油地质学家李德生院士为首的少数科技人员，根据钻井、取心、测试等资料，提出凉高山、大安寨组油层是薄油层、物性差、储油层属裂缝型的论点，并提出调整部署意见。令人不解的是，这种正确意见不但未被接受，反而以散布悲观论，当作"白旗"进行了严厉的批判，继续坚持储油层是孔隙性的，油藏具有大面积、多油层、产量高特点，布井及相应技术措施均按孔隙型油藏对待。至此，也只能听到"川中油田就是好，产量大来压力高"一种声音了。

会战历时5个月，在11个构造上共钻井72口，共发现蓬莱镇、龙女寺、南充、合川、罗渡、营山和广安等7个小油田，其中产油较好的只有9口井。

实践证明，川中地区在纵向上为多层系含油，横向上分布广泛，并不局限背斜圈闭，储集空间主要为裂缝，以及由裂缝联通的晶洞、溶洞、介壳间隙等，油气富集程度和单井产量均与裂缝发育程度密切相关，钻遇裂缝就高产，否则就低产或不产。

川中会战是新中国成立后不久继克拉玛依油区以后，又一次大规模的石油勘探会战，这次成效不大的会战说明，任何主观愿望都不能代替客观事实，只有实践才是检验真理的唯一标准，也是认识客观世界的唯一途径。康老部长生前曾多次感慨地说："我这一辈子参加的10场石油会战，唯有四川会战没有打下来，是最难剃的"癫子头"。"不征服四川复杂油气藏，不把四川油气搞上去，我绝不死心。川中这块油藏敲不开，我是不瞑目的"(康世恩，1995)。

5.2 古河道说与"妖风论"

20世纪70年代初，鄂尔多斯盆地陇东地区相继发现产量较高的庆1井和庆3井，产层均为侏罗系延安组底部砂砾岩层(延10)。在认识延安组油藏形成条件过程中，我国已故石油勘探先驱王尚文教授在深入现场调研后，是最早提出"古河流"这一成因论点的少数者，对这一正确的学术观点，在尚未深入了解之前，即被斥为"刮妖风"，长期予以排斥，理由是河道沉积中，只能形成规模不大的"带状油藏"，河流说又成为另一种悲观论调。

进一步勘探、研究表明，印支运动末盆地抬升。在上三叠统延长组生油坳陷内，剥蚀成一条近东西向古河流系统，河流之间古高地形成的圈闭，为延长组油气二次运移提供了聚集条件，形成主力油层为延10的次生油藏，古河道两侧成为延安组油田主要分布地带(图9和图13)。

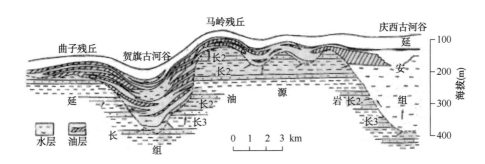

图 13　鄂尔多斯盆地马岭油田中、下侏罗统古河道地貌油藏形成模式图

5.3　解决之道——发扬大庆精神

20 世纪 60 年代初开展的大庆油田会战，实事求是地总结了 50 年代的勘探经验，深刻认识到，对地下情况不清，会给勘探工作造成严重损失的深刻教训，明确地提出"石油工作者的岗位在地下，工作的对象是油层"。这一要求，成为当时全体石油职工的行动指南，兴起了尊重科学，重视实践，大兴调查研究之风，把取全取准 20 项资料和 72 项数据，作为勘探开发油田的调查研究提纲。在勘探决策过程中，为避免和减少长官意志做出片面的决定，充分发扬技术民主，集中群众集体智慧，实行了"五级三结合技术座谈会"，较好地解决了主观与客观、认识与实践、民主与集中的矛盾。这些行之有效的办法，在现实工作中，应当延续发扬。

6　结语

（1）油气从生成、聚集到发现是一个极其复杂的系统。我国许多著名科学家对解决复杂的巨系统问题，多有论述，可归纳为四个结合：

定性判断与定量分析相结合、微观分析与宏观分析相结合、还原论与整体论相结合、科学推理与哲学思辨相结合。

（2）发现科学问题，要比科学发现更为重要。科技工作者要经常保持好奇的心态，才能不断发展、创新。

（3）少数人引领，多数人跟进是科技创新的普遍规律——发现精英、培育精英、各得其所是科技领导者的重要贡献。

（4）"大智兴邦，不过集众思；大愚误国，皆因好自用"——认识客观从多面才能全面；探索之路，殊途才能同归。以包容的心态对待"异质思维"，科学园地才能百花盛开，经久不衰。

参　考　文　献

[1] 付诚德. 学习科学发展观、探究科学方法论(之一、之二)[J]. 石油科技论坛，2009，28(4，5)：28-36；35-45.

[2] 罗群. 试论中国石油地质勘探理论的进一步创新——理论创新的概念、模式与思考[J]. 中国石油勘探，2010，15(5)：6-10.

［3］严小成．科学方法论的哲学思考［J］．石油科技论坛，2011（1）：37-40.

［4］赵永胜，牛立全，杨宝莹．石油科学研究常用方法及其若干案例［J］．石油科技论坛，2011，30（2）：37-44.

［5］付诚德．石油科学技术发展对策与思考［M］．北京：石油工业出版社，2010.

［6］王根海．石油勘探哲学与思考［M］．北京：石油工业出版社，2008.

［7］邱中建，龚再升．中国油气勘探［M］．北京：石油工业出版社，地质出版社，1999.

［8］徐旺，王文彦，张清．我国近年来石油地质理论新进展刍议［J］．中国石油勘探，2003，8（2）：18-24.

［9］蒋其垲．也谈延长油矿的发展［J］．石油科技论坛，2004（4）：26-31.

［10］朱振海，王文彦，彭希龄．遥感技术直接探测烃类微渗漏的方法研究［J］．科学通报，1990，16：1257-1260.

我国第一个油气资源评价的诞生

张金泉

　　1983 我调石油工业部石油勘探开发科学研究院地质研究所(以下简称地质所)任所长,不久,石油工业部科技司领导找我谈话,希望我承担完成全国油气资源评价总报告的任务,并反复说明完成此项任务的意义和责任都非常重大,必须承担完成。我意识到,从方法技术以及资料积累来看,完成此项任务是办得到的,即便遇到困难也可以克服。但是有些困难却有不可逾越的鸿沟,不能克服。我深知,这是一项大课题。要完成一件大课题,没有领导的直接过问是不可能的,必须有院领导挂帅。当然这就不能在个人得失上有所考虑,只要对全局有利,对国家有利是值得的。科技司领导十分清楚,采纳了我的意见,由院领导挂帅,便正式开展课题研究工作。经过三年时间,于 1986 年完成。

　　为了完成任务,地质所投入了 80% 以上力量,包含地质、地震、测井等三大行业,生油、沉积、构造、油气藏、东部、西部、南方、海洋、地震、测井、数字地质、综合评价(即资源评价)等 12 个专题研究室和地质研究室,共约 100 余人参加,并有情报资料研究所、计算中心和试验中心参加。该项成果从大地构造、生油、沉积、油气藏形成等专题等多方面的研究成果,上升到理论的高度,充分阐明我国石油地质特征,又将我国划分为东部、西部、南方和海洋分区进行石油地质综合研究和油气资源评价,并归纳为我国油气资源评价,编制附图近百幅,文字 50 余万。

　　此项成果的取得为当时的石油工业发展坚定了信心,指出了勘探方向,在后期勘探中取得了实效,凝聚了石油系统油气勘探工作者的心血,反映了我国石油地质科研的水平。提交国家评审验收以后,被评为国内领先,国际先进水平,获国家科技进步一等奖。

1 课题设置的原因

　　为什么会设立这样一个课题呢? 现在回顾起来大约是以下原因:

　　(1) 形势逼人。

　　1980 年前后,我国石油年产量超过 $1 \times 10^8 t$,由于国内经济不发达,自己用不完,有相当一部分用来出口,成为我国主要的外汇来源。石油工业有了相当规模,松辽盆地、渤海湾盆地、准噶尔盆地、四川盆地基本上已投入全面开发,然而却面临着几个问题:①已开发的油田很多油井见水,甚至水淹,产量递减速度加快,怎样弥补递减的产量,保持不减产。②国家经济发展要求石油工业产量规模不断提高,中央领导提出有水快流的方针,这就需要不断有探明的新油田投入开发,为此要加大勘探力度,可是勘探的新方向在哪里呢?特别是找到大油田的方向在哪里呢? 其实当时的石油工业为了维持产量不降低,已经加大了勘探的投入,但没有大的发现,长期处于"找米下锅"的局面,形势十分严峻。必须要有油气勘探的重大发现,才能扭转当时的被动局面。所以有必要对石油地质情况进行进一步的全面的综合研究，以对我国油气资源有一个客观的认识。要达到这一目的，毫无疑问，只能对全国油气资源进行清理，特别是要对未探明的油气资源进行系统研究，得出有理有据的认识。

（2）他山之石。

大约在 1974 年前后，笔者已在有些国外文献中了解到美国在 20 世纪 70 年代已经对美国未探明油气资源进行过系统的研究和评价。后汇集成上下两册的巨著并于 1970 年前后出版，书名叫作《美国未来潜在的油气资源评价》。该项成果是为缓解石油危机对美国的影响而作，主要研究对象是已投入开发的盆地，指出潜在资源所在地区、所在层系，且有些已在后期的勘探中得到证实。该书所进行的研究无疑有启发作用。由于当时的政治氛围，只能在私下反映给部院有关领导，都觉得有必要对我国未探明油气资源进行一次系统研究，当然是酝酿过程。不久，"四人帮"被打倒，本院同时派出一个石油科研考察团赴法、美考察，笔者适在其中，于是把油气资源评价作为考察内容之一。在美国的 USGS 的确有人在专门研究未探明的潜在油气资源评价的方法和技术，得知我们要考察学习这方面的技术，便做了充分准备，热情为我们介绍，并让我们参观了他们的数据库和大型计算机以及计算机作资源评价工作。当然我们还在很多不同单位考察学习了石油勘探开发方面的科研理念、方法、技术，确实对我院以后的科研工作有所借鉴。回国后很快便将有关信息汇报给领导，得到认同，经过上下反复讨论，便由石油工业部科技司亲自领导开展全国油气资源评价的工作。

（3）科研人员的热情。

在当时情况下，大多数科研人员对开展此项研究表现积极和热情。原因是：①"文化大革命"十年科研工作荒废，已大大落后于世界，希望赶上去。②过去的油气勘探科研处于一种被动挨打的被动状态，满足不了钻探的需要，领导不满意，群众不满意，自己不满意，经常挨批评。科研成果零散，用康部长的话叫做找米下锅，虽然加班加点，找到的米总满足不了下锅，十分被动无奈，盼望有一项科研工作能对全国油气资源进行清理，有一个清醒的认识。都觉得全国油气资源评价能达到这个目的，使油气勘探工作摆脱无奈状态，更使油气勘探科研工作有明确的方向。③别人说，石油工业部的科研人员不会搞科研，对此种议论，本院科研人员很不服气，但又拿不出有分量的东西来证明自己有很高的科研水平。而当时，无论地质矿产部和中国科学院都有很多科研成果，特别是地质科学院出版了全国 300 万分之一全国地质图和构造图。一般我们和外国同行交流时，他们往往要把他们的成果作为礼物送给我们，而我们却只能把兄弟单位的地质图和构造图作为礼物回赠给他们，此情此景，非常不是滋味，这些都激发了大家完成科研任务的热情。

地质所的科研人员大部分来自生产一线，经验丰富，不追求名利，工作起来埋头苦干、毫无怨言，就是要为石油科研工作者争一口气。

上述因素的结果便上下一心，使全国油气资源评价工作正式立项，付诸实施。

经过这个过程的回顾说明：当今世界，大型科研项目必须要有经济和政治（法律）的支助和支持，在我国要有相应部门领导的支持，外国则要有经济支持和政府的允许，无论如何是一个道理。现在已经不是牛顿观察苹果落地的时代，有价值的科研往往不是一两个人可以完成的。

2 课题设计与难点攻关

搞科研工作的人都知道，一项科研任务是否完成得好，首先要看科研设计是否得当，是否具有高质量、高水平、切实可行，所以在正式立项以后，经过半年多的时间才最终完成设计工作。在编制设计时首先确定了几条原则：（1）从第一性资料出发，做到资料齐全准确，凡有疑问的资料要查实以后再用，不可靠的资料不用。兄弟部门，如地质矿产部、煤炭部等的资料也要尽量收集齐全，其目的就是要使成果具有权威性。（2）基础工作要做得扎实，附图附表一律重新计算，重新编制。（3）采用新概念、新认识、新技术，真实反映出我国陆相石油地质特色，以丰富石油地质学。（4）力争达到国内领先和国际水平。根据这个原则我们将课题分解为二级和三级课题，交全所讨论，并请邀请有关研究所参加讨论。在此基础上确定了二级和三级课题组的人员组成，并开始对所承担的课题题进行调研，为此反反复复经过相当长的时间基本上完成了课题的设计。

在编制设计与调研过程中我们陆续发现了很多难点，必须在方法、技术上攻关克服：

（1）截至1983年，我国已进行油气勘探和开发30余年，资料众多，瀚如烟海，而且掌握在不同部门的手里，如何收集？

（2）当时，我国东部盆地勘探程度较高，西部盆地勘探程度较低，有些盆地根本没有进行过勘探。即使勘探程度较高的东部盆地中，钻井分布也极不均衡，取资料的程度差异极大。这种情况势必影响图件的编制，进而影响评价的精度，如何解决？

（3）正如前述，我国盆地近500个，情况千差万别，怎样判定为含油气盆地或非含油气盆地，又怎样评价？

（4）设计指出油气资源评价要摆脱过去好、中、差的办法，而要做到既有勘探方向，又有数量，即所谓定量化。怎样才叫作定量化？定量化的内涵是什么？是否摆一堆数字就叫定量化？

（5）达到国内领先的标准是什么，怎样就算达到国际先进水平？

难点还有很多，这里不能一一列举，这些攻关内容的指出其实并没阻碍大家去完成任务，反而使大家对此项科研任务的认识更进了一步，进而组织力量去攻关。

经验告诉我们，当要开展一项科研任务时，先不要急于动手去实施。首先要让大家，至少是骨干人员充分调查研究，对课题有全面充分的认识，然后再编制设计方案，这时，完成任务的把握性已经大大增强了。

3 措施办法

课题进入实施以后，最先开始的便是基础工作，科研工作的基础工作，主要是资料和数据，并对其进行加工处理，即核查、分类、统计、分析、制图、制表。

所幸，在1983年时，我国计划经济的气氛尚相当浓厚，差不多的东西都归国有，我院作为石油工业部下属单位，顺理成章有权使用国家的资料。而且按规定各部门所有地质资料都统一存放在地质矿产部所属地质资料馆。所以要了解其他兄弟部门的地质资料就可以在地质矿产部所属地质资料馆查找。当时，我院资料室按规定存放着石油工业部历年油气勘探的原始资料，这就给我们提供了有利条件。所以我们需要收集的资料，只限于近几年的勘探成果，当然要搜集到仍有极大困难。

根据上述情况的了解和计算要求，为了保证完成任务，经过上下反复研究讨论，制订以下措施：

（1）各科研小组分头深入现场，搜集掌握第一性资料，主要是观察岩心，因为岩心只存放在现场，而且是直接研究地下石油地质情况的关键所在。测井资料也很重要，但探井的资料要分送我院，在勘探程度不高的地区则主要收集一些区域地震大剖面和典型地震剖面。这些都按规章办事，绝不强人所难。在现场收集资料的同时，还与油田科研人员一起，讨论一些共同关心的问题，有条件的就开展合作。

在资料搜集整理过程中，非常重要的环节是对资料进行核查，凡有疑问的必须要弄清楚，无法弄清楚的不采用。

（2）特别重视对区域构造、生油、沉积、油气藏等基础性课题的研究，使其上升到理论的高度，因为这是高水平完成油气资源评价的基础。

（3）对全国所有盆地逐个进行分析、对比、分类。全国共 500 余个沉积盆地，如何进行资源评价呢？进行了如下工作：

① 分类。a. 按时代分类，即古生界、中生界、新生界、现代。b. 按大地构造位置分类。内克拉通型、裂谷型、前陆（山前坳陷）型、山间型等。c. 按盆地面积大小分类为大于 $10\times10^4km^2$，$5\times10^4 \sim 10\times10^4km^2$，$1\times10^4 \sim 5\times10^4km^2$，$0.5\times10^4 \sim 1\times10^4km^2$，$0.1\times10^4 \sim 0.5\times10^4km^2$ 和小于 $0.1\times10^4km^2$。d. 按沉积厚度分类为大于 4000m，$1000\sim4000m$，小于 1000m。e. 只含煤的沉积盆地，即煤盆地。

② 筛选。通过分类，很自然就能筛选出有含油气远景的盆地，如沉积厚度小于 1000m 的盆地，现代沉积盆地，只含煤的沉积盆地等类型无含油气的可能性，最后选出约 200 个盆地进入油气资源评价。

③ 评价。科研过程中使用了 10 多种评价方法，对不同勘探程度的盆地进行评价。分为三类：第一类为未钻探的盆地，主要采用沉积速度法、沉积体积法和盆地类比法。第二类为已钻探未投入开发的盆地，采用沉积速度法、沉积体积法、生油量法、盆地类比法等。第三类为已投入开发的盆地，采用生油量法、含油层厚度法、探明储量计算法等。在评价过程中，定量化是攻关难点，采用了很多方法，基本原理是已知推未知，在已知盆地（坳陷）用生油量法、油层厚度法以及探明储量来求取计算数据，参考国外数据，经过多种数学地质方法计算取得结果，并在盆地类比的基础上推算未知盆地的油气资源量，为了对资源分布有明确的展示，用等值线法编制资源量分布图，经过对比检测效果满意。

（4）开展地震地层学和测井地质学攻关研究。

由于勘探差异甚大，资料分布不均，尤其钻井资料分布不均的情况最为突出，可是地震测网则均衡部署。从理论上说，从地震资料中可以取得极为丰富的信息，而过去传统上主要将地震资料用来解决构造问题，十分可惜，但是，如果要用地震资料来解决更多的地质问题则有相当大技术难度需要攻关。当时的任务是要对全国所有含油或可能含油气盆地进行资源评价，无论如何仅靠钻井资料是办不到的。对此，地震科研人员便勇于承担，全力以赴，开展地震地层学的研究，判别可能的生、储油层系，沉积和沉积物，以及非构造油气圈等，后来勘探实施中在有些盆地取得了良好效果。

测井资料的应用也得到了较大的发挥，测井科研人员也根据任务需要进行难点攻关，开展测井地质学，用测井资料解决一些地质问题，主要是判断沉积相，有时也用来判别是否生油层问题。

上述技术在提高成果精度和科研水平上起到了重要作用。

（5）在地质所引进数学人才，成立数学地质研究组，由数学人员和地质人员合作，共同研究，专门针对油气资源评价方法和技术进行攻关，编制计算机软件，并首次在石油地质科研中使用了电子计算机。

（6）专门设立生油层评价研究课题。确定生油评价指标，对生油量计算方法和展现技术进行攻关，作为资源量计算的基础，提高资源量计算的可靠性，并指出其分布状况。

（7）还有一条重要措施，搞科研民主，当时叫作走群众路线，具体做法是：①课题分解以后设立二级和三级课题研究组，科研人员自由选择课题组参加科研组工作，但在完成课题期间要保持人员稳定；②各课题组科研工作的具体实施，计划安排、有关细节及人员分工，由该课题组人员共同商量讨论决定，各二级和三级课题之间出现问题由一级课题协调处理；③资料设备共同使用。

4　成果和效益

课题完成以后取得成果出人意料地令人满意，当成果进行初步审查时公布的资源评价数据，本来是需要经领导和有关部门审定后，才能正式公示，但消息却不胫而走，几小时之内就传到康世恩委员那里，几天之内传到各油田，然后表示赞同的电话纷至沓来。

（1）石油资源量 $787 \times 10^8 t$，天然气资源量 $33 \times 10^{12} m^3$。其实，我国探明石油储量约 $120 \times 10^8 t$，仅是 $787 \times 10^8 t$ 的 15.25%。

若资源探明率为 25%，则尚有可供探明的剩余石油资源量为 $196.75 - 120 = 76.25 \times 10^8 t$。

若资源探明率为 30%，则尚有可供探明的剩余石油资源量为 $236.1 - 120 = 136.1 \times 10^8 t$。

若资源探明率为 35%，则尚有可供探明的剩余石油资源量为 $275.45 - 120 = 155.45 \times 10^8 t$。

这就是说当时，尚有 $76 \times 10^8 \sim 155 \times 10^8 t$ 的资源量可供探明。而且经过大量第一性资料综合分析，再经过科学计算产生的资源量，其探明率达到 25%～35% 是办得到的，经若干年的技术发展后探明率可能还要提高。

（2）已投入开发的盆地尚有较多的可供探明的石油资源，在 10～20 年之内可供弥补其产量递减。

有些盆地，如渤海湾盆地还有找到大油田(大于 $1 \times 10^8 t$)的可能性，准噶尔盆地尚处于勘探初期，勘探潜力较大。鄂尔多斯盆地则有赖于采油技术的突破，一旦突破便可形成大油田。

（3）西部沙漠、戈壁、覆盖区(如塔里木盆地、准噶尔盆地腹部、吐鲁番盆地等)和海洋是发现新的大型油气田的主要勘探方向。

（4）勘探难度加大，对石油工程提出更高要求。

① 地形地貌(如沙漠、海洋)带来的困难。

② 油层埋藏深度增大，一般超过井深 5000m。

③ 油气藏类型复杂，在勘探程度较高，已投入开发的盆地构造型油气藏基本已勘探完毕，待发现的油气藏主要是地层、岩性油气藏，甚至被多断层所复杂化的油气藏，对勘探技术提出极高的要求。

④ 待发现的油气田的油层以低孔(孔隙度低于15%)、低渗透(渗透率小于10D)为主。

（5）1986—2006年产储量预测表明，无论产量和储量皆可保持平稳增长的态势。

原油最高年产量为 $1.5 \times 10^8 \sim 2.00 \times 10^8$ t。

（6）天然气资源量大，处于方兴未艾的初期阶段，但勘探方向不明确，当时以四川盆地为主要勘探方向。

上述成果在当时的直接效益是：从此油气勘探摆脱了"找米下锅"的局面，使此后的勘探工作得到科学而有序地进行。

（2011年10月）

岩性地层油气藏的地震勘探方法

钱绍新

岩性地层油气藏包括岩性油气藏和地层油气藏，广义地说，还包括岩性—构造复合油气藏。

地质家早就知道岩性地层油气藏有很大的勘探潜力，但长期以来缺乏一种有效的探测岩性地层圈闭的手段，因此早期的大多数非构造油气藏都是偶然碰到的。

近30年来，地震方法已逐渐形成一套储层预测技术，可以有意识地寻找岩性地层油气藏，这套技术已在各油区得到广泛的应用，开拓了找油找气的新领域，有力地促进了油气储量的增长。

这里将简述地震预测储层技术的要点，目的是加深理解，更好地应用和发展这套技术。

1 地震预测储层的难点和对策

地震预测储层存在两个难点：第一个难点是地震分辨率不够。由于介质的吸收作用，地震波的分辨率随深度增加而降低，在我国东部某些地区，对于未采用高分辨率的常规地震记录，1000m深度约可分辨10m，2000m深度约可分辨20m，不适应储层预测的要求。第二个难点是地震解释储层时存在不确定性。地震属性(如振幅、速度)的变化可以由储层的岩性、物性和含油气性等多种变化引起。

为了克服这两大难点，采取以下四项对策：

(1) 采用高分辨率的地震资料。常规的地震记录一般不适合作储层预测，为此要进行高分辨率采集和处理，得到高分辨率的地震记录。

(2) 在提高分辨率的基础上提高探测度。高分辨率地震记录往往还达不到分辨储层的要求，于是下一步是在提高分辨率的基础上提高探测度。分辨率是分辨相邻地层界面的能力，探测度是井震结合探测储层横向变化的能力。分辨率的极限是1/4波长，若地震记录的波长为40m，则分辨率为10m，探测度的极限和记录的噪声背景有关，一般为1/20波长左右。若记录的波长为40m，则探测度为2m左右。由此可见，不可分辨的地层，往往是可以探测的，而储层预测技术的一个中心问题是提高探测度。

(3) 采用多种地震属性和多种方法进行预测，以减少不确定性。正好像诊断一个病人得什么病要根据血压、温度和化验结果等多种指标那样，预测储层参数(岩性、物性、含油性等)则要用地震振幅、速度、频谱、波形、AVO等多种属性，并采用多种预测方法。

(4) 引入约束也是减少不确定性的有效方法。通常有两种约束：一种是井的约束，用井的资料标定地震属性和储层参数的关系；另一种是反射界面的约束，地震反射界面具有时代地层意义，而且容易追踪，是一个重要的约束条件。

在以上四项对策的基础上，形成了地震横向预测技术。

2 地震横向预测的含义

用地震资料预测储层的空间变化，这套技术人们对它有几种叫法，其中以地震横向预测这个术语最为合适。

地震横向预测就是从井出发，用地震资料预测储层的横向变化。横向预测这个术语还表明，没有井的资料，例如在一个新探区，一般来说，现有的地震技术还无法预测储层的特征，所谓的地震直接找油，还处在探索阶段。

横向预测把井点的资料和均匀密布的地震资料结合起来，预测井点以外的储层岩性、物性和含油气性的横向变化。

随着井的增多和地震质量的提高，横向预测的精度不断提高，这套技术可用于找岩性地层油藏，也可用于油藏评价和油藏描述。

3 常用的地震横向预测方法

横向预测技术还在发展和完善，目前常用的方法有：

（1）以三维地震为基础。只有三维地震才能适应储层复杂的空间变化。以三维为基础主要表现在两个方面：第一，各种地震属性和反演成果都形成三维数据体，进行三维解释并用三维可视化技术显示；第二，有些方法只能在三维中才能实现，例如，用相干体或沿层倾角分析识别断层等。

（2）两种叠后反演。一种是直接反演也叫合成声波测井，适用于较厚的储层；另一种是模型约束反演，它是提高探测度的主要方法，在储层预测中广泛应用。

（3）地震属性的提取和识别。因地制宜地提取多种地震属性，各种属性可以分别应用也可以综合应用。在综合应用多种属性时采取模式识别的方法，预测储层特征的空间变化。常用的模式识别方法包括统计识别和神经网络识别。

（4）以 AVO 为主的叠前属性分析和反演。AVO 是叠前振幅随炮检矩变化的简称。在这个变化中包含着纵波和横波的信息，联合应用纵波与横波信息，可以减少储层解释的不确定性。

以上是常用的横向预测方法，正在发展的方法还有波动方程反演、多波多分量技术，以及井间地震技术等。

4 地质和地球物理结合

地震和地质、测井紧密结合是做好地震横向预测的基础，预测的整个过程，从预测区块的确定，层位的标定，预测方法的选择，预测结果的综合解释，都是在多学科结合的条件下进行。

5 综合分析和想象力

这两种思维对于寻找岩性地层等隐蔽油气藏都很重要：

（1）预测前要综合有关地质地球物理资料，提出本区隐蔽圈闭可能的成藏模式，预测结果要做出综合解释。

（2）油藏的隐蔽性需要有更大的想象力。要根据已知资料又要超越已知资料，因为重大的发现往往会超出人们的预测。

6 进一步提高地震资料的质量

各地区的实践表明，储层预测必须强调采用高分辨率、高信噪比、高保真度的地震资料，这是关系到预测成功与否的一个根本问题。

现在不少地区的地震资料质量还达不到储层预测的要求，要酌情重做或重新处理。

对于那些既要查明岩性地层圈闭的范围，又要查明其中优质储量分布范围的地区，地震资料要有更高的要求，不但叠后地震资料质量要高，叠前资料也要好。

7 建立地震横向预测的信息反馈

（1）新井钻探的信息反馈是纠正预测误差、提高预测水平的主要方法，要不断跟踪预测区块的新井钻探情况。

（2）随着新井资料的出现，重点探区要及时更新预测版本。

（3）有些地区，可采用预测—钻探—再预测—再钻探的滚动勘探程序。

不同领域科研课题的探索研究
及其对生产的支持

张 锐

回顾过去所经历的项目，当时都是新的领域，充满着挑战，好在与我并肩的同事，一起较好地完成了各项任务。以下素材力求展示有所创新之意，以此，寄希望于年轻的科技工作者，在建设创新型国家的今天，以所抛之砖引出灿烂之玉。

1 复杂小断块油田的详探与开发

山东胜利东辛油田是我国第一个成功投入开发的复杂小断块油田，它的成功开发起到了一定的示范作用，从而揭开了渤海湾断块油田开发的序幕。

东辛油田由于其复杂性，打破了整装油田传统的观念，当时被康世恩国务委员称之为"五忽"油田——忽高忽低、忽上忽下、忽油忽水、忽厚忽薄、忽稠忽稀。在这种情况下，尽管油田发现较早(1961年华8井见油)，但迟迟难以投入开发，直至1966年("文化大革命"期间)，胜利油田地质所成立了东辛油田工作组(后为断块油田室东辛组)，开展了详探开发工作。工作中，我和同事们靠实践、探索、创新走出了一条成功之路。以下简述东辛油田地质特点及其详探开发的基本做法。

1.1 油田地质特点(所用资料为1982年9月底资料)

(1)断层十分发育，油田被断层切割成众多的贫富悬殊的含油断块。

东辛油田含油面积43km²，共有210条断层。分为185个断块，其中85块含油，含油面积大于1km²的仅2个，占含油断块数的2.3%，0.5~1.0km²有14块，占16.5%，其余69块含油面积小于0.5km²，占断块数的81%。针对这种复杂断块油田，有人比喻为摔碎的"破盘子"，又踩了一脚。

(2)含油层系多，层系间油层厚度、油层物性、流体性质差异大。

全油田有6套含油层系，自上而下为：馆陶组—东营组、沙一段、沙二上、沙二下、沙二底部、沙三段。油层埋藏深度1200~3250m，含油井段最长达200m，各含油层系分布区块不同，其厚度、油层物性、流体物性差异大。

馆陶组—东营组油层原油性质差，油水关系复杂。原油地面相对密度0.94~0.96，黏度877~3140mPa·s。

沙一段油层厚度小，一般3~10m。物性好(有效渗透率高600~6590mD)，原油性质好，地面原油相对密度0.85~0.9，黏度12~130mPa·s。

沙二段(包括沙二上、沙二下、沙二底部)油层厚度大(一般25~50m，最厚达100m以上)，物性好(渗透率800~4000mD)，原油性质一般较好(地面原油相对密度0.87~0.91，黏度

20~300mPa·s），但营8、辛1断块原油性质较差，地面原油黏度高达400~4000mPa·s。

沙三段油层为岩性油藏，埋藏深、物性较差，但油层压力高，压力系数高达1.55~1.65。原油性质好，地面原油黏度一般7~31mPa·s。

（3）油藏类型多，油水关系复杂

东辛油田根据圈闭类型的不同大致有四种类型油藏：断层遮挡屋脊式层状油藏、背斜构造油藏、岩性油藏、断层遮挡岩性油藏，以屋脊式层状油藏类型为主，油水关系较复杂。如营8断块沙一段至沙二段11砂层组共有9个油水界面，呈层状分布，断块含油面积4.92km²，纯油区面积仅0.48km²，89.6%的面积为油水过渡带面积。

（4）油藏（断块）间天然能量大小和渗流条件有较大差别。

鉴于东辛油田复杂的油田特点，当时我们的基本做法是围绕着如何加速油田的认识过程，分清主次、区别对待，有效地开发好油田。

1.2 基本做法

（1）整体解剖二级构造带，迅速查明含油富集区

整体解剖二级构造带的目的在于迅速了解整个构造带的含油概况，为全面的勘探、开发部署打下基础，其主要做法：

① 进行地震精查。高质量的地震精查，对于复杂的断块油田提高钻井成功率、控制断块储量和合理的部署详探开发井是重要关键。

② 部署整体解剖探井。东辛油田各断块区含油贫富悬殊，富集区储量约占总储量4/5以上。为了迅速查明富集区的分布，必须对整个二级构造带和初步划分的断块区进行整体解剖。具体做法是从断裂构造带着眼、断块区入手，沿主断层占主要断块高点，部署详探井38口，新老探井组成6条剖面，以对整个二级构造带含油情况、构造情况、地层发育情况以及油藏类型有一个基本的了解，同时用较少的工作量、在较短的时间内查明富集区，为下步部署提供依据。

③ 安排系统取心井。东辛油田沙二段为主要含油层系，在勘探阶段一次部署了10口取心井，系统取心，不仅较好地解决了地层（砂层组）对比和油层物性参数，而且是正确划分油水层的关键措施。

④ 开辟试验井组。为了剖析断块区内部地质结构和进行注水试验，东辛油田当时部署了营13和辛11两个试验井组，并安排辛11井组进行注水试验。

通过上述解剖工作，对东辛油田的认识大大加深，明确了断块间贫富差异大，初步建立了含油富集断块区和主力含油断块的概念，明确了沙二段主要含油层系以屋脊式层状油藏为主。这些认识上的深化有助于正确地做出下步详探开发部署。通过上述解剖工作，在一年的时间内，查明了除辛47断块区以外的含油富集区，初步探明了71.0%以上的地质储量。

（2）以含油富集区的主力块为重点安排好钻井程序，快速有效地开发油田。

东辛油田的特点是储量分布不均衡，含油富集区主力断块储量比重大，是详探开发的重点，其地质情况相对简单，有利先行开发。次要断块根据进一步勘探情况，逐步投入开发，接替稳产。主力断块产量所占比例大，是油田高产稳产的基础，勘探开发工作量也以主力断块为重点。次要断块不宜做过多的工作。

为了又快又好地开发主力含油断块，详探开发部署实施的程序步骤是关键环节。为此，在营 13、辛 11 和辛 50 断块区进行了不同钻井程序的试验工作。营 13 断块区采用的是从已见油层井向边部逐步蔓延的打井程序，这种方法步子小、钻探时间长。辛 11 采用的是一次布井一次实施，然后完善的打井程序。这种办法主要是根据当时认为断块区内基本含油，而内部小断层不打井也无法认识，为了争取快速投入开发，采用均匀井网，一次部署，一次实施。这种钻井程序的试验结果表明一次实施钻井效果差。均匀部署的 15 口井中，6 口钻至相邻断块，主要目的层落空，占设计井的 40.0%。其次，一次实施仅控制断块区总储量的 63.0%，在这种情况下井网只能进行二次调正、完善。

总结辛 11 断块区钻井程序的经验教训，提出了"整体设计、分批实施、断块交叉、跟井对比、及时调正、逐步完善"的钻井程序。

"整体设计"：是根据断块区内当时已取得的钻井和地震资料，为有效地探明主力断块和控制并开发主力断块，而整体设计的一套井网，作为分批钻井的依据。

"分批实施"：是在设想井网的基础上，根据断块区所要解决的主要问题，选出一批关键井优先实施。尔后根据第一批井的实施结果补钻调正井和完善井。

"断块交叉"：指的是第一批井完钻后，在对资料进行整理、分析和研究的过程中，钻机可以调至相邻断块区钻井。分析研究后提出新的部署，尔后再调回本断块区钻调整井和完善井。钻机的运行采用断块区之间交叉打井的办法。

"跟井对比"及"及时调整"：指的是在钻井过程中，地质研究工作对每一口正钻井都要随时进行对比分析，根据钻井过程中遇到的问题，及时做出合理的调整。第一批井完钻后，跟井对比研究，调整设想井网，并提出下一批井位。

"逐步完善"：根据调整井的实施情况，为了更有效地开发主力断块，逐步形成注采井网，进行井网的完善。

这种钻井程序，通过辛 50 断块区的试验，效果是好的。辛 50 断块区共打井 14 口，整体设计分二批实施之后，进行了个别井的完善，前后共用了半年的时间。

通过分批钻井程序的实施，加速了东辛油田勘探开发进程。

（3）按照油藏类型不同区别对待确定开采方式。

断块油田由于各断块区的构造断层和储油层发育情况的差异以及和含水区的连通情况不同，可进一步划分为不同类型的油藏。东辛油田根据天然能量的大小，将含油断块分位一类、二类和三类。按照油藏类型（特点及天然能量大小）确定相应的开采方式，有利于改善油田开发效果。东辛油田的具体做法是进行包括单井和断块试采的系统试采工作。

单井试采是在不同断块、不同含油层系、不同构造位置上选择有代表性的油井投入试采。进一步了解各类油井生产特点，为正确地确定主要含油层系、正确地判明富集区主力断块提供生产依据。

断块试采是指在正式确定开采方式之前，以断块区为单元，利用天然能量进行投产试采。通过试采，动态与静态资料结合分析研究，进一步了解不同断块和含油层系的天然能量大小以及断块区的内部结构，了解与相邻断块区间的相互关系等问题，以便正确地划分开发单元、确定开采方式。

东辛油田按照天然能量大小区分为三种不同类型的断块。天然能量充足的一类断块与广阔的边水相连，水体体积是油体体积的几十倍甚至上百倍，在2%~4%的采油速度下，压力可以保持稳定，这类断块利用天然能量开采可以获得较好的开发效果。有一定天然能量的二类断块，局部与边水连通，但能量不能满足高速开发的要求，一般在2.0%的采油速度下，每采出1.0%的地质储量，压力下降4~7atm❶。完全封闭的三类断块，压降速度更快，一般每采出1.0%地质储量，压力下降10atm以上。因此，为了实现油田高产稳产，二类和三类断块均应采用注水开发的方式。

通过试采，暴露出非主力含油断块由于不能组成有效的注采系统投入注水开发，产量和压力的下降都比较快。为了保持油田高产稳产，当时提出了"断块接替、层间接替、井间接替产量"的设想。"断块接替产量"一方面指的是通过每年钻一定数量的探井，力争发现新的断块，增加储量，接替递减的产量；另一方面是通过各种增产措施，提高低速开发单元的速度，接替投产时间早、采出程度高、产量递减快的断块。"层间接替产量"是根据东辛油田含油层系多的特点，一口井往往钻遇几套含油层系，投产初期一般只射开一套主要的含油层系。非主要含油层系，由于层系薄，纵向分布分散，另钻生产井经济效果不好；与主力层同时射开投产，容易产生层间干扰。为此，这些非主要油层，往往留至后期接替递减的产量。"井间接替产量"指的是在不断完善井网，有效地控制储量(特别是断块顶部、屋脊部位的完善井)，不断改善断块开发效果的调整过程中，利用调整井和完善井的产量接替递减的产量。

(4)发展适合断块油田特点的工艺技术，提高油田开发水平。

高水平地开发油田必须有适合油田特点的配套工艺技术。对于断块油田，除了采用一般油田开发的常规工艺技术外，还必须发展针对断块油田特点的工艺技术。东辛油田主要发展了以下工艺技术：

① 双管分采工艺。

② 钻定向斜井工艺(原国务委员康世恩称之为"聪明井")。

东辛油田屋脊式层状油藏的特点是靠近断层屋脊部位一般是断块的高产部位。含油层位多，油层连续分布，油层厚度大，油水关系相对简单。在垂直钻井情况下，尽管高点位置选得很准，但钻到上部油层最高部位时，下部油层往往又处于较低的部位，控制油层不好。对此，发展了沿断层面倾斜方向钻定向斜井的工艺，效果较好。如辛11-33井(斜井)，钻遇油层53层179.1m，比邻井11-25井(直井)含油层位多，油层厚度增大122.3m。

③ 大泵抽油工艺。

(5)按照断块油田详探开发程序，分期分批完善地面建设系统。

(6)协调好勘探开发建设的各个环节，不断地改进断块油田勘探开发工作。

断块油田勘探开发和建设是一个大的系统工程，需要地球物理、油田地质、油藏工程、钻采工程、地面建设等各路密切配合协调一致，才能赢得高速度和高水平。东辛油田主要做法是：

① 勘探开发地质研究工作统一进行。

复杂断块油田的勘探开发过程是一个对地下不断加深认识的过程。为了适应油田复

---

❶ 1atm = 1.01325×10⁵Pa。

杂的特点，地质研究工作必须做到及时地进行分析研究，准确地做出判断，快速调整部署。这个要求不仅体现到"跟井对比"上，而且也体现在方案部署、甚至是注采井别的选择上。总之，复杂断块油田开发，对地质研究工作提出了更高的要求，为此，勘探、开发必须有机地结合起来。a. 把各种专业人员（包括地球物理、地质、开发、钻采等）组成统一的综合研究单位。b. 保持主要技术骨干的长期稳定。否则，将会由于油田复杂，人员不稳定，情况不熟，不能适应工作的需要。c. 不同阶段，不同专业人员的组成，可以有所侧重。

② 油田各工种间相互配合好，以求得建设油田、开发油田整体上的高速度。

根据油田的特点，对各工种的相互配合也提出了更高的要求。地震工作要求先行，不断提高解释的精度，为各个阶段的部署及时提出可靠的资料。地质研究工作要求及时提出部署，及时调整部署。钻井工作要适应断块交叉打井的需要。井下作业、采油工程、地面建设等工作也要在认识不断加深的基础上及时调整力量逐项按时完成。总之，只有各工种应变能力强，相互配合好、衔接好，才能取得油田开发整体上的高速度。

东辛油田是我国第一个投入开发的复杂断块油田，10 多年来的探索和勘探开发实践效果说明前阶段的做法基本适应于油田客观实际，对此，1972 年胜利油田会战指挥部地质处赵良才、张锐等对东辛油田详探开发的基本做法进行了初步总结——"东辛油田详探开发主要做法及初步看法"。此后，1982 年 9 月，按照康世恩国务委员、唐克部长指示，石油工业部石油勘探开发科学研究院胡见义、韩用光、张锐、张玉英又做了"东辛油田基本特点和勘探开发的主要做法"总结。

总之，东辛油田的详探开发，认真做到了一切从客观实际出发，坚持实事求是，坚持实践第一的原则。是人们对待复杂事物勇于实践、善于解剖、积极试验、逐步认识、不断完善、分清主次、区别对待的辩证唯物主义应用于油田的成功案例。

东辛油田的开发，为此后渤海湾（山东、大港、辽河）复杂断块油田开发起到了示范作用。康世恩国务委员当时做出了重要批示，现抄录如下：

李敬同志商各同志办。

焦、闵、谭并闫、翟、申等同志：

请你们将各地搞断块复杂构造油藏的"项目长"和"矿长"、地质师、钻井工程师等，办一短期（半月左右）训练班，把东辛油田勘探到开发的做法认真总结吃透，并按现在的地震技术的提高，将对付"破盘子"的本领大大提高一步。

我们现在手上有二十多个"破盘子"，多数吃它不下，岂不怪哉！如能做到像东辛那样，储量、产量将十分可观，望办出成效来，功德无量！

康世恩
一九八三年二月五日

2 油田注水开发效果评价方法

"六五"末期至"七五"初期，我国已开发油田呈现递减态势，而新储量增长缓慢，当时石油工业形势严峻，为了满足国民经济对石油的需求、石油工业部开发司谭文彬司长提出，在当时，哪些油田需要调整，哪些油田不需要调整，油田如何调整，要有一套系统的评价方法，要对注水油田进行开发效果评价，针对其开发效果的好坏，制订出有针对性的调整措施，以保证油田产量的稳定增长。这一课题的提出既是油田生产的需求，也是为编制"七五"规划提供技术支持。

接受这一课题任务后，通过调研，首先明确了课题研究应从现有的油田生产特点分析中、生产统计规律中求发展，从注水开发效果评价分析中求创新。当时石油技术界普遍应用的是生产特征曲线，对油田生产特点进行评价分析，并预测在所采用的开发系统（层系、井网、井距、注采系统等）条件下水驱采收率的大小。比较典型的论文是童宪章院士的"天然水驱和人工注水油藏的统计规律探讨"，发表于《石油勘探与开发》，1978年第6期。后由院士整理由石油工业出版社出版的《油井产状和油藏动态分析》一书。当时对注水开发效果的评价则无任何参考文献，为此，首先明确了课题的完成必须以评价油田注水效果为总目标，从现有的方法中谋发展，对于未知的注水开发效果评价则应力求创新。

其次，明确了课题的重要意义。当时我国已投入开发的油田，绝大部分采用人工注水补充能量的开采方法。注水效果的好坏，不仅直接影响到油田开发效果好坏、水驱采收率的大小，而且还将直接影响到原油产量的增长速度及产量的稳定程度。尤其是我国注水开发油田为陆相沉积，油层非均质性严重，储层结构复杂，原油物性较差，这种宏观、微观非均质性以及原油黏度较高的特征，往往造成注入水不均匀推进，注入水在多孔介质中驱油效率低，采油的同时排出水量大，导致一半多的石油储量滞留地下。对此，必须及时地调整开发系统，保持油田开发的科学性和预见性，才能不断地改善开发效果。由此说来，系统地提出一套评价油田注水开发效果的方法和鉴别的标准，就具有重要的意义。

再次，明确油田注水效果评价方法的技术路线应是分类、分阶段进行对比评价。油田注水效果评价贯穿于油田开发全过程的始终。由于油田地质特点不同、开采条件不同、开发阶段不同，开发指标则有较大的差别。因此，评价油田注水开发效果的方法和鉴别标准是一个涉及面广、问题比较深入而又比较复杂的综合性研究题目。对于评价对象，应采用矿场实际值与理论值比较，同类型比较的方法，分类、分阶段进行评价分析。

最后，明确评价方法要建立在现有资料基础上，力求方法的科学性和实用性。当时方法的提出应用了大量油田矿场资料、数值模拟资料、室内实验资料。在对资料整理分析中提炼出可用的规律性的东西，力争做到方法的系统性、完整性、科学性、实用性。

（1）大胆尝试，从已知中探索创新——无量纲注入曲线、无量纲采出曲线法的提出。

评价油田开发效果，预测油田动态，当时通常使用的是各种驱替特征曲线系列的方法。该方法表达了水驱油田进入中高含水期后，当含水继续上升，累计采水量(W_p)、累计采油量(N_p)之间存在着一种统计关系，两者之比与采出程度在半对数坐标上呈直线关系。当时考虑，既然采出量之间存在着统计规律，为了评价注水开发效果，注水量与采油量之间是否也存在着规律性，抱着试验探索心里，应用油田矿场资料统计了累计注水(W_i)与累计采油量(N_p)的统计值，将两者之比与采出程度绘制在半对数坐标纸上，惊奇地发现这种统计曲线居然也成直线关系，两条线并呈现相交之势。经相关推导，提出了无量纲注入曲线[累计注入量(W_i)、累计采油量(N_p)之比与采出程度(R)关系曲线]、无量纲采出曲线[累计采水量(W_p)、累计采油量(N_p)之比与采出程度(R)关系曲线]法(图1)。应用这种方法即可评价油田注水开发耗水量(累计采水量与累计采油量之比)的大小并可预测油田逐年开发指标(年采油量、采油速度、采出程度等)和最终开发指标(累计采油量、水驱采收率)。对比耗水量的大小即可评价油田注水开发效果的好坏。

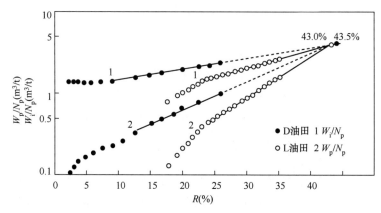

图1　无量纲注入与无量纲采出关系曲线

　　一种新方法的提出,一要有理论依据,二要通过实践的检验。对此,应用物质平衡方程进行了相关的推导,其结果表明,统计规律可用物质平衡原理解释。此外,应用大庆油田小井距试验井组的资料进行验证,由于试验井组已经取得了水驱开发的最终结果,因而在验证时选取试验前期的数据,应用此方法,预测后期的开发指标和最终开发指标,预测值与矿场试验值相近,误差为 1.0%~6.0%,由此表明了该方法的可行性和可靠性。

　　(2)寻找引起油田注水动态变化的主导因素,统计规律即可呈现于纸上——油田综合含水率与采出程度关系曲线法的提出。

　　综合含水率与采出程度关系曲线是油藏工程师经常使用的一种曲线,由实际生产资料所绘制的关系曲线与标准曲线对比,可用来评价油田(油藏)在目前开采条件下含水上升是否正常,并可预测水驱采收率的大小。由于油田(油藏)的含水上升规律主要受地质条件和开采条件的影响,因此,同类型油田将具有相似的规律性。童宪章院士指出,任一个水驱油藏的含水率和采出程度间都存在一定的关系,而它的具体关系都取决于油藏的最终采收率,也就是说,如果两个水驱油藏的最终采收率值相同,则它们的关系曲线到一定开采阶段总会趋于一致。由此提出了含水率、采出程度和水驱采收率的相关公式。

　　应用经验公式,以不同的采出程度为模数,即可在普通坐标纸上做出综合含水率与采出程度的关系曲线群,依次用作所评价油田的对比图版(图2)。

　　童院士所提出的图版(图2),其曲线群均显"S"状且不汇集于坐标纸原点,为此,在进行了多因素界定分析后,明确了影响油田综合含水率与采出程度关系曲线众多的地质条件和开采条件因素中,油水黏度比是其主导因素。经相关公式推导,提出了与童院士截然不同的含水率、采出程度和水驱采收率的相关公式,应用经验公式在普通坐标纸上,同样做出了综合含水率与采出程度关系曲线群,关系曲线通过坐标纸原点,根据油水黏度比的不同,曲线可绘制成"凸形""S形"和"凹形"三种形态(图3和图4)。

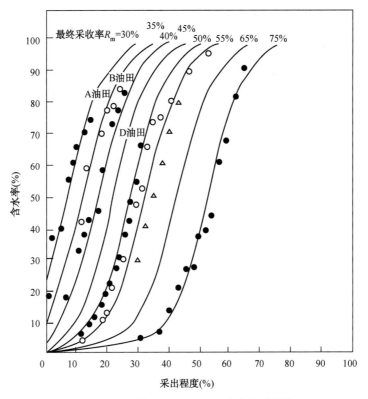

图 2　水驱油藏采出程度与含水率关系曲线

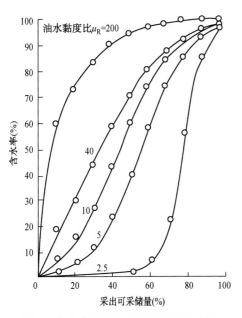

图 3　含水率与储量利用程度关系曲线

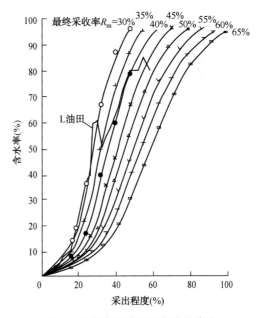

图 4　含水率与采出程度关系曲线

（3）反向思维，有助于拓宽思路——存水率曲线法的提出。

应用无量纲注入曲线、无量纲采出曲线法可评价不同类型油田、不同开发阶段"耗水量"的大小并预测其开发指标，对此，联想到既然"耗水量"是其评价指标之一，那么，用"存水率"是否也可作为其评价指标呢？

这里说的存水率是指地下存水量（累计注入量减累计采水量）与累计注入量之比。

油田注水开发过程中随着原油采出量的增加，综合含水不断上升，注入水则不断被排出，含水越高，排出水量越大，地下存水量越来越小，注入水作为驱油介质的作用则降低，水驱油的效果越来越差。因此，同类型油田在相同开发阶段，可用地下存水率的大小评价其开发效果的好坏。经相关统计与相关公式的推导，提出了存水率与采出程度关系曲线的经验公式，由经验公式即可制作存水率与采出程度关系曲线图版（图5），将评价对象实际值标绘在图版上，即可评价其注水开发效果的好坏。

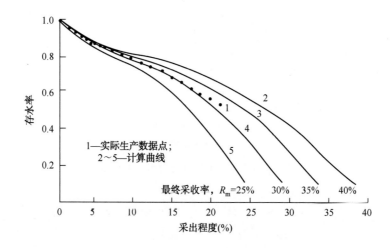

图5　D油田采出程度与存水率关系曲线

（4）紧扣实际与理论值对比、油田相同类型、相同开发阶段对比分析的技术路线，评价油田注水开发效果的好坏——无量纲采油指数、无量纲采液指数与综合含水率关系曲线法及多种对比评价图版法的提出。

油田注水开发过程中，油井产油、产液能力随含水上升而变化，油田地质特点和流体性质不同，油井产能变化规律不同，在合理的压力系统条件下，分析油井产能变化，有助于充分认识油田潜在的生产能力，针对存在问题，提出综合调整意见，改善其开发效果。

油田地质特点不同，储层物性的差异，储层宏观非均质性、微观非均质性特点以及流体性质的差异，导致油井采油（液）指数随含水上升而变化的规律很不相同。分析认为，在油水两相流动时，对于一套确定的岩石流体系统，相渗透率是饱和度的函数，含水率取决于含水饱和度的变化。注水开发过程中，油井见水后，含水上升，近井地带含水饱和度增高。这样，油井相对采液指数的变化，就可以应用反映岩石流体动力学特性的相渗透资料进行理论计算。通过相关公式的推导，提出了应用相渗透率曲线资料计算油田无量纲采油、采液指数与含水率关系的经验公式，由公式即可绘制油田无量纲采油、采液指数与含水率的关系曲线(图6至图8)。储层润湿性、油层微观非均质特性及流体性质不同，决定了相渗透率曲线形态不同，也决定了无量纲采液指数与含水率关系曲线形态各异。我国已投入注水开发的砂岩油田，关系曲线可大致分为上"翘"形(Ⅰ型)、下"凹"形(Ⅱ型)和全"凹"形(Ⅲ型)三种形态。

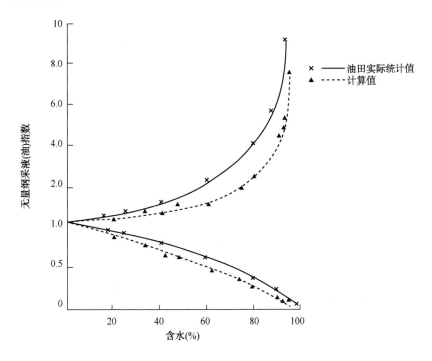

图6　无量纲采液(油)指数与含水率关系曲线(胜坨油田)

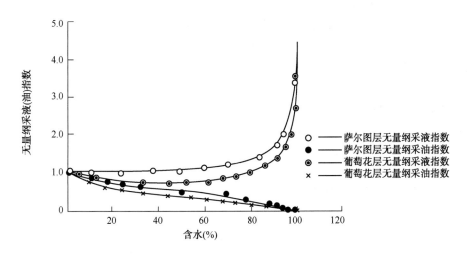

图7　无量纲采液(油)指数与含水关系曲线(大庆油田)

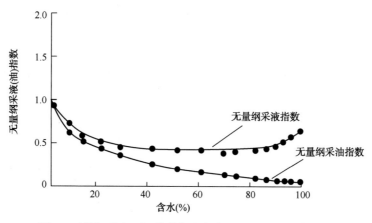

图 8　无量纲采液(油)指数与含水率关系曲线(马岭油田)

除此外，经相关统计还提出了相同注入倍数下，水驱采收率对比评价图版，井网密度与水驱采收率评价图版、油田压力系统评价图版等。

总之课题完成后，较为系统地从 5 个方面提出了油田注水开发效果评价的 18 种方法，该方法已用于"七五"规划的编制中并获得国家科技进步三等奖，该项技术为我国石油"七五""八五"规划实施、为老油田的调整、为当时石油产量的稳定增长，提供了技术支持。《油田注水开发效果评价方法》已由石油工业出版社出版发行。

3　稠油油藏实施蒸汽驱开采必须遵循的操作条件

3.1　问题提出

早在 20 世纪 60 年代初，我国在新疆克拉玛依油田开展过蒸汽吞吐、蒸汽驱及火烧油层试验，由于技术和设备的不适应，稠油开采一直停滞在试验阶段。直至 80 年代初，在引进国外注蒸汽开采的先进技术和装备基础上，经消化吸收，逐步形成了适应我国稠油油藏特点的注蒸汽开采技术，极大地促进了我国稠油大规模工业化开采。辽河、新疆、山东、河南稠油油田相继投入开发，稠油产量高速增长，1992 年全国稠油产量达 $1000 \times 10^4 t$ 以上，成为世界主要稠油生产国之一。

20 世纪 90 年代初，蒸汽吞吐在当时是主要开采方式，由于吞吐轮次较高，产量、油汽比逐轮次降低，效果变差，效益下降。如何有效地转入蒸汽驱开采，是当时生产中急待回答的课题。对此，中国石油勘探开发研究院热力采油研究所集中技术骨干开展了不同类型稠油油藏提高蒸汽驱开发效果研究，力求从研究中总结分析蒸汽驱开采特点、开采规律以及实施蒸汽驱开采必须遵循的操作条件，为开采方式的转变提供技术支持。

3.2　从不同类型稠油油藏蒸汽驱开采研究中探求其共性

我国已探明的稠油油藏，根据其构造特性、储层类型、埋藏深度、原油性质、油气水分布等因素可进行综合分类。普通稠油油藏依其储层类型大致可分为块状油藏、多油组互层状油藏、单砂体层状油藏三种类型。依此分别选择了辽河高 3 块、杜 66 块、新疆克拉玛依九 3 区为研究对象，建模型开展研究。主要研究内容和主要结论如下：

（1）实施有效蒸汽驱开采，开发系统调整研究——包含了转驱程序研究、井网转换方式研究、优化合理井网密度研究等。通过研究，提出了在经济有效的前提下，汽驱开采应采用密井网高速度，注采井网则由生产井数多、注水井数少、注采井数比由小向大转换，以有利于转驱初期提高排液速度。

（2）实施有效蒸汽驱开采，技术参数界限研究——通过研究，提出了蒸汽驱开采必须遵循的操作条件，即注汽强度 $1.5 \sim 1.9t/(d \cdot ha \cdot m)$；蒸汽干度大于 40%；采注比大于 1.2；逐步降低压力梯度，油井排空开采。

（3）实施有效蒸汽驱开采，开采特征研究——在蒸汽驱过程中，油层压力变化可分为两个阶段：第一阶段是加热油层，能量聚集，压力回升阶段；第二阶段是油井见到汽驱效果，采液量、采油量大幅度提高，采注比大于 1.2，压力不断下降阶段。油层温度的变化，则呈现初期由于冷油的推进有一个短暂的小幅度下降而后则不断升温；油井采液指数的变化是初期上升平缓，中后期增长幅度大。因此，提高单井排液量的时期是油层温度上升，油井见到汽驱效果之后，转驱初期，提高井组（开发单元）排液量的途径是增加生产井点。

（4）实施有效蒸汽驱开采，监测系统研究——通过研究提出了三场两剖面的监测系统。即温度场、压力场、饱和度场，测吸汽剖面、测出油剖面。

3.3 国内首次提出"临界采注比"

蒸汽驱开采应遵循何种注采关系？当时国外参考资料较少，仅仅从油田注水开发中受到启发，注入水既是驱油的介质，又可为油层提供驱油的能量，应根据油藏条件和所处开发阶段的不同选用合理的注采比。尽管稠油注蒸汽开发，由于蒸汽是可凝性气体，应不同于油田注水开发，但也应有其合理的注采关系。通过三种类型油藏研究表明，蒸汽驱开采，井组（单元）采出液量必须大于注入量，只有在不断降低压力梯度条件下，蒸汽腔才能有效地扩展，也才能获得好的开发效果，采收率高、油汽比高，经济效益好。为了区别于油田注水开发，当时将采液量与注入量之比定为"采注比"。采注比的大小与蒸汽驱效果紧密相关，当大于 1.2 时，采收率、油汽比呈现突变，这表明只有在采注比大于 1.2 时，蒸汽腔才能发育的好，也只有在这种情况下，才实现了有效地汽驱开发。为此，将 1.2 采注比定义为"临界采注比"。

以上研究成果得到了稠油界普遍认可，获中国石油天然气总公司科技进步二等奖，研究成果为我国新疆油田和辽河油田工业性汽驱开发、为辽河齐 40 小井距蒸汽驱先导试验的成功提供了技术支持，研究成果已编录在张锐的《稠油热采技术》（石油工业出版社）一书中。

4 将锅炉搬至地下——"火烧油层段塞+蒸汽驱"组合式开采技术

我国稠油油藏蒸汽吞吐开采已步入后期，如何实施开发方式的有效转换，做了大量的研究工作和现场试验，时至今日，比较明确的是，适宜于蒸汽驱开采的稠油油藏转蒸汽驱开发。由于蒸汽驱开采油汽比一般较低，原油商品率低，当油汽比 0.15 时，每采出 1t 原油，其燃料消耗将达到 0.476t。此外，蒸汽吞吐后转蒸汽驱初期，存在着一个较长的低产期，这极大地影响了蒸汽驱开发效果，如何缩短低产期，提高蒸汽驱油汽比，是一个亟待解决的课题。

分析蒸汽驱初期低产期的存在主要有以下几个方面的原因：

（1）蒸汽吞吐后油藏压力低，很难建立较大的生产压差。辽河油田蒸汽吞吐开采主力区块目前地层压力一般 1.5~3.0MPa，地层压力水平已降至原始地层压力的 20%~30%，转蒸汽驱初期很难建立较大的生产压差，不利于提高油井排液量。

（2）蒸汽吞吐后油井存水量较高。辽河油田高3块回采水率 26.9%，目前平均单井地下存水量高达 1.39×10⁴t（2006 年底）。油井存水量高，蒸汽驱初期，生产井含水率高；注入井存水量大，则耗损大量注入蒸汽的热能，不利于实现有效的蒸汽驱开采。

（3）蒸汽吞吐后转蒸汽驱初期，由于油层动用的不均衡以及由于注入蒸汽加热存水，造成注入蒸汽干度低，因而易造成热水窜进，油井产量低。

（4）蒸汽吞吐转蒸汽驱初期，由于冷油带的推进，生产井井底有一个短暂的温降过程，渗流阻力大，不利于提高油井的排量。

针对上述问题，为了提高蒸汽驱开发效果，提出了"火烧段塞+蒸汽驱"组合式开发技术。

火烧油层、蒸汽驱两大开采技术，其开采机理已为众人所熟知，火烧段塞+蒸汽驱开采正是利用了火烧油层燃烧带具有 400~800℃ 高温这一特性，使之转蒸汽驱初期，有利于提高注入井井底温度；有利于汽化吞吐开采的存水；有利于提高后续蒸汽驱注入蒸汽干度；汽化存水则有利于提高地层压力，建立较大的生产压差；火烧油层段塞汽化存水后，由于相同温度和压力条件下，液体与蒸汽的比容相差较大，蒸汽体积远高于相同质量水体体积几倍甚至几十倍，也就是说，当注汽井井底温度为 300℃ 时，每汽化 1.0×10⁴t 存水，则相当注入干度为 50% 时 15.4×10⁴t 的蒸汽体积量，可见火烧油层段塞，有利于缩短蒸汽驱初期低产期，有利于提高蒸汽驱阶段采注比，大幅度提高蒸汽驱开发效果。

由于火烧段塞尺寸小，时间短，不存在空气超覆、气窜现象；在目前油层压力较低的情况下，小段塞对空压机的要求也不高，设备容易达到设计要求；小段塞不存在油井出砂、结垢、腐蚀；也不存在环保问题。近几年，我国山东胜利油田，特别是辽河油田杜 66 块火烧油层试验取得了较大进展，由此说来，火烧段塞+蒸汽驱技术上是完全可行的。

以辽河高升油田高3块为例，应用加拿大 CMG 数模软件进行了蒸汽吞吐后转蒸汽驱与火烧段塞+蒸汽驱两种方式的对比研究（表1）。高3块为块状稠油油藏，截至 2006 年底，投产各类井 509 口（其中采油井 430 口、气井 14 口、观察井 23 口，报废井 42 口），生产井平均蒸汽吞吐 6 周期，累计油汽比 1.09，采出程度 23.22%，回采水率 26.90%。研究中选用 105m 井距，反九点井网，在优选的注气速度下，火烧 100 天后转蒸汽驱开采，其效果与直接转蒸汽驱相比，采收率提高 11.28%，油汽比提高 0.058。火烧段塞+蒸汽驱总采收率为 59.35%（含吞吐采收率），油汽比 0.203。

表1 高3块两种开发方式效果对比表

方式	时间(d)	采油速度(%)	采出程度(%)	油汽比	气油比
火烧段塞+蒸汽驱	1980	5.47	36.13	0.203	1501
蒸汽驱	2010	3.71	24.85	0.145	—

2006 年提出火烧段塞+蒸汽驱组合式开采技术后，中国石油勘探开发研究院热采所进

行了大量的、有意义的、非常有成效的物理模拟研究。研究表明，火烧后注蒸汽，在高温、有烃(焦炭)条件下油层有"自生热"现象(高温下水热反应)，这进一步表明蒸汽吞吐后加火烧油层段塞而后转蒸汽驱可极大地提高驱油效率。在此基础上他们进一步进行数模研究，得出了有次生水体实施火驱开采则有利于扩大波及体积。

总之，从火烧油层段塞的目的、作用、机理、效果不难理解，蒸汽吞吐、蒸汽驱之间加一个火烧油层段塞，有人则通俗地比喻为相当于先把蒸汽锅炉搬到地下(油层)，加热油层，汽化存水为高干度蒸汽，为有效地蒸汽驱开采创造条件，实施火烧油层段塞后再把锅炉搬到地面，进行蒸汽驱开采。"火烧油层段塞+蒸汽驱"技术属创新性技术，已获发明专利授权。

"不压井不放喷井下作业控制器"
是如何发明的

周振生

大庆石油会战坚持"两论"起家，以"两高两发展"为总方针高速度、高水平拿下大油田，使得我国石油工业发展跨入了新时代。在这样的大背景下，鼓舞着参加会战的人启动新思想，也不断地改进着科研工作的方法。下面结合某开采工艺技术的创新实践实例进行阐述。

1 "不压井起下油管"想法的提出

历史上进行井下措施或老井修井都要先以钻井液压住井，才能进行起下油管作业。这种惯常修井队的做法，往往由于钻井液对油层的伤害，影响了修井效果，以至于"枪毙"了油层。

大庆油田会战一上手，就要求解放思想创新石油勘探开发理论、采用新技术。在油田开发方面提出早期注水开发油田。我在玉门油田筹建注水站，那里是搞边部注水恢复地层压力开采，效果差、问题多。因此，在苏联实习中注意观察了苏联的新做法，并和周篯铭于1960年3月回国后，首先向石油工业部党组汇报了苏联采取早期注水维持地层压力开采，以及采用高压离心泵、多柱塞泵的均衡注水的经验，受到了部领导的重视。

早期注水开发引起了一系列的试验研究和开发方案的改变。如组织小井距试验区；规划行列注水、面积注水方案；根据油层间差异大又要同井多层开采，必须解决分层注水、分层采油的问题；注水井首先普遍要先排液后试注；开采上要实行配产配注管理等。油田开发调整、油水井井下经常性配产配注的调整工作已经突破了修井的概念。施工组织形式上也不是建设修井队，而是改名建设井下作业队。它的任务不是修理井下故障，而是执行开发方案或生产计划，主动调整油水层的工作成为计划采油的手段。由于工作性质的变化，也就加大了起下油管的作业工作量，从而为了保持地层压力、保护油气层免遭伤害、节约资源、提高作业效率和质量，搞不压井起下油管就成了历史发展的必然要求。

在1961年的会战区技术座谈会上，经广泛讨论确定了"十大技术"，其中的第10项就是"不压井起下油管"，并发了军令状，要求一年搞成。我当时是石油勘探开发研究站采油工艺技术研究室主任，责令我承接了军令状，作为项目负责人。

2 学习"两论"构思项目系统方案设想

（1）通过调研摸清底细、探索有启发的思路。

"不压井起下油管"属要打破常规的创新，不可能有现成的方案可借鉴，但深入实际、深入群众就会受启发，有收获：①摸清了现状，使项目组大部分刚毕业的学生了解了作业程序和项目的重要意义；②收集了一些有价值的思路，如用双封井器密封井口倒油管柱上大直径工具的修井方法和绳索加压油管的方法；③熟悉了一批作业队，建立了交流求教的渠道。

（2）"不压井作业"的基本矛盾分析。

项目要解决的本质矛盾有两个：一个是起下油管过程避免油井井喷或注水井排液的矛盾，称为主要矛盾需要解决的是密封问题；另一个是起下油管过程油管底部承受的油压上顶力与油管重力之间的力差变动矛盾——因主要矛盾而产生的第二位矛盾，需要解决的是油管承受力的平衡控制问题。

（3）密封系统内容分析。

密封主要包括两个方面：①油管内防喷——根据过程要求它应该是可投捞式的油管底部堵塞器；②油管外部环形空间防喷——根据连续起油管的操作特点，它应当是靠一种创新的自封封井器。现有封井器可用于双封井器倒出局部存在的大直径部件(如封隔器、油管头等)。

（4）油管起下受力内容分析。

油管受力包括两方面：①油管举升力——靠操作常规修井作业机；②油管下压力——靠固定于套管头的复滑轮加压装置，通过钢丝绳带动的特殊油管接箍吊卡和油管任意位置卡瓦吊卡实现。

（5）不压井起下油管前的条件分析。

有两个部件须事前安装：①螺纹式连接的油管头必须改换成锥面坐封固定式(俗称萝卜头式)的油管头；②油管底部固定安装好油管堵塞器的阀座。

经过上述分析初步形成了系统方案设想，也为下一步的设计、试制工作内容提供了依据。

3 科学地组织方案实施

大庆石油会战是一场会战，有严格的时间要求，又处于国外封锁、国内撤走苏联专家，面临三年自然灾害，国家迫切要坚持自力更生、艰苦奋斗的情况下，客观环境要求必须依靠现有条件，尽量利用成熟技术、土法上马，争取验证方法可行、有计划地逐步发展完善，早见攻关成效。

（1）集中精力首先突破密封部件设计、试验。

油管堵塞采取双反支撑杆结构，下井方便，进入阀座撑杆在环槽自动打开就承受上顶力，靠橡胶皮碗实现密封。打捞时靠打捞头收笼支撑杆，会顺利起出堵塞器。技术关键在合理选择撑杆头部和卡槽的形状、尺寸。试验证明功能可靠。

自封封井器创新设计的关键在设计橡胶芯子的形状、尺寸。因为分析了作业井口压力不是太高，而且油管外径和接箍外径也相差不大，可能靠筒形胶芯的自动伸缩实现过接箍的密封。经地面简易试验条件验证可满足平稳操作的密封要求。从而推动了不压井装置研究工作的进展。

（2）相应开展加压系统部件设计和动作试验。

选择适用的修井吊卡和卡瓦结构进行改装设计，制成接箍固定的可同时用于举升和加压的吊卡；以及在油管任意部位用卡瓦固定的吊卡，用于防止油管过长压弯的场合。

钢丝绳滑轮加压装置的设计安装，主要是选择在采油树的固定部位和方向，便于与加压吊卡的连接及进行承受加压力的核算。经地面组装和卷扬机牵引试拉，装置动作可行。

（3）配套附属工具设备筹备现场试验验证。

密封和控制加压方法和手段是否满足现场不压井作业生产的需要，要经过接近生产条件的连贯起来的系统试验考核。本着先易后难的原则，选择在排液的注水井先做试验。

筹备现场试验又推动了工艺过程所需要的工具和工艺装置的设计制造。如锥面坐封的油管头、油管井下堵塞器用打捞器、油管头提升短节、双封井器间用于倒油管头的套管短节、井场布置设计等。

（4）走上步看下步，做好推广应用准备。

双封井器间接不同规格套管短节，可以用于起下油管头、封隔器（拍克）等油管上串接的大直径构件，使用很为必要。但是采用现有封井器加上套管短节，会造成井口过高，超过一般修井作业队井口操作平台的高度，也过于笨重，不便推广使用。项目研究开始时就在酝酿方案，挤时间进行了轻便封井器设计，使得高度降低、一人可搬动，不压井不放喷作业有了专用配套设备。

更长远一些的工作是设计试制了一套轻便250采油树。它成为根据油田实际自行设计的、能满足不压井作业，且降低金属耗量一半以上的首台采油树。后来经大庆油田石油钻采机械研究所改进了滑板阀成为国家标准定型产品。

4　大搞三结合，组织现场试验取得成功

大庆石油会战强调科研工作要走出去大搞三结合，使得容易集中群众智慧缩短攻关时间。试制过程这样做了，现场试验同样坚持了三结合，充分发挥了作业队就是试验队的作用，从而完整的工序试验很顺利。相继开展的工序试验包括：

（1）采油树顶部装防喷管，通过防喷管进行油管底部堵塞器的投、捞试验。

（2）打开采油树换装防喷井口（主要指双封井器组件及上部的自封封井器）。

（3）下入提升短节进行对扣，起出油管头。

（4）一方面，用通井机通过加压装置放松连接加压吊卡的钢丝绳，油管靠油井压力上顶自动举升。另一方面，常规修井作业机相应上提连接加压吊卡的游动系统。观察不压井控制起油管的情况和自封封井器的密封情况。

（5）当下一根油管的接箍上升到自封封井器以上，用井口固定的反向卡瓦装置锁住油管，卸下上一根油管，并相应将加压吊卡扣在下根油管接箍上。如此再重复第4步和第5步操作，以实现连续起油管。关键是起到了油井上顶力和油管重量接近平衡时，通井机和作业机的两个司机需要密切配合互动。

总之，刚起油管时因油管重量大，一般作业机起升主动，通井机加压系统随动。当快起完油管因油管重量轻了，加压系统占主动，作业机起升系统成随动。

（6）下油管则按相反的工序进行。

通过反复试验证明方法可行，作业队掌握了经验，还发展了通井机和作业机的联系手语。这次萨尔图中一区三排十五注水放喷井进行的不压井起下油管全面系统的试验于1962年下半年取得了现场试验成功，基本上花一年的时间，完成了军令状的任务要求。

5　研究项目在生产上取得了效果及研究工作方法的几点经验

（1）研究的成果应用于生产。"不压井起下油管"项目组的同志不畏辛苦，在无交通工

具的情况下，步行到各排井一口一口地丈量采油树，调查型号规格，以便为生产提供需要更换油管头的依据。生产单位确定新井投产时就应更换油管头，为实施不压井作业创造条件。会战指挥部组织的"101-444"井下作业会战中，指令大庆油田机械制造总厂为各作业队提供成套的不压井装备，从而促进了不压井作业首先在注水排液井排上工业推广应用，相继在油井上也展开了试验和应用。

（2）这项研究于 1965 年获得了发明证书，发明名称为"不压井、不放喷井下作业控制器"，发明完成日期为 1963 年 6 月，发明记录号为 0105，由中华人民共和国科学技术委员会发布。

根据大庆油田采油工艺研究所 1965 年科研工作总结记载，已安装适于"不压井不放喷井下作业控制器"应用的井口装置 395 口井，作业 165 口井。在分层注水中体验节约水资源和避免地层压力下降方面有明显效果（表 1）。

表 1 "不压井不放喷井下作业控制器"应用效果

统计时间对象	单井平均放水量（m³）	因放水平均地层压力下降（atm）
101 会战期间	2700	5
115 会战期间	170	2（据 12 口井统计）
1965 年底统计	27（全年节约水费 212 万元）	

根据 1977 年 11 月井下地质队"大庆油田有关油层水力压裂一些基本问题的认识"报告记载，1977 年 1—10 月分层压裂井中，不压井施工比压井施工平均单井日增油 2.9t（压裂投产井 355 口中，压井 151 口，不压井 204 口的对比）。

（3）对工艺技术装备类研究工作方法的体会。

从"不压井不放喷井下作业控制器"项目研究的过程，分阶段的工作内容的阐述中，已可看出工艺技术装备类的研究工作方法。若从为什么能够尽快地顺利取得创新发明，概况地从本质上进行研究工作方法的探讨分析，有以下几点体会：

①"两论"，《实践论》《矛盾论》起家深入到科研工作中，采用哲学、逻辑学做思想指导，坚持实践—认识—再实践的观点，深入实际学会矛盾的分析，掌握识别主要矛盾和相应处理次要相关矛盾的能力，既能抓住阶段工作的重点，又能控制科研工作的全局，应是科研工作者基本的工作方法。

② 考虑问题应实事求是，任何科研工作都有它困难的一面，但也存在客观的积极因素。正确应对科研环境，坚持大力调查研究，项目组内充分发动各专业成员的积极性，对协作单位大搞三结合，集合群众智慧和力量加上自身周全细致的思考，去粗取精，总会找到科研突破的方向。

③ 科研工作者应在战略上善于解放思想，敢想、敢说、敢干，在战术上一定要坚持严格、严肃、严密的工作作风。科研中的技术关键，一定要经过理论上的验算和试验验证。

④ 一项完整的创新研究工作，往往都需要多专业、多方面的知识和技术，所以应当看到群众的贡献。我们这项工作就列上了发明者为石油工业部松辽石油勘探局石油勘探开发研究站采油技术研究室、大庆油田机械制造总厂和大庆油田井下作业处三个单位。